人工认知系统导论

Artificial Cognitive Systems: A Primer

〔美〕戴维·弗农（David Vernon） 著

周玉凤　魏淑遐　译

王　希　审校

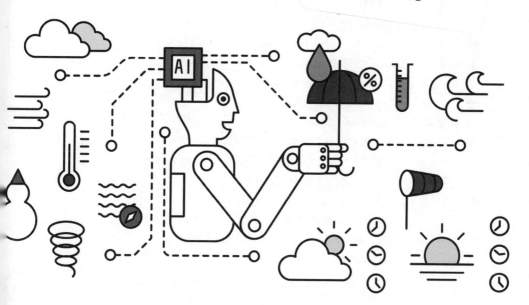

北京大学出版社

PEKING UNIVERSITY PRESS

著作权合同登记号　图字：01-2018-6526

图书在版编目（CIP）数据

人工认知系统导论 /（美）戴维·弗农著；周玉凤，魏淑遐译. —北京：北京大学出版社，2021.9

ISBN 978-7-301-32382-3

Ⅰ.①人… Ⅱ.①戴… ②周… ③魏… Ⅲ.①人工智能 Ⅳ.①TP18

中国版本图书馆 CIP 数据核字（2021）第 158192 号

书　　　名	人工认知系统导论
	RENGONG RENZHI XITONG DAOLUN
著作责任者	〔美〕戴维·弗农（David Vernon）著　周玉凤　魏淑遐译　王　希审校
责任编辑	赵晴雪
标准书号	ISBN 978-7-301-32382-3
出版发行	北京大学出版社
地　　　址	北京市海淀区成府路 205 号　100871
网　　　址	http://www.pup.cn
电子信箱	zpup@pup.cn
电　　　话	邮购部 010-62752015　发行部 010-62750672
	编辑部 010-62752021
印刷者	大厂回族自治县彩虹印刷有限公司
经销者	新华书店
	650 毫米 × 980 毫米　16 开本　24 印张　245 千字
	2021 年 9 月第 1 版　2021 年 9 月第 1 次印刷
定　　　价	69.00 元

献给基林（Keelin）、恰纳（Ciana）和乔治娜（Georgina）

因为你们对梦想的坚持

只会重温过去的记忆是糟糕的记忆。

——刘易斯·卡罗尔
《爱丽丝镜中奇遇记》

前言

　　这是一本内容浅显易懂的书，介绍了人工认知系统（artificial cognitive system）这一新兴研究领域。受人工智能、发展心理学、认知神经科学的启发，我们的目标是构建能够独立行动以实现目标的系统：感知周围环境、预判是否需要采取行动、从经验中学习并适应不断变化的环境。

　　这一领域既令人振奋又充满挑战。令人振奋是因为我们有可能设计出能够以多种方式服务社会的智能化自适应系统。充满挑战是因为这一领域的广度，并且需要整合形形色色令人望而生畏的学科。加之原本人们对究竟何为"认知"并没有达成共识。我们已经为一场有趣的旅程做好了准备。你可以将这本入门书看作一本旅行指南——为你介绍沿途风景的主要特征、游览路线以及最重要的地标。

　　首先，我们提出了一个认知系统的操作性定义，这个定义在广度和深度上都恰到好处，既足够宽泛以服务于人们对认知的不同观点，又足够深刻有助于形成理论与模型。然后我们考察了认知科学的不同范式，划定了这一领域的总体范围，勾勒出其主要形貌。接着我们讨论了认知架构——实际上是实现认知系统的蓝图。最后，在余下章节中——探讨关键问题：自治性（autonomy）、具身化（embodiment）、学习与发展（learning & development）、记忆与前瞻

（memory & prospection）、知识与表征（knowledge & representation）以及社会认知（social cognition）。

等你读完这本书，你将对人工认知系统的范围、不同的观点以及不同观点背后蕴含的差异有一个清晰的理解。你也会在尝试设计人工认知系统时，更好地把握需要解决的问题。也许最重要的是，你会知道下一步如何加深对这一领域及其构成学科的理解。

本书与所有旅行指南一样，围绕其探索的地方叙述了一个故事。严格来说，本书有两条主线，一条在正文里，另一条则在一系列页下注中。正文的行文尽可能简短，着重对关键问题进行比较简明的描述。页下注则突出强调正文正在讨论的问题的细节，提示大家阅读哪些材料可以对正文讨论的话题有更深入的了解。新的观点是以自然的直觉顺序引入的，一步一步地搭建出这一引人注目、令人振奋的领域的清晰概况，这样做的目的是让你能更加快速、深入地开展认知系统的研究工作。

在理想的情况下，你要将这本入门书阅读三遍。读第一遍时，你可能只会读一读正文，对本书的主题有个大概的了解。读第二遍时，你可以不参考正文只读页下注，这样你就可以接触到一些关键的、有趣的细节，加深对第一遍阅读时看到的观点的理解。最后，你应该准备好阅读第三遍，更仔细地通读全书，边读正文边读里面提到的每一个页下注。

所谓入门书，就是要精简。因此，书中省略了许多内容，有些是刻意为之，有些则是顺其自然。最明显被省略了的话题是语言（language）。要概述具身化和自治性等含义广泛的领域已非易事，论述语言更是难上加难。所以，我不想勉为其难，而是省略了这个话题。如果本书将来能出第二版的话，那么当务之急就是把语言纳入其中。

其他省略的内容多是方法层面的。这本入门书基本上只侧重认知系统中的"是什么"（what）和"为什么"（why）的问题，而没有涵盖"如何做"（how）的问题。换言之，本书没有告诉你如何构建一个认知系统。令人遗憾但又在所难免的是，本书没有提到形式理论（formal theory）和算法实践。但并不意味着这一理论不存在——它肯定是存在的，因为只要快速浏览一下诸如机器学习和计算机视觉的文献就可以证实这一点。认知系统领域太过广阔，如果在介绍计算理论和数学理论之外还要涵盖认知的算法和表征方面的细节，估计需要一本比本书范围宽得多的书。或许，将来可以出一本"姐妹篇"。

戴维·弗农

于瑞典舍夫德

致谢

我对认知系统的兴趣始于 1984 年都柏林圣三一学院的德莫特·弗朗（Demot Furlong）的启发，他让我第一次接触了温贝托·马图拉纳（Humberto Maturana）与弗朗西斯科·瓦雷拉（Francisco Varela）的开创性研究。在这 30 年间，他一直不断地点拨我、质疑我并与我争论。他的见解极大地帮助了我，使我能够正确理解认知的许多不同方面。

意大利技术研究院（Istituto Italiano di Tecnologia，IIT）的朱利奥·桑迪尼（Giulio Sandini）在本书撰写过程中发挥了关键作用。在我们第一次合作图像理解项目 20 年之后，2004 年我们再次联手，共同研究他提出的 iCub 类人机器人，即本书*封面图片所示的开源的具有 53 个自由度的认知类人机器人。在这项由欧盟委员会资助的为期 5 年的研究项目中，我们研究了人工认知系统的许多方面。我想诚挚地感谢他让我参与这个项目，也感谢他的见解和启发。

2003 年，在瑞典皇家理工学院工作的亨里克·克里斯滕森（Henrik Christensen，现供职于美国佐治亚理工学院）和卡尔斯鲁厄大学（现为卡尔斯鲁厄理工学院）的汉斯－赫尔穆特·纳格尔

---

* 指英文原版书。——编者

（Hans-Hellmut Nagel）在德国的达克斯图堡（Schloss Dagstuhl）办了一场关于认知视觉系统的生动的工作坊。我们在工作坊上的讨论对本书的内容选材以及实现各种视角的兼容并蓄有着重要的影响。在这里，我想特别向汉斯－赫尔穆特致敬，感谢他对细节的无比用心以及对精准语言表达的不懈追求。我从他身上学到了许多，并力争在本书的撰写过程中付诸实践。

2002 年至 2005 年，我负责协调 ECVision 的工作，即欧盟资助的欧洲认知视觉系统研究网络（European Research Network for Cognitive Vision Systems）的工作。在 ECVision 研究路线图开发过程中进行的"头脑风暴"会议上讨论的许多想法对我形成关于认知系统的观点起到了至关重要的作用。

从 2006 年开始，我负责了三年的 EUCognition 协调工作，即欧洲人工认知系统发展网络（European Network for the Advancement of Artificial Cognitive Systems）。这个网络的成员——当时有 300 人左右，现在已超过 800 人——来自许多学科，包括神经科学、心理学、计算机科学、认知科学、语言学、控制论、动力学与自组织系统、计算机视觉和机器人学。这些成员以及网络会议特邀演讲者的思想和见解让我受益匪浅。

鉴于我参与的欧洲项目的工作，我想特别感谢霍斯特·福斯特（Horst Forster）、科莉特·马洛尼（Colette Maloney）、汉斯－耶奥里·斯托克（Hans-Georg Stork）、塞西尔·于埃（Cécile Huet）、尤哈·海基莱（Juha Heikkilä）、佛朗哥·马斯特罗迪（Franco Mastroddi）及其欧洲委员会的同事们，感谢他们的慷慨支持。欧洲的认知系统研究之所以生机勃勃，很大程度上归功于他们的远见卓识与领导力。

我要感谢戈登·郑（Gordon Cheng）和乌韦·哈斯（Uwe Haass）给了我于 2011—2012 年在慕尼黑工业大学认知系统研究所（ICS）工作的机会。我在认知系统研究所的工作为我将上课讲义转化成教科书提供了最初的动力和时间。

ICS 的研究员马西娅·赖利（Marcia Riley）提供了智慧的燧石，这对激发新的想法以及更好的沟通方式至关重要。非常感谢她愿意付出时间、分享知识，在机器人学和认知的细节上与我辩论。

我在慕尼黑期间，与不来梅大学（University of Bremen）的米夏埃尔·贝茨（Michael Beetz）有过许多富有成效的谈话。他的见解让我对新人工智能在认知系统中的重要性有了新的体会，同时也对人与机器人共享知识的方式有了更好的理解。

如果说我在慕尼黑工业大学工作的时间是动力之源的话，那么我在 2013 年年初搬到瑞典舍夫德大学则为撰写本书的主体部分提供了理想的环境。在这里，我有幸与了不起的研究者共事——汤姆·齐姆克（Tom Ziemke）、泽格·蒂尔（Serge Thill）、保罗·赫梅伦（Paul Hemeren）、埃里克·比林（Erik Billing）、罗布·洛（Rob Lowe）、杰西卡·林德布卢姆（Jessica Lindblom）以及其他许多人，他们对我在随后章节里表达的思想都有直接或间接的贡献。衷心感谢你们每一个人！

乌普萨拉大学（University of Uppsala）的克莱斯·冯·霍夫斯滕（Claes Von Hoftsten）与费拉拉大学（University of Ferrara）和意大利技术研究院的卢西亚诺·法迪加（Luciano Fadiga）的见解对第 6 章

的内容有很大贡献。我要感谢他们二人在我们合作设计 iCub 认知类人机器人时不吝时间向我解释人类发展的基础。

在我研制 iCub 机器人期间，我在热那亚大学（University of Genoa）和意大利技术研究院开了几门关于认知系统的短期课程。这些课程的讲义是这本书的原始基础，而我与意大利技术研究院的朱利奥·桑迪尼、乔治·梅塔（Giorgio Metta）在 2007 年合作撰写的一篇论文则为第 2 章内容打下了基础。

感谢意大利技术研究院的亚历山德拉·休蒂（Alessandra Sciutti）允许我在本书第 6 章的表 6.1 中使用她关于人类婴儿发育里程碑的调查数据。

第 9 章关于联合行动（joint action）、共享意图（shared intention）、协作行为（collaborative behavior）的内容部分源自拉德堡德大学（Radboud University Nijmegen）的哈罗德·贝克林（Harold Bekkering）、伦敦帝国理工学院的扬尼斯·德米里斯 (Yiannis Demiris)、意大利技术研究院的朱利奥·桑迪尼和乌普萨拉大学的克莱斯·冯·霍夫斯滕等人于 2012 年对我们的一份研究提案所做的贡献。

感谢菲尼克斯科技有限公司（Phoenix Technical Co. L.L.C.）的艾伦·布什内尔（Alan Bushnell）拨冗对书稿进行了冷静客观的审阅并提出了许多有益的建议。

图书出版离不开出版商和编辑。感谢麻省理工学院出版社的高级策划编辑菲利普·劳克林（Philip Laughlin），他的付出让这本书最终得以完成。如果没有他的耐心与支持，我估计不会写出这些致谢词。同时也感谢麻省理工学院出版社的弗吉尼娅·克罗斯曼（Virginia

Crossman）、克里斯托弗·艾埃尔（Christopher Eyer）、苏珊·克拉克
（Susan Clark）、埃林·哈斯利（Erin Hasley），感谢他们帮助我把初稿
打造成了现在这本书。

封面图片[*]——展示了 iCub 认知类人机器人和意大利技术研究
院的洛伦佐·纳塔莱（Lorenzo Natale）——承蒙意大利技术研究院
机器人、大脑与认知科学系的惠准得以使用。照片由马西莫·布雷
加（Massimo Brega）拍摄。

最后我要特别感谢我完美的妻子基林（Keelin），感谢她耐心地
忍受我不知多少个夜晚、周末以及假期都在埋头写书，感谢她不辞
辛劳地对每一页书稿进行校对。这份爱与理解弥足珍贵，我将永远
感恩于心。

---

* 指英文原版书封面图片。——编者

目 录
CONTENTS

认知的本质

1.1　研究人工认知系统的动机

当我们着手建造一台机器或编写一个软件应用程序时，通常清楚地知道我们想要它做什么以及它将在何种环境下运行。为了获得可靠的性能，我们需要了解操作条件和用户需求，这样才能在设计时一一满足。通常，这不是问题。比如，我们很容易指定软件控制洗衣机或者告诉你在网球比赛中球是否出界。但是，我们设计的系统可能不得不在定义不太明确的条件下工作，也许系统必须处理的对象会以棘手或复杂的方式运行，又或者仅仅因为意想不到的事情可能会发生，在无法确保环境信息的可靠性时，我们该怎么办呢？

举个例子，想象我们要制造一个可以帮助人们洗衣服的机器人：将洗衣篮中的脏衣服放入洗衣机，为衣服匹配洗涤模式，添加洗涤剂和柔顺剂，开始洗涤，洗完后取出衣服并将其挂起晾干（见

图 1.1)。在更理想的情况下，机器人还会熨烫衣服[1]，然后将衣服放回衣柜。如果有人把手机、钱包或者其他东西落在了口袋里，机器人还应该在把衣服放进洗衣机之前将其取出或者把这件衣服放在一旁待人们稍后处理。这一任务远远超越了现有机器人的能力[2]，但却是人类常做的事情。这是为什么呢？因为我们有能力观察形势，找出实现某个目标需要做什么，预测结果，并采取适当的行动（action），在需要时做出调整。我们可以确定哪些衣服是白色的（即使它们很脏），哪些是有颜色的，然后将它们分开洗涤。不仅如此，我们还能够从经验中学习，调整行为，以更好地完成工作。如果白色的衣服洗完后仍然不干净，我们可以再加一些洗涤剂，用更高的温度再洗一次。最重要的是，我们通常在没有任何外界帮助的情况下靠自己自主完成这一切（可能除了刚开始的几次）。大多数人不用看说明书就能知道如何操作洗衣机，我们都会把潮湿的衣服挂起来

---

[1] 将熨烫衣服这一挑战设定为机器人技术 [1] 的基准测试是玛丽亚·彼得鲁（Maria Petrou）[2] 的首创。这是一项困难的任务，因为衣服没有固定的形状和结构，不易操控，而且熨烫需要小心使用一件沉重的工具，还要进行复杂的视觉处理。

[2] 折叠衣服机器人的开发近期取得了一些进展。例如，请参阅杰里米·麦廷 - 谢泼德（Jeremy Maiten-Shepard）等人 [3] 的论文《基于多视角几何线索的布料抓取点检测及其在机器人毛巾折叠中的应用》（*Cloth Grasp Point Detection Based on Multiple-View Geometric Cues with Application to Robotic Towel Folding*），该文描述了由威洛·贾拉杰（Willow Garage）[4] 开发的 PR2 机器人如何解决这一问题。不过，这项任务的重点倒不在于任务本身难以清晰界定——如何将衣服分门别类进行清洗，期间如何预测、调整与学习——而在于如何才能对没有固定形状的材料进行视觉引导的操控。

晾干，不需要别人告诉我们怎么做，而且（几乎）每个人都能预料到如果把智能手机也洗了会怎样。

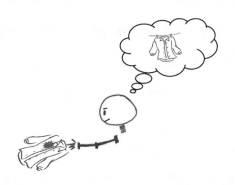

图 1.1 一个有认知能力的机器人能发现脏衣服，也知道如何将其洗净、晾干。

我们通常把人类这种自力更生解决问题，独立实施自适应可预测行动的能力称为认知。我们希望可以制造出具有相同能力的机器和软件系统，即人工认知系统（artificial cognitive systems）。那么，如何实现这一目标呢？第一步就是建立认知模型。不幸的是，这第一步就困难重重，因为对于认知的含义，不同的人有不同的理解。这一问题涉及两个关键点：①认知的目的——它在人类及其他物种中的作用，进而延伸到其在人工系统中的应有作用；②认知系统实现这一目的并达到其认知能力的机制。很遗憾，这里存在巨大的分歧，而本书的主要目标之一就是介绍关于认知的不同观点，解释分歧所在，并梳理不同点。不理解这些问题就没法着手开发人工认知系统这一具有挑战性的任务。那么，让我们开始吧。

1.2 认知系统建模的几个问题

在对认知系统建模时，我们需要考虑四个问题[3]：一是从自然系统中汲取的灵感有多少；二是复制自然系统时忠实度有多高；三是我们认为系统的物理结构有多重要；四是如何将对认知能力的识别与我们最终决定实现该认知能力的方式区分开来。接下来我们将逐一探讨这四个问题。

为了复制我们在人类以及其他物种身上发现的认知能力，我们可以发明一种全新的解决方案，也可以从人类心理学和神经科学中汲取灵感。一方面，由于我们现在拥有的最强大的工具是计算机和复杂巧妙的软件，因此第一种选择可能是某种形式的计算系统。另一方面，心理学和神经科学反映了我们对生物生命形态的理解，因此我们将第二种选择称为仿生系统（bio-inspired system）。通常我们会试图将这两种选择融合在一起。这种在纯计算和仿生（bio-inspiration）之间的平衡是认知系统建模的第一个问题。

遗憾的是，仿生方法存在一个不可避免的难题：必须先了解生物系统是如何运行的。本质上，这意味着我们必须想出一个生物系统运行的模型，然后用这个模型来启发人工系统的设计。由于生物

---

[3] 另一种观点着重评价特定模型（尤其是计算模型和机器人模型）的贡献，请参阅安东尼·莫尔斯（Anthony Morse）和汤姆·齐姆克（Tom Ziemke）的论文《论建模在认知科学中的作用》（*On the Role(s) of Modelling in Cognitive Science*）[5]。

系统极为复杂，我们对其进行研究时，需要选择好抽象层次（level of abstraction）。例如，暂时假设认知功能的核心是大脑（这个假设看起来好像万无一失，但之后我们会发现事情没有这么简单），那么我们就可以尝试通过在很高的抽象层次上模仿大脑来复制认知能力，比如可以研究大脑不同区域的大致功能。或者，我们也可以选择较低的抽象层次，尝试对这些区域中神经元实际运行的确切电化学方式进行建模。抽象层次的选择在仿生人工认知系统的建模中起着重要作用，必须小心为之。这是认知系统建模的第二个问题。

通过将仿生和抽象层次这两个方面结合起来，我们就可以将人工认知系统的设计置于由仿生轴和抽象层次轴构建的二维空间中，请参见图 1.2。目前大多数尝试都处于距中心不太远的位置，整体趋势是在仿生轴朝着生物性的一侧发展，并涵盖多个抽象层次。

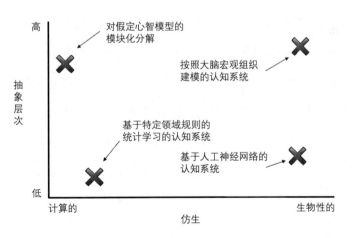

图 1.2　构建人工认知系统的各项尝试可以在此二维空间中找到定位，其中一个轴从纯计算技术到受生物模型强烈启发的技术，另一个轴表示模型的抽象层次。

在任何抽象层次采用仿生方法时，如果只是通过完全孤立地复制大脑机制就想复制认知能力是行不通的。为什么？因为大脑及其相关的认知能力是进化的结果，而大脑的进化都是有目的的。此外，大脑和身体是协同进化的，如果将二者分割开来，也许就会有失偏颇，无法纵观整体。而且，这种大脑与身体的协同进化是在特定的环境背景下发生的，具身化大脑所产生的认知能力支持的是这一特定生态位的生物系统。因此，要纵观整体，我们就要将大脑和身体视为在特定环境中运行的完整系统。尽管环境可能存在不确定性和未知性，但几乎总会有一些内在规律，可以供大脑－身体系统通过其在身体特征与特性背景下的认知能力加以利用。事实上，在一个生物系统中，认知的全部目的就是使其能够应对系统环境的这种不确定性和未知性。而这便是认知系统建模的第三个问题：大脑、身体和环境相互依赖的程度。[4]

最后，我们必须解决第四个问题，即认知的目的和认知系统实现这一目的并获得认知能力的机制。也就是说，在利用仿生学灵感的过程中，我们需要考虑两个互补的问题：认知的目的是什么以及如何达到这一目的。确切而言，这就是进化心理学中所说的远因－近因区分（ultimate-proximate distinction），请参见图1.3。远因解释处理的问题是为什么某个给定的行为会存在于一个系统中或在进化过

---

[4] 我们在第5章探讨具身化（embodiment）时会再讨论大脑、身体与环境之间的关系。

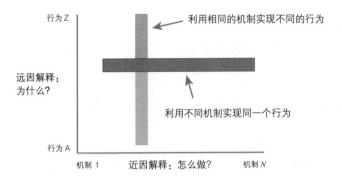

图 1.3 远因－近因区分。远因解释处理为什么某个给定行为会存在于系统中，而近因解释处理的是实现这些行为的具体机制。如图所示，不同的机制可以用于实现同一个行为，又或者不同的行为可以通过同一个机制来实现。重点是要理解，在认知系统中识别我们想要的行为与找到合适的机制来实现这些行为是两个独立的问题。

程中得以保留，而近因解释处理的是实现这些行为的具体机制。我们只有把这两个问题都解决好了，才能对认知有一个全面的了解。除此之外，我们还必须小心谨慎，切勿把这两个问题混在一起，因为很多人经常将二者混为一谈。[5] 因此，当我们想要制造像人类一样能够在已知操作条件之外工作的机器时——为了复制智慧的人类的认知特征——必须记住，这种智慧可能是为了其他原因而不是为了

---

[5] 托马斯·斯科特－菲利普斯（Thomas Scott-Philips）等人在最近的一篇文章中强调了远因－近因区分的重要性 [6]。这篇文章还指出，对现象的远因解释和近因解释经常被混淆，所以当我们其实应该讨论远因问题时，却在讨论近因问题。人们在探讨人工认知系统时常常会出现这种情况，倾向于关注认知机制是如何工作的近因问题，而往往忽略认知首先服务于什么目的这一同等重要的问题。这两个观点是互补的，而且都很必要。有关远因－近因区分的更多细节，请参见 [7] 和 [8]。

能够完成当前的任务而产生的。我们的大脑与身体肯定不是为了让我们能够轻松地往洗衣机投放衣服和取出衣服而进化的，可是我们却能做好这件事。在试图利用仿生认知能力执行实用性任务时，我们可能只是凑巧受益于另一个层次更深且很可能完全不一样的能力。那么，关键的问题就是确保这个系统的功能与完成任务所需的能力相匹配。理解了这一点，并将认知的目的和认知的机制这两个互补问题区分开来，我们就可以在探讨如何使人工认知系统（就此而言，也包括生物认知系统）完成我们给定的任务这一重要问题时赢得先机。如果遇到了困难，那么问题可能不在于认知模型特定（近因）机制的运行，而在于认知行为的（远因）选择以及这些行为在大脑－身体－心智关系的背景下对给定目的的适应度。

总而言之，在为研究人工认知系统做准备时，我们必须记住认知系统建模的四个重要方面：

1. 计算和仿生的变化范围；

2. 生物模型的抽象层次；

3. 大脑、身体与环境的相互依赖关系；

6　　4. 远因和近因的区分（为什么与怎么做）。

理解这四个方面的重要性有助于我们理解认知科学（cognitive science）、人工智能（artificial intelligence）和控制论（cybernetics）（以及其他学科）中的不同传统以及这些传统对认知机制和认知目的的不同侧重。更重要的是，这确保了我们在努力设计与建构人工认知系统时，是在正确的背景下解决正确的问题。

1.3 那么，认知究竟是什么呢

　　显然，根据我们到目前为止所讲的内容，"认知是什么"是个界定不够明确的问题：认知是什么取决于认知的目的是什么以及认知在物理系统中如何实现——分别对应认知的远因解释和近因解释。换言之，这个问题的答案取决于语境——大脑、身体和环境之间的关系——而且遵循认知科学的哪个传统来回答这个问题对答案本身也有很大的影响。我们将在第 2 章讨论这些问题。在深入讨论这些问题之前，我们还要再多花一点时间进行铺垫。特别是我们将给出认知的一般性描述，作为"认知是什么"这一问题的初步答案，这主要是为了确定设计人工认知系统时需要考虑哪些关键问题，同时也会始终注意在需要时对给定系统如何把握上文提到的认知建模的四个方面做出解释。现在，我们就切入主题来回答问题。

　　认知指人们对周围世界发生的事件做出推断的能力。这些事件包括涉及认知智能体（cognitive agent）本身的事件、认知智能体的行动以及这些行动产生的结果。为了做出这些推断，记住过去发生的事情很重要，因为对过去事件的了解有助于对未来事件的预测。[6] 因此，认知包括了对未来的预测，这个预测是基于对过去的记

---

[6]　我们将在第 7 章中讨论记忆在预测事件时的前瞻性作用。

忆（memory）、对现在的感知，特别是对你周围环境的行动[7]（尤其是你的行动对周围环境的影响）的预测（anticipation）。注意我们说的是行动（action），而不是移动的动作（movement of motions）。行动通常包括动作或移动，但也包括了别的东西，那就是行动的目标（goal）：期望的结果，通常是对世界的某种改变。由于预测很少能十全十美，因此认知系统还必须通过观察实际发生的事情来学习，将其同化到自己的理解之中，然后调整自己随后的行事方式。这就在系统预测未来事件的能力上形成了一个自我完善的持续循环。这种预测、同化（assimilation）与适应（adaptation）的循环为持续的行动与知觉(perception)过程提供支持，同时三者也会得到彼此的支持，请参见图 1.4。

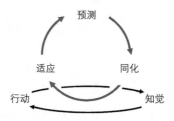

图 1.4　认知是一个预测、同化与适应的循环：内嵌于一个持续的行动与知觉的过程中，对其做出贡献又从中获益。

---

[7]　无生命的物体不能产生行动，而有生命的物体能，无生命的物体被有生命的物体控制后也能产生行动（比如行驶中的车辆）。因此，行动就意味着存在直接或间接的智能性。

现在可以给出我们的初步定义了。

认知是一个自治的系统感知周围环境、从经验中学习、预测事件结果、采取行动追求目标并适应不断变化的环境的过程。[8]

我们将以此作为认知的初步定义，并根据我们将要讨论的方法，在后面的章节中做出相应的调整。

尽管下定义很省事，但问题在于，随着我们对这些定义界定的内容了解得越来越多，我们需要不断地对其进行修订。[9]鉴于这一点，我们不会太过拘囿于这个定义，而是将其作为记忆辅助，提醒我们认知至少涉及六个属性（attributes）：自治、知觉、学习、预测、行动和适应。

对很多人来说，认知实际上是一个概括性术语，涵盖了智能体（agent）拥有的一系列技能与能力。[10]其中包括能够做到以下几点：

- 接受目标，制定预测性策略来实现这些目标，并将这些策略付

---

8 认知的这六个属性——自治、知觉、学习、预测、行动和适应——摘自作者在施普林格出版社出版的《计算机视觉百科全书》（*Encyclopedia of Computer Vision*）中对认知系统的定义。

9 诺贝尔奖得主彼得·梅达沃（Peter Medawar）关于定义是这样说的："身为一名科学家的经验告诉我，一个令人满意、措辞恰当的定义带来的舒适感只是短暂的。因为，随着我们经验和理解的增加，肯定需要对其进行修改和限定，我们需要的是解释和描述。"[10] 希望你可以在接下来的书页里找到简明易懂的解释。

10 我们在本书中经常用到"智能体"这一术语。它意味着任何表现出认知能力的系统，不管是人，还是（至少有可能是）认知机器人，或是其他人工认知实体。我们将交替使用智能体和人工认知系统这两个词。

诸实践；

- 以不同程度的自治性运行；

- 与其他智能体交互——合作、协作与沟通；

- 解读其他智能体的意图（intention）并预测其行动；

8

- 感知并解释意料之中和意料之外的事件；

- 评估行动的必要性，并预测自身行动及其他智能体行动的结果；

- 选择行动方案、执行，然后评估结果；

- 通过调整当前以及预期的行动，实时适应不断变化的环境；

- 从经验中学习，调整未来选择和执行行动的方式；

- 当认知表现退化时能及时发现，确定其原因并采取纠正措施。

这些能力侧重于智能体应该做什么：其功能性属性。同样重要的还有其运行的有效性和质量，即非功能性特征（或者说得更准确一点，其元功能特征）——可信性、可靠性、可用性、通用性、健壮性、容错性和安全性等。[11]

这些元功能特征与功能属性通过系统能力关联在一起。系统能力关注的不是任务的执行，而是维持智能体的完整性。[12] 为什么这

---

[11] "非功能性"中的"非"具有误导性，因为这个词意味着这些特征与功能性特征相比，显得不那么重要。实际上，它们在设计系统时同等重要，也是功能性特征的补充。基于这个原因，我们常常将它们称为元功能属性（meta-functional attributes）；请参见 [11] 以获得有关元功能属性更广泛的列表及讨论。

[12] 在本书中，我们将多次讨论维持完整性这一问题，下一节中会对其进行简要讨论，并在下一章更详细的论述。目前，我们只需指出，维持完整性的过程被称为自治过程。

些能力与人工智能体相关？它们与之相关——而且这种相关性至关
重要——是因为人工智能体必须应对只有部分已知的世界，比如一
个机器人被部署到各种普通的工厂楼层，而不是精心配置好的环境。
它必须处理不完整的信息、不确定性以及变化。智能体只有表现出
一定程度的认知才能应对这些情况。当你把与人的交互纳入需求时，
认知会变得更加重要。为什么？因为人是有认知能力的，我们以认
知的方式行事。因此，任何与人类交互的人工智能体都需要有一定
程度的认知才能使这种交互（interaction）有用处或助益。人们有自
己的需求与目标，而我们希望我们的人工智能体能够预见这些（请
参见图 1.5）。这就是认知的工作。

　　总而言之，我们不应该把认知视为人类大脑或是机器人软件中
的某个模块——比如，一个规划或推理的模块——而应该把它看成
是一个系统级的过程，整合了智能体所有的能力，使其具备我们在
辅助记忆的定义中提到的六种属性：自治、知觉、学习、预测、行
动和适应。

图 1.5　认知的另一方面：有效交互。图中的机器人预见到了人们的需求，请参见第 9
章 9.4 节 "工具型帮助"（instrumental helping）。

为什么谈到自治

注意我们在定义中包含了自治，这是一个需要谨慎对待的问题。我们将在第 4 章中看到，自治是一个难以理解的概念。它对不同的人有着不同的含义，在相对单纯的版本里，自治可能是指在没有他人太多帮助的情况下自行运作，而更具争议的观点认为认知是高级生物系统保持自治的核心过程之一。从这个角度看，认知发展有两个主要功能：①扩充系统有效行动的储备库；②延伸其对未来行动的必要性及其结果的预测能力的时间跨度。[13]

虽然我们不想提前讨论第 4 章的内容，但由于认知与自治之间存在紧密的联系——也可能并不存在，取决于你问的是谁——这里我们暂且停下来对自治稍加讨论。

从生物学的角度看，自治是生物的一种组织特征，使它们能够利用自己的能力来管理与世界的交互，从而保持生存。自治在很大程度上与系统对自身的维护有关：简称为自我维护（self-maintenance）[14]。这意味着系统完全是自我管理和自我调节的。它

10

---

[13] 将提高行动能力与拓展预测能力作为认知的主要焦点是《类人机器人认知发展路线图》（*A Roadmap for Cognitive Development in Humanoid Robots*）[12]一书传递的核心信息。这本跨学科书籍是由笔者与克莱斯·冯·霍夫斯滕（Claes Von Hofsten）和卢西亚诺·法迪加（Luciano Fadiga）共同撰写的。

[14] 自组织自治系统中的自我维护和递归自我维护（recursive self-maintenance）的概念是由马克·比克哈德（Mark Bickhard）[13] 提出的。我们将在第 2 章对其进行更详细的讨论。主要理念是：一方面自我维护系统对自身的持久性做出积极贡献，但对于持久性条件的维护并没有贡献；另一方面，递归自我维护系统确实对持久性的条件起到了积极的作用。

不受任何外部智能体的控制，这使得它能够将自己与环境中的其他事物区别开来，并确立自己的身份。这并不是说系统不受周围世界的影响，而是说这些影响是通过绝不会威胁系统自治运行的交互产生的。[15]

如果一个系统是自治的，那么它最重要的目标是保持自治。事实上，它必须采取行动才能保持自治，因为它所处的世界可能不太友好。这就是认知的用武之地。从这个（生物学）角度来看，认知是一个自治的自我管理系统在所处世界中有效行动以保持自治的过程。[16]认知系统必须感知周围发生的事情以有效行动。然而，在生物智能体中，负责感知和解释感官数据的系统以及负责使运动系统准备好行动的系统的运行实际上是相当缓慢的，从事情发生到自治生物智能体理解发生了什么事情之间通常会有耽搁。我们将这种耽搁称为延迟（latency），而且延迟往往太长导致智能体无法有效行动：当你意识到捕食者即将发起攻击时，逃跑可能已经太迟了。这就是认知系统必须能预测未来事件的主要原因之一：以便它能够在真实

---

[15] 当对系统的影响不是直接控制它而是对系统行为有一定影响时，我们称之为扰动（pertubation）。

[16] 认为认知与有效行动（即有助于保持系统自治的行动）相关的观点主要由弗朗西斯科·瓦雷拉（Francisco Varela）与温贝托·马图拉纳（Humberto Maturana）[14]提出。这两位科学家通过他们在生物自治（biological autonomy）与自治系统的组织原则方面的研究对认知科学领域产生了重大影响。他们共同为认知科学研究的新方法生成（enaction）奠定了基础。我们将在第2章更详细地讨论生成和生成系统（enactive systems）。

感知到可能需要采取某些行动之前就准备好。

除了感知延迟，环境和认知系统的身体也会施加一些限制。要执行一项行动，特别是实现与行动相关的目标，就需要使身体的相关部位在特定时间处于特定的位置。移动需要时间，因此，你必须能够预测可能发生的事情并准备行动。比如，如果你要抓住一个物体，你就必须在物体到达之前开始移动你的手，有时甚至在物体被抛出之前就要开始移动。此外，系统所处的世界在不断变化，并且不受系统控制。因此，认知系统所能获得的感官数据不仅可能延迟，关键信息还可能会丢失。填补这些空白是认知系统的另一项主要功能。矛盾的是，系统需要处理的信息往往太多，导致它只能忽略其中的一些信息。[17]

现在，虽然这些能力从保持生物自治的认知观中直接衍生而来，但显而易见，它们对于人工认知系统也有很大用处，不管这些系统是否自治。然而，在进入下一节对生物认知系统与人工认知系统的关系进行详细阐述之前，我们应该先注意到，有些人认为认知包含的能力应该比我们迄今为止讨论的更多。比如，一个人工认知系统可能能够解释它正在做什么，以及它为什么要这样做。[18]这将使系

---

[17] 忽略信息与认知科学中的两个问题相关：框架问题（frame problem）与注意力（attention）。我们会再次提到这些问题。

[18] 不仅能采取行动而且能解释其原因的能力是由罗恩·布拉赫曼（Ron Brachman）在一篇题为《知道自己在做什么的系统》（*Systems that Know What They're Doing*）[15] 的文章中提出的。

统在执行任务时识别出可能出现的潜在问题，并知道何时需要新的信息来完成任务。从更高的层面来说，认知系统能够用几种不同的方式看待问题或情况，并寻找不同的方式来解决问题。从某种意义上说，这与我们上文讨论的认知能够对行动的必要性及其结果进行预测的属性是相似的。与之不同的是，认知系统在这种情况下考虑的不是一组，而是许多组可能行动的必要性和结果。还有一种说法是：认知应包含自我反省（self-reflection）意识：[19]一种系统思考自身及自身想法的能力。这里我们可以发现认知已经偏离主道，踏入了意识（consciousness）领域。本书不会继续深入讨论这一主题，只是提出意识的计算建模是一个活跃的研究领域，认知研究在其中发挥着重要的作用。

12

1.4　认知系统建模的抽象层次

所有系统都可以放在不同的抽象层次进行考察，依次删除较高层次的具体细节，只保留对于建构有用的系统模型而言重要的部分。例如，如果我们想对一个物理结构进行建模，比如一座吊桥，我们可以详细说明吊桥的每一个组成部分——混凝土地基、悬索、悬索

---

[19]　阿龙·斯洛曼（Aaron Sloman）[16]和孙融（Ron Sun）[17]等人强调自我反省（通常被称为元认知，meta-cognition）是高级认知的一个重要方面。

锚固、桥面和桥上的交通——以及它们组合在一起相互影响的方式。这种方法在一个很低的抽象层次上对问题进行建模，直接描述了建造吊桥需要用到的材料，而我们只有在桥建好后才知道它是否能持久。或者，我们也可以描述结构里每个组成部分的作用力并对其进行分析，看看它们是否牢固到可以在可接受的移动范围内承载所要求的负荷，通常是用不同模式的交通流量、风力条件和潮汐力的函数表示。这种方法在较高的抽象层次上对问题进行建模，使得建筑师可以在建造之前确认其设计是否可行。对于这种类型的物理系统，通常的理念是用一个抽象模型来验证设计，然后将设计落实为一个物理系统。但是，最佳抽象层次并非总能简单地确定。其他类型的系统——例如生物系统——并不那么容易顺应这种自上而下的方法。当论及认知系统建模时，科学界自然就我们应该采用什么样的抽象层次以及各个抽象层次之间应该如何相互联系存在一些分歧。在这里，我们从人工认知系统建模与设计的角度，对两种截然不同的方法进行比较，以说明它们之间的区别和各自的优势。

戴维·马尔（David Marr）[20] 关于人类视觉系统建模的研究颇有影响力，其中的一个研究成果是他提出了抽象的三个层次，[21] 请参

---

[20] 戴维·马尔是计算机视觉领域的先驱。他起初研究神经科学，后来为了更深入地了解人类视觉系统又转向了计算建模研究。他的开山之作《视觉》（*Vision*）[18] 在他逝世后于 1982 年出版。

[21] 马尔的三层体系有时又被称为"理解层次框架"（levels of understanding framework）。

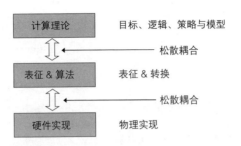

图1.6　对一个系统进行理解和建模的三个层次：将问题形式化的计算理论层，实现理论的表征和算法层，以及在物理上实现系统的硬件层[18]。计算理论是首要的，首先应该在这个抽象层理解系统并建模，不过表征和算法层通常更便于直观理解。

见图1.6。顶层是计算理论（computational theory）。接下来是表征和算法（representation & algorithms）层。底层是硬件实现（hardware implementation）。计算理论层需要回答的问题包括："计算的目标是什么？为什么它是合适的？执行它的策略的逻辑是什么？"在表征和算法层，问题则是不一样的："这种计算理论如何应用？具体来说，输入和输出的表征是什么？转换的算法是什么？"最后，硬件实现层的问题是："如何在物理上实现表征与算法？"换句话说，我们如何建立物理系统？马尔强调，这三个层次只是松散耦合：人们可以——根据马尔的观点，人们应该——考虑一个层次，并不一定要关注它下面的层次。因此，人们在计算理论层开始建模，理想情况下以某种数学形式进行描述，然后在模型完成后转向表征和算法，最后决定如何实现这些表征和算法来实现工作系统。马尔的观点是，尽管表征和算法层更容易着手，但从信息加工的角度看，计算理论层才是最重要的。本质上，他指出问题可以而且应该首先在计算理

13

论的抽象层建模，而无须特别参考较低和较不抽象的层次。[22] 由于许多人认为认知系统——不管是生物的还是人工的——是有效的信息处理器，因此马尔的抽象层次体系很实用。

14   马尔通过将对视觉的理解（马尔自己的目标）比作对飞行力学的理解，简明扼要地阐述了他的观点。

> 试图只通过研究神经元来理解知觉就像试图只通过研究羽毛来理解鸟类飞行一样：这是不可能的。如果要理解鸟类飞行，我们必须理解空气动力学；只有这样，羽毛的结构和鸟类翅膀的不同形状才变得有意义。

具有不同横截面轮廓的物体穿过空气之类的流体时（或当流体环绕物体流动时），会产生不同的压力分布模式。如果选择了合适的横截面，那么底部的压力就会大于顶部的压力，从而产生一个升力来抵消重力，使物体能够飞起来。只有知道了这一点，你才开始理解这个问题，才有可能为你的特定需求找到解决方案。

当然，我们最终必须决定如何实现一个计算模型，但这是后面

---

[22] 托马索·波焦（Tomaso Poggio）近期对马尔的三层体系进行了修正，他主张更多地强调层次之间的连接以及层次范围的拓展，在计算理论层之上增加了一个学习与发展层（确切来说是分级学习），然后在这个层次之上又增加了一个进化层 [19]。托马索·波焦之前便与戴维·马尔合撰了一篇原创性论文 [20]，而戴维·马尔随后在这篇论文的基础之上，在其著作《视觉》[18] 中又对其中的观点进行了广为人知的阐述。

的事了。马尔的观点是，我们应该分离不同的抽象层次，并从最高层开始分析，避免在计算或理论模型完成之前考虑硬件实现问题。当计算或理论模型完成后，它就能接着推动在实现物理系统时需要在较低层次上做出的决策。

马尔对不同抽象层次的分离意义重大，因为它提供了一种优雅的方式来建构一个复杂的系统，通过抽象程度递减的几个连续阶段来对系统进行处理。这是一种通用的方法，可以成功地应用于建模、设计以及建构各种依赖信息加工能力的不同系统。这也呼应了一个特定认知范式——认知主义（cognitivism）——的支持者所提出的假设，我们将在下一章讨论。[23]

并不是每个人都认同马尔的方法，主要是因为他们认为物理实现对计算理论的理解有直接作用，这一点尤见于我们将在下一章介绍的具身认知（embodied cognition）的涌现范式（emergent paradigm）当中，具身就反映了物理实现。斯科特·凯尔索（Scott Kelso）[24] 提出

---

[23] 认知主义的方法提出了一个不需要考虑最终实现的抽象认知模型。换句话说，认知主义模型可以应用于任何支持所需计算的平台，这个平台可以是电脑或大脑。详见第 2 章 2.1 节。

[24] 在过去的 25 年里，佛罗里达大西洋大学（Florida Atlantic University）复杂系统与脑科学中心创始人斯科特·凯尔索提出了"协调动力学"（coordination dynamics）理论。这一理论以自组织的概念以及耦合非线性动力学工具为基础，包含了认知功能的关键方面，包括预测、意图、注意、多模态整合以及学习。他的《动力学模式——大脑与行为的自组织》（*Dynamic Patterns: The Self-Organization of Brain and Behaviour*）[21] 一书影响了世界范围内的认知科学研究。

15 　了一种完全不同的系统建模方法，特别适合非线性动力系统，他相信这可能为认知与大脑动力学提供了真正的基础。他提出，这类系统应该在三个不同的抽象层次上建模，不过应该同时进行。这三个层次分别是边界约束（boundary constraints）层、集体变量（collective variables）层和组件（components）层。边界约束层决定系统的目标。集体变量层[25]描述系统行为的特征。组件层则构成已实现的物理系统。凯尔索的观点是，这三个层次紧密耦合并且相互依赖。例如，系统的环境背景通常决定什么行为是可行、有用的。同时，物理系统的属性可能会简化必要的行为。套用罗尔夫·法伊弗（Rolf Pfeiffer）[26]的话，"形态学很重要"：物理形状的属性或必要运动所需要的作用力实际上可能简化计算问题。换句话说，系统的实现及其特定形状或形态不容忽视，在系统建模时不应该被抽象化。这种认为系统建模不应该脱离系统的环境背景或系统的最终物理实现的观点与大脑、身体和环境之间的关系直接相关。我们将在本

25　集体变量也称为序参量（order parameters），之所以这么命名，是因为其对系统的集体行为负责。在动力系统理论中，集体变量是系统中众多自由度的一个小子集，但它们控制着系统可能表现出来的不同状态之间的转换，从而控制着系统的全局行为。

26　苏黎世大学（University of Zurich）的罗尔夫·法伊弗一直以来都认为系统的具身化与其认知行为之间有着密切的关系。他与乔希·邦加德（Josh Bongard）合著的《身体如何塑造我们的思维方式：智能科学新视角》（*How the Body Shapes the Way We Think: A New View of Intelligence*）[22]一书就阐述了这一关系。

书第 2 章讨论生成以及第 5 章考虑具身化问题的时候再次遇到这一问题。

然而，系统实现与系统建模之间的相互依赖给我们出了难题。如果仔细观察，我们会发现一个循环，所有事物都是相互依赖的。我们很难搞清楚从哪里进入这个循环。这就是马尔的方法吸引人的地方：有一个清晰的起点。这种循环在认知中反复出现，并表现为多种形式。我们现在要说的是，循环因果（circular causality）关系[27]似乎是认知的关键机制之一 ——全局系统行为以某种方式影响系统组件的局部行为，但正是组件之间的局部相互作用决定了全局行为，请参见图 1.8 。我们将在本书稍后部分再回来探讨这一点。这里我们只想简单地提一下，这两种完全相反的系统建模方法反映了两种对立的认知科学范式。正因为如此，我们将在第 2 章研究一下我们在理解生物认知系统和人工认知系统时的立足点是什么。

16

17

----

[27] 斯科特·凯尔索用"循环因果关系"这个术语描述了动力系统中的情况：系统各个部分的合作决定了全局系统行为，而全局系统行为又反过来控制了各个部分的行为 [21]。这与安迪·克拉克（Andy Clark）提出的"持续互为因果关系"（continuous reciprocal causation）概念是相关的。"当某个系统 S 连续地影响另一个系统 O 的活动，同时又被其活动影响时"，就会产生持续互为因果关系 [24]。马克·比克哈德提出的递归自我维护（recursive self-maintenance）概念 [13] 也呼应了这些观点。第 4 章将会对这些问题进行更多的讨论。

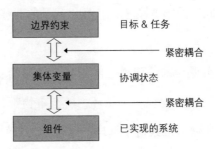

图 1.7　另一种系统建模的三个层次：决定任务或目标的边界约束层，描述协调状态特征的集体变量层，以及构成已实现系统的组件层 [21]。这三个层次同等重要，应该同时考虑。

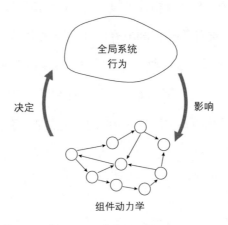

图 1.8　循环因果关系——有时被称为"持续互为因果关系"或"递归自我维护"——指的是全局系统行为以某种方式影响着系统组件的局部行为，但正是组件之间的局部相互作用决定了全局行为。这种现象似乎是自主认知系统的关键机制之一。

认知科学范式

我们在第 1 章中遇到了如何定义认知这一意料之外的棘手问题，并针对这一问题做了初步探讨，明确了认知系统的主要特征——知觉、学习、预测、行动、适应和自治，还介绍了在认知系统建模时必须牢记的四个问题：①仿生学灵感与计算理论；②模型的抽象层次；③大脑、身体与环境的相互依赖；④认知的目的与实现方式这一远因与近因的区分。然而，我们也注意到，在学术界有若干不同的认知科学传统，因此认知的任何一种定义都会明显带有代表其理论渊源的色彩。我们将在本章详细阐述这些不同传统，意在梳理其间的差异，充分把握各自的内涵。这些传统乍看之下似乎完全对立，而且确实在很多方面存在差异；可是等行文至本章末尾时，我们又将意识到它们之间存在着某种共鸣。这一点并不稀奇：我们的研究领域涵盖了在第 1 章讨论的远因和近因两个维度，虽然每个传统都占据了独有的一片区域，但相互之间难免会有一些重合，那些涉及认知一般理解的传统尤其如此。

19 　　开始阐述认知科学的各个传统之前，我们要认识到认知科学是一个笼统的概括性术语，包含了多个学科：神经科学（neuroscience）、认知心理学（cognitive psychology）、语言学（linguistics）、认识论（epistemology）和人工智能等。认知科学的主要目标本质上就是理解和解释认知的基本过程：通常是人类认知，理想的研究结果就是建立一种可以在人工智能体中复制的认知模型。

　　认知科学在很大程度上起源于控制论。在 20 世纪 40 年代初至 50 年代期间，控制论开始尝试将之前纯心理学和哲学的认知方法形式化。诺贝特·维纳（Nobert Wiener）将控制论定义为关于"动物和机器中的控制与通信（communication）的科学"[1]。早期控制论研究者希望理解认知的机制，创建一门主要基于逻辑的心智科学。沃伦·麦卡洛克（Warren S. McCulloch）和沃尔特·皮茨（Walter Pitts）的开山之作《神经活动中固有的逻辑演算》（*A Logical Calculus of the Ideas Immanent in Nervous Activity*）[2] 以及罗斯·阿什比的《大脑的设

---

[1] "控制论"一词的词根源于希腊单词 κυβενήτης 或 kybernētēs, 意思是舵手。诺贝特·维纳 1948 年出版的《控制论》（*Cybernetics*）[25] 一书将这个词定义为"控制与通信的科学"（这是该书的副标题）。罗斯·阿什比（W. Ross Ashby）在他 1956 年出版的《控制论导论》（*An Introduction to Cybernetics*）[26] 一书中指出控制论从本质上说是一门"掌舵的艺术"，因此它的主题是协调、调节与控制。

[2] 沃伦·麦卡洛克和沃尔特·皮茨 1943 年的论文《神经活动中固有的逻辑演算》[27] 不仅是控制论的开山之作，也被视为人工神经网络（artificial neural network）与联结主义的奠基之作 [28]。

计》（*Design for a Brain*）一书都证明了控制论在认知中的应用。[3]

　　控制论揭示认知行为机制的早期工作后来被采纳并发展成为一种被称为认知主义的方法。该方法建立在早期控制论研究者奠定的逻辑基础之上，并且利用刚刚面世的计算机来类比说明认知的功能与操作，将符号信息处理作为认知的核心模型。在随后的30多年里，认知主义一直占据主导地位，事实上，它已经深深植根于我们的思维定式中，至今依旧有很大影响力。

　　矛盾的是，控制论的早期发展也为另一种完全不同的认知科学方法铺平了道路——涌现系统方法——这一方法认识到了自组织（self-organization）在认知过程中的重要性。起初，涌现系统的研究发展几乎无人知晓——当时崭新的计算机技术令世人振奋，认知计算模型大行其道，其他研究很难与之匹敌——但在接下去的50年甚至更长时间里，它仍然与认知主义同时发展，后来还囊括了联结主义（connectionism）、动力系统理论以及生成。稍后，我们将对这些理论进行更详细的讨论。

　　近年来，第三种研究方法——混合型系统（hybrid systems）变得流行起来，这是可以理解的，因为顾名思义，混合型系统试图将认知主义和涌现范式的优势结合起来，详见图2.1。

[3]　罗斯·阿什比的《控制论导论》[26] 也是一本经典著作，与他富有影响力的《大脑的设计》[29, 30, 31] 一书相得益彰。

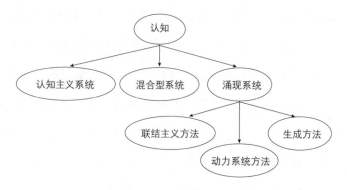

图 2.1 认知的认知主义范式、涌现范式和混合型范式。

在接下来的几个小节中，我们将进一步考察认知科学的三个传统——认知主义、涌现和混合型系统，总结出三者建构理论所立足的关键假设，并以几个可以反映远因－近因空间中不同点的基本特征为基础，对它们进行比较。在此之前我们需要注意的是，尽管到目前为止我们提到的是认知科学的不同传统，本章的标题却是认知科学的不同范式。这样区分有什么重要意义吗？事实上是有的。我们在下文中会发现，尽管认知主义和涌现两个传统之间存在上文提到的共鸣，但是两者就认知的本质（即认知的远因目的）和认知的过程（即认知的近因机制）而言，确实有着若干截然不同的论断。事实上，这些论断的差异非常显著，使得这两种方法在本质上互不兼容，因此被定位为两种完全不同的范式。不难看出，这种不兼容会给混合型方法带来难题，不过这一点我们会在适当的时候再讨论。现在让我们继续讨论认知科学的认知主义和涌现这两个传统，找出它们相同的地方，也要认识到它们在原则上和实践中

21

存在的不同之处。[4]

2.1　认知科学的认知主义范式

2.1.1　认知主义概述

　　如前所述，控制论在最初尝试创立一门认知科学之后，发展出了一种被称为认知主义的方法。认知主义范式及其姐妹学科——人工智能（AI）的诞生源于 1956 年 7 月和 8 月在美国新罕布什尔州达特茅斯学院（Dartmouth College）举办的一次会议。参加这次会议的有约翰·麦卡锡（John McCarthy）、马文·明斯基（Marvin Minsky）、艾伦·纽厄尔（Allen Newell）、赫伯特·西蒙（Herbert Simon）和克劳德·香农（Claude Shannon），他们都对人工智能在未来半个世纪的发展产生了非常重大的影响。认知主义的基本立场是：认知是通过对内部符号知识（symbolic knowledge）表征进行计算来实现

---

[4]　要获得关于不同认知范式的简单总结，可以参考论文《知觉意义由何而来？当前思想面面观》（*Whence Perceptual Meaning? A Cartography of Current Ideas*）[32]。这篇文章是认知科学的分支——生成认知的创始人弗朗西斯科·瓦雷拉撰写的，非常具有指导意义，因为该文不仅对比了认知的不同观点，还梳理了这些观点的来龙去脉。阐述不同观点的历史渊源有助于我们清楚地了解每种观点依据的不同假设，也揭示了这些观点在过去 60 年左右的发展脉络。安迪·克拉克（Andy Clark）的《智库——认知科学的哲学导论》（*Mindware: An Introduction to the Philosophy of Cognitive Science*）[33]一书也对认知科学不同范式之间的哲学与科学差异做了有用的介绍。

的，在这个过程中，感官接收外部世界的信息，通过知觉过程过滤并生成描述，将无关数据抽象化，以符号形式表征，再经过推理来计划和执行心理及身体的行动。这个方法也被许多人称作信息加工（information processing）或符号操纵（symbol manipulation）的认知方法。

对于认知主义系统而言，认知在特定意义上是具有表征性的：它需要——要求——对显性符号进行操纵，即把指称（denote）认知智能体外部世界状态的信息进行局部抽象封装。这里的"指称"一词有特殊的意义，因为它断言了认知智能体使用的符号与该符号表示的事物之间具有同一性，这就好像在智能体认知系统里的符号与它所指称的世界状态之间存在一对一的对应关系。例如，洗衣篮里的衣服可以用一组符号来表征，这些符号通常以层级方式组织，描述了每一件衣物的身份及其各种特征：衣物是否很脏、颜色及推荐的清洗模式和水温。同理，洗衣机可以用另一个符号或另一组符号来表征。这些符号可以表征物品和事件，也可以表征行动——世界上可能发生的事情，比如可以用符号表征将衣服分成几堆（每一堆都有不同的清洗模式）、将它们放入洗衣机、选择所需的清洗模式、开始洗涤等步骤。用这种方式来描述认知智能体所处世界的状态非常清楚、简洁和方便。

用这种显性抽象的符号知识来表征有关世界的信息非常有用，原因有二。第一，这意味着你可以将关于事物的符号信息与可以在事物身上执行的行动的符号信息关联到一起，从而轻松地将这些知

22

识结合起来。这些关联实际上形成了规则，以描述外界可能的行为，以及类似地，认知智能体的行为。这就引出了为什么认知的这种符号表征观有用的第二个原因：认知智能体可以有效地推理这些知识，得出结论，做出决策并执行行动。换句话说，为了做一些有用的事，即执行某个任务和实现某个目标，智能体可以对它周围的世界以及它应该如何表现做出推断。例如，如果某件衣服特别脏，但又是一件精致的织物，那么智能体就可以选择带预先浸泡功能的冷洗模式，而不是把它放入热水中（这样肯定可以把衣服洗干净，但也可能造成缩水和褪色）。当然，如果要做出正确的决定，智能体需要知道所有这些事项。不过，只要某人或某物能够以正确的形式提供必要的知识，这并不是什么无法克服的难题。事实上，因为知识的指称性，实现这一点相对简单：其他认知智能体拥有相同的表征框架，可以直接[5]与洗衣服的认知机器人共享这一领域的知识。这就是认知主义视角在认知与知识方面的实力所在。

这种共享的符号知识——用于描述认知智能体运行领域的规则——有一种特殊性质，即它比智能体拥有的关于其当前环境的符号知识更加抽象：这种领域知识描述的是普遍事物，这种描述方式

---

[5] 认知机器人共享知识的想法已经成为现实。比如，得益于"机器人地球"（RoboEarth）研究计划，现在机器人可以共享互联网上的信息：参见马库斯·魏贝尔（Markus Waibel）与同事撰写的文章《机器人地球：机器人的万维网》（*RoboEarth: A World-Wide Web for Robots*）[34]。更多细节可以参阅第 8 章 8.6.1 节。

不针对智能体面前的特定物体或是智能体目前正在执行的行动。比如，精致的彩色衣物在很热的水中会褪色和缩水的知识并不特定针对智能体正在整理的一堆衣物，但又确实适用于这堆衣物，而且更重要的是，这一知识可以用来决定如何洗涤这件特定的衬衫。

现在，让我们考虑一下智能体的知识从何而来这一问题。在大多数有关建构人工认知系统的认知主义方法中，符号知识是人类设计者的描述性产物。描述性的一面很重要：知识实际上是关于设计者——第三方观察者——如何看待和理解认知智能体及其对周围世界的描述。那么，为什么这是一个问题呢？如果每个智能体的描述都是相同的或者至少是兼容的，这就不是问题，即假定每个智能体都以相同的方式观察和体验这个世界，更确切地说，生成相互兼容的符号表征。如果是这样的话——如果认知主义提出的断言是真的，智能体的符号表征确实能够指称世界上的物体和事件——那么结果将具有重大意义，因为这意味着这些符号表征可以被认知智能体（包括其他人）直接获得、理解和共享。此外，这意味着领域知识可以直接嵌入人工智能体或从其身上提取出来。知识在智能体之间的直接传递是认知主义的主要特征之一。显然，这使得认知主义非常强大，极具吸引力，而符号知识的指称属性就是其中的一块基石。

你可能在上文已经注意到，我们在表达描述性知识的兼容性及其指称性时限定了前提条件（"如果断言是真的，一个智能体的符号表征确实能够指称世界上的物体和事件"），这里还存在一定程度

24

的不确定性。认知主义主张情况确实如此，但正如我们在后文 2.2 节中所述，认知科学的涌现范式强烈反对这一主张。由于知识的指称性和知识共享（实际上就是认知主义认识论）非常重要，不难想到会由此产生一些深远影响。其中之一涉及认知计算的实现方式，特别是支持所需符号计算的平台是否重要的问题。事实上，在认知主义范式中，平台的选择根本不重要：任何可以支持所需符号计算性能的物理平台都是够用的。换句话说，一个给定的认知系统（从技术上讲是一个给定的认知架构（cognitive architecture），但我们要到第 3 章再讨论其中的区别）及其知识组件（认知架构的内容）可以利用任何一台能够执行所需符号操纵的机器来实现。这样的机器可以是人类的大脑或数字计算机。计算操作与支持这些计算的物理平台的原则性分离被称为计算功能主义（computational functionalism）。[6] 认知主义的认知系统属于计算功能主义系统。

虽然计算功能主义与认知主义符号知识的通用能力之间的关系显而易见——如果每个认知智能体都有相同的世界观和兼容的表征框架，那么符号知识及其相关计算的物理支持就不那么重要了——

6　认知的计算模型与其实例化的物理系统之间的原则性解耦被称为计算功能主义。这一思想的根源（举例说）见艾伦·纽厄尔和赫伯特·西蒙的开创性论文《作为经验主义探究的计算机科学：符号和搜索》（*Computer Science as Empirical Enquiry: Symbols and Search*）[35]。计算功能主义的主要观点是计算模型的物理实现对于模型而言并不重要：任何支持所需的符号计算性能的物理平台（无论是计算机还是人类的大脑）都是够用的，另见第 5 章 5.2 节。

两者都源于经典人工智能，即我们现在马上要讨论的主题。我们将在第 8 章再回到认知主义关于知识与表征的观点上。

2.1.2 认知主义与人工智能

如我们在开篇中所言，认知主义认知科学与人工智能共同发源并共同发展，在大约 30 年的时间里建立了一种稳固的共生关系[7]。后来，人工智能在一定程度上偏离了本源，将关注重点从最初的人类和人工认知以及两者的共同原则等问题，转向了统计机器学习等更偏重实用便利和纯计算算法技术的问题。但是，在过去几年中，人工智能又回归到其认知主义认知科学的本源，现在打起了"通用人工智能"（artificial general intelligence）的旗号（以反映建立在人类认知基础上的非特定方法又重新得到了重视）[8]。由于认知主义与经典人工智能有着如此紧密的联系，因此两者的关系值得我们花一些时间来讨论。

---

[7] 一些观察者认为，与其说人工智能是一门与认知主义认知科学共同发展起来的学科，不如说它直接起源于认知主义。参见沃尔特·弗里曼（Walter Freeman）和拉斐尔·努涅斯（Rafael Núñez）的以下论断："实证主义者（positivist）和还原论者（reductionist）对心智的研究借由一种被称为认知主义的较新的学说而受到了非同寻常的欢迎，这塑造了一个新的领域——认知科学——及其最核心的衍生领域：人工智能（着重号为原作者所加）[36]。"

[8] 纵览美国人工智能协会（AAAI）的认知系统专题分会探讨的主题 [37]，再看通用人工智能协会（Artificial General Intelligence Society）[38] 与通用人工智能研究所（Artificial General Intelligence Research Institute）[39] 等组织所推动的通用人工智能学科的兴起，足见经典人工智能理解人类的认知并对之进行建模的认知主义目标再次得到了重视。

　　我们要特别对艾伦·纽厄尔和赫伯特·西蒙提出的人工智能的"物理符号系统"方法[9]进行讨论，这一方法具有极大的影响力，塑造了我们有关自然智能和计算智能的思维方式。关于原作的评注与诠释或多或少扭曲了其本来面目，也会遗漏一些较为微妙、深刻的见解——开山之作常常都有这样的遭遇。我们在这里只是对其进行简短的讨论，会尽量避免这样的情况。

　　艾伦·纽厄尔和赫伯特·西蒙在他们 1975 年美国计算机协会（ACM）图灵奖（Turing Award）的获奖演说"作为经验主义探究的计算机科学：符号和搜索"中提出了两个假设：

　　（1）物理符号系统假设（physical symbol system hypothesis）：物理符号系统具有必要和充分的手段来实现一般智能行为。

　　（2）启发式搜索假设（heuristic search hypothesis）：问题的解决方案被表征为符号结构。物理符号系统运用其智能，通过搜索来解决问题，即首先生成一个符号结构，并逐步修改，直至生成一个解结构。

　　第一个假设表明，任何展现出一般智能的系统都是物理符号系统，而且，任何足够大的物理符号系统都可以通过适当配置（用纽厄尔和西蒙的话说就是"进一步的组织"）来展现一般智能。这是一个十分坚定的主张，表达了两个意思：①如果一个系统要表现出一般智能（或认知），那么它必须是一个物理符号系统；②一个物理

26

9　艾伦·纽厄尔和赫伯特·西蒙是 1975 年美国计算机协会图灵奖的获得者。他们的获奖演说"作为经验主义探究的计算机科学：符号和搜索"[35] 对人工智能和认知主义认知科学的发展有着极其重要的影响。

符号系统如果足够大，就可以成为一个智能系统——不需要任何其他条件。

第二个假设相当于断言符号系统通过启发式搜索来解决问题，即以有效且高效的方式"连续生成潜在的解结构，因此，智能的任务就是避免搜索呈指数级爆炸这个始终存在的威胁"。这个假设有时会被夸张地表述成"一切人工智能都是搜索"，但这颇为不公地歪曲了第二个假设的本质。这个假设的关键在于一个物理符号系统确实必须去搜索问题的解，只不过这个系统是智能的，因为它的搜索策略有效且高效：它不会陷入盲目的穷举搜索策略，对于人工智能感兴趣的那些问题，人们无法指望穷举搜索策略能在合理的时间内找到解。为什么呢？因为这些问题恰恰是无法通过简单的穷举搜索技术解决的，这些暴力的穷举解决方案的计算复杂度（computational complexity）——解决这些问题所需的时间——会随着问题的大小呈指数增减。[10] 正是在这个意义上，智能的目的是有效地应对指数级大搜索空间的危险。

物理符号系统本质上是一台机器，随着时间推移生成一系列不

---

[10] 在形式上，我们说指数级复杂度（exponential complexity）是 k^n 数量级的，其中 k 是常数（constant），n 是问题的规模（size）。相对应地，还有多项式复杂度（polynomial complexity）：n^2, n^3，或者 n^k。这两种复杂度的区别很大。具有指数级复杂度解的问题的放大效应非常可怕，即使问题规模合理，也通常难以解决。也就是说，除非采用某种巧妙的——智能的——求解策略，否则可能需要数天或数年才能解决。

断进化的符号结构集合。[11] 符号是一种物理模式，可以作为组件出现在另一实体中，这种实体被称为表达式（expression）或符号结构（symbol structure）：换句话说，表达式或符号结构是符号的排列。除了符号结构之外，系统还包括对表达式进行操作以生成其他表达式的过程：处理、创建、修改、再生和销毁它们。一个表达式可以指定（designate）一个对象，系统可以由此影响对象本身或者以依赖对象的方式运行。或者如果表达式指定的是一个过程，则系统通过执行该过程来解释这一表达式（请参见图 2.2）。用纽厄尔和西蒙的话来说：

27

> 符号系统是模式和过程的集合，后者能够生成、销毁和修改前者。模式最重要的属性是，它们可以指定对象、过程或其他模式，而且当它们指定过程时，可以被解释。解释意味着执行指定过程。人类和计算机是我们熟悉的两种最重要的符号系统。

这里有一个重要而又微妙的地方。这种对符号系统的解释比对符号操纵系统的惯常描述概括有力得多。在符号操纵系统中，符号只指定对象，这时我们只有一个生成、销毁和修改符号的过程系统而已，再无其他。而纽厄尔和西蒙提出的观点则要复杂得多，它有

11　有关符号系统（symbol systems）的简要概述，请参阅斯特万·哈纳德（Stevan Harnad）的开创性文章《符号植入问题》（*The Symbol Grounding Problem*）[40]。

两个递归的方面：过程可以产生过程，模式可以指定模式（反过来，模式也可以是过程）。这两个递归循环紧密相连。系统不仅可以建立更抽象的表征并对这些表征进行推理，也可以把自身当作加工处理和符号表征的函数，从而对自身进行修改。最重要的一点是，纽厄尔和西蒙提出的观点认为物理符号系统在原则上是可以发展的。这一点在当代认知主义人工智能系统的讨论中常常被忽略。另一方面，我们稍后在下文会谈到，涌现方法关注的恰恰就是发展的需要。这是我们提到的认知主义范式和涌现范式之间的共鸣之一，却很少被人提起，根据物理符号系统假设，认知主义系统在本质上具有发展能力，但这一点常常得不到应有的认可。

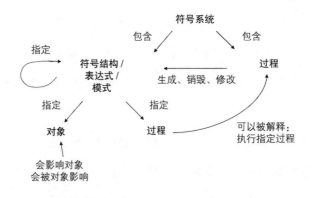

图 2.2 物理符号系统的本质 [35]

符号系统如果要成为一个实际的智能体，就必须在某个计算平台上执行。但是，这些已实现的系统的行为取决于符号系统的细节：符号、操作和解释，而不是实现的特定形式。这是我们在前文已经谈过的：认知主义认知系统的功能主义本质。可以任意选择支持物理符号系统或认知模型的计算平台，对模型本身没有任何影响。计算平台也许会影响过程运行的速度以及生成解所需的时间，但这只是时间问题，并不影响结果，结果在任何情况下都是一样的。

因此，物理符号系统具有实现一般智能的充要条件。从我们刚才对符号系统的讨论中可以看出，智能系统（无论是自然的还是人工的）实际上都是等价的，因为其实例化的形式并不重要，至少原则上如此。显然，认知主义系统与物理符号系统实际上在很大程度上是相同的。二者有相同的假设，看待认知或智能的方式也完全一样。

在纽厄尔和西蒙发表他们那篇影响深远的文章之后不久，纽厄尔将智能定义为一个系统与"知识层系统"（knowledge-level system）这一理想系统的接近程度。[12]这个理想系统可以将所有的知识都用到其试图解决的每一个问题（即试图实现的每一个目标）上。完美的智能意味着对知识的完全利用。它运用知识的依据是"最大理性假设"（maximum rationality hypothesis），该假设可以用艾伦·纽厄尔   29

---

[12] 除了 1975 年的图灵奖演说之外，艾伦·纽厄尔随后又对实用认知主义系统的建立做出了多个里程碑式的贡献：约 1982 年，他引入了知识层系统的概念、最大理性假设和理性原则 [41]；接着在 20 世纪 80 年代中期，他与约翰·莱尔德（John Laird）、保罗·罗森布洛姆（Paul Rosenbloom）共同开发了用于一般智能的状态、算子和结果（state, operator and result，即 Soar）认知架构 [42]；1990 年又提出了认知统一理论（unified theory of cognition）观点 [43]。

于 1982 年提出的"理性原则"(principle of rationality)表述为:"如果一个智能体知道它的某一个行动可以实现它的某一个目标,那么这个智能体就会选择这个行动。"约翰·安德森(John Anderson)后来提出了一个略微不同的观点,称为理性分析(rational analysis),认为认知系统在进行理性分析时会最优化生物体行为的适应性。请注意,安德森的原则认为最优化是理性所必需的,而纽厄尔的原则并非如此。[13] "理性原则"实际上就是用正式的措辞表述了这样的直观思想:智能体绝不会忽视有助于实现目标的事物,而且总会尽可能多地使用知识来指导自己的行为,并成功地完成其参与的任务。

可以想见,在这样的人工智能系统(即知识层系统)中,知识是用符号来表征的。符号是抽象的实体,可以作为标记被实例化和操纵。纽厄尔在发展他的物理符号系统假设时,对符号系统进行了描述,认为其具备了:[14]

- 容纳符号信息的记忆;
- 为匹配或索引其他符号信息提供模式的符号;
- 操纵符号的运算;
- 可以让符号指定运算的解释;

---

13   为了更好地比较纽厄尔的理性原则 [41] 和安德森的理性分析 [44],请参阅密歇根大学(University of Michigan)的认知与智能体架构调查 [45]。

14   纽厄尔对符号系统的描述可以在密歇根大学的一个专门探讨认知与智能体架构的网站上找到 [45]。

· 可以让算子产生任何符号结构的组合（composability）能力，可以让符号结构对任何有意义的运算排列进行编码的解释（interpretability）能力，以及便于前述两项操作的充足记忆。

依据发生的时间尺度，纽厄尔提出了运算的四个层级：生物层级、认知层级、理性层级、社会层级，层层推进。生物层级（biological band）的一般执行时间是 10^{-4} 到 10^{-2} 秒，认知层级是 10^{-1} 到 10^{1} 秒，理性层级是 10^{2} 到 10^{4} 秒，社会层级则为 10^{5} 到 10^{7} 秒。生物层级对应系统的神经生理构成。纽厄尔在这个层级中确定了三个层次：细胞器（organelle）、神经元（neuron）和神经回路（neural circuit）。联结主义系统(connectionist systems)和人工神经网络(artificial neural networks）通常只关注这个层级。

认知层级（cognitive band）对应符号层及其作为具体架构的物理实例化。认知架构思想是（生物与人工）认知系统和人工智能研究中最重要的课题之一，尤其是认知架构在认知主义认知科学中起着至关重要的作用。我们将会在下一章专门探讨这一主题。

纽厄尔提出了认知层级的三个层次。第一层，有意的动作（deliberate acts），只需很短的时间，通常是 10^{-1} 秒。例如，伸手去抓一个物体。第二层，"组合操作"（composed operations），包含一系列有意的动作。例如，将手伸向一件衣服、抓住它、拿起来并将其放入洗衣机。这些组合操作需要大约 1 秒的时间。第三，完整的行动（complete actions），最长需要 10 秒钟。例如，找到洗衣液，打开洗衣机的洗衣液托盘，倒入洗衣液并添加织物柔顺剂。

理性层级（rational band）涉及一般体现为任务且需要进行一些推理的行动，如洗衣服。社会层级（social band）的行动扩展到需要数小时、数天或数周的行为，常常包括与其他智能体的交互。

所有知识都在认知符号层（用符号）表征。所有知识层系统都包含一个符号系统。如前所述，这是对物理符号系统假设强有力的诠释：物理符号系统对一般智能而言不仅是充分的，也是必要的。

本节非常简要地概述了经典人工智能与认知主义之间的密切关系，进而概括了经典人工智能在通用人工智能（artificial general intelligence, AGI）中的复兴。人工智能对认知主义认知科学有着极大的影响，而认知主义对人工智能也有着巨大的影响。这一点并不奇怪，因为这两个学科几乎是同一批人同时创立的，而且有着完全一样的目标——在信息加工计算模型的启发下，构建一个综合性理论，继续推进早期控制论研究者形式化动物认知与机器认知所蕴含的机制这一最初构想。在过去 20 多年里，人工智能可能已经偏离了这个目标，转而探索统计机器学习之类的替代策略。不过，如前所述，现在越来越多的人倡导人工智能研究要回归认知主义和经典人工智能创立者的初始目标。这个目标用亚利桑那州立大学（Arizona State University）帕特·兰利（Pat Langley）的话来说，就是要理解从人类身上观察到的全方位的智能行为，并在计算系统中再现这些行为。

随着认知科学这根重要支柱的牢固确立，接下来让我们转向同样源于早期控制论研究者的目标及其追求的第二根支柱：涌现系统。

2.2 认知科学的涌现范式

涌现的认知观与认知主义截然不同。涌现认知系统的远因目标是保持自治性，认知是实现这一目标的过程。它通过一个持续的自组织过程来实现这一目标。在这个过程中，智能体只以不危及其自治的方式与周围的世界交互。事实上，认知的目的是要确保智能体的自治性不会被削弱，且不断增强，从而使其交互越来越稳固。在实现这一目标的过程中，认知过程决定了什么对系统来说是真实且有意义的：系统通过在环境中的操作来建构自己的现实——它周围的世界及其知觉与行动的意义。因此，系统对其周围世界的理解因系统具身化的形式而异，并且依赖于系统的交互历史，即它的经验。[15] 这种对环境交互进行理解的过程是构成认知科学的分支——生成——的其中一块基石，我们将在 2.2.3 节对生成做进一步的讨论。认知也是系统借以弥补知觉即时的"此时此地"性的一种手段，使其能够预测更长时间跨度内发生的事件，并为将来可能需要的交互做好准备。因此，认知与智能体采取前瞻性行动的能力有着内在的联系：不只是应对眼前发生的事情，也着眼于将来可能发生的事情。

32

---

15 这种由系统及其环境对系统现实的相互规范，被称为共同决定（co-deter-mination）[14]，并与激进建构主义（radical constructivism）概念有关 [46]（请参见第 8 章 8.3.4 节）。

许多涌现范式也坚持这样的原则，即认知学习的主要模式是通过获得新的预测技能而不是像认知主义那样通过获得知识来实现的。[16]因此，与认知主义相反，涌现方法必须是具身化的，而且智能体身体的物理形式在认知过程中起着关键性作用。涌现系统完全接受我们在上一章中提到的大脑、身体与世界相互依赖的观点。因此，涌现范式中的认知通常被称为"具身认知"（embodied cognition）。[17]但是，尽管这两个术语可能同义，但并不等同。具身认知关注的是，大脑和身体在身体所适应的结构化环境生态位这一背景下共同构成了认知系统的基础。我们在下文会发现，涌现范式也关注这一点，不过通常会对认知的本质提出更有力的断言。

涌现范式可以细分为三种方法：联结主义系统、动力系统和生成系统（请再次参见图 2.1）。但是，如果认为这三种方法之间毫不相关，那就错了。相反，它们在一些重要方面是相通的。这里，远因 − 近因关系同样可以帮助我们厘清它们之间的区别。联结主义与动力系统更多地涉及对认知的近因解释，即认知在系统中实现的机制。一般来说，联结主义系统对应抽象层次更低的模型，而动力系统则对应抽象层次更高的模型。另一方面，生成系统针对认知的目的是什么（与一般的涌现范式相同）以及为什么某些特征是重要的

---

16 指导行动与提高行动指导能力的过程构成了所有智能系统的根本能力。涌现范式通常以这一观点为立足点。

17 我们在第 5 章详细讨论具身认知问题。

提出了一些强有力的主张。生成系统确实在认知加工如何受到影响方面提出了许多见解，涉及近因解释，不过是在一个相当抽象的层次上进行论述。到目前为止，有关生成的明确形式化机理、计算或数学模型依旧属于有待进一步研究的目标。[18] 相较而言，联结主义和动力系统理论为我们提供的数学和计算方面的形式化技术则非常详细且易于理解，但是，要将它们拓展成像认知主义统一认知理论（这个概念在上文 2.1.2 节中已经提到过，在第 3 章中还会做更充分的讨论）那样成熟的概念则需要更多的时间和研究，更不用说还要有一些知识上的突破。

一方面，这个领域的许多研究者认为，涌现范式未来可能会统一联结主义、动力系统与生成系统，把它们结合在一起，形成对认知的一种内聚的联合远因 - 近因解释。事实上，我们在后文马上就会谈到，我们最好把联结主义系统和动力系统视为同一个方法的两种互补观点，前者涉及微观方面，后者则是宏观方面。另一方面，这个领域的其他研究者更倾向于认为我们最好把认知主义方法和涌现方法结合起来，如混合型系统方法，这一方法我们将在 2.3 节详细讨论。除此之外，还有一些有趣的观点，比如詹姆斯·克拉奇菲

---

[18] 由约翰·斯图尔特（John Steward）、奥利维尔·加彭（Olivier Gapenne）和伊齐基尔·迪保罗（Ezequiel Di Paolo）编著，于 2010 年由麻省理工学院出版社出版的《生成：认知科学新范式探索》（*Enaction: Towards a New Paradigm for Cognitive Science*）[48] 一书是对生成系统发展现状的精彩简介。

尔德（James Crutchfield）提出的计算力学（computational mechanics），他主张把动力学方法和信息加工方法结合起来并加以拓展。[19]

记住这些关系后，现在我们开始依次探讨三种涌现范式，强调它们之间的重合之处。

2.2.1　联结主义系统

联结主义系统依赖由相对简单的处理元件构成的网络来对非符号分布式激活模式进行并行加工。它们使用统计属性而不是逻辑规则来分析信息并产生有效的行为。接下来，我们将总结联结主义的主要原则，简要回顾其历史，突出强调造就了联结主义现状的主要发展。令人遗憾又不可避免的是，我们将不得不使用许多专业术语，有时稍做解释，有时不做解释：要全面介绍联结主义与人工神经网络的相关领域需要单独的一本内容翔实的教科书。在本书中，我们只希望传递几分联结主义的本质，它与认知科学的相关性，以及它

34

---

[19]　詹姆斯·克拉奇菲尔德与提倡认知动力学视角的人观点一致，主张时间是关键因素。他指出动力系统方法的优点之一是它在状态空间中以几何的方式呈现出时间的维度。这个状态空间中的结构产生并约束行为以及时空模式的涌现。因此，动力学肯定与认知有关。但是，他认为动力学本身"不能替代认知过程中的信息加工和计算"，不过这两种方法也不是互不兼容 [49]。他认为，可以研究出一种综合二者的方法，使动力状态空间结构能够支持计算。他提出计算力学作为一种解决动力学与计算综合的方式。

与认知主义有何区别。页下注提供了可供参阅的补充文献。[20]

联结主义早在计算时代之前就已发源。尽管将联结主义用于以计算机为基础的模型始于 1982 年，[21] 但联结主义这一术语早在 1932 年就已在心理学领域中使用。[22] 事实上，威廉·詹姆斯（William James）在 19 世纪提出的联想记忆（associative memory）模型中明显包含了联结主义的原则。[23] 该模型也预测了后来的"赫布型学习"（Hebbian learning）之类的机制。赫布型学习是一个颇有影响的无监督式神经网络学习过程。在这个过程中，如果源神经元与目标神经元同时被激活，那么神经元之间的纽带——突触的强度就会增加。

---

[20]　戴维·梅德勒（David Medler）的《联结主义简史》（*A Brief History of Connectionism*）[50] 一文概述了传统和现代的方法，并总结了联结主义与认知科学之间的关系。有关联结主义的开创性论文选集，请参阅詹姆斯·安德森（James Anderson）和爱德华·罗森菲尔德（Edward Rosenfeld）的《神经计算：研究的基础》（*Neurocomputing: Foundations of Research*）[28] 和《神经计算2：研究的方向》（*Neurocomputing 2: Directions of Research*）[51]。保罗·斯莫伦斯基（Paul Smolensky）从数学的视角 [52, 53, 54, 55] 回顾了这个领域。迈克尔·阿尔比布（Michael Arbib）的《大脑理论与神经网络手册》（*Handbook of Brain Theory and Neural Networks*）总结了许多相关的文献 [56]。

[21]　"联结主义模型"一词通常被认为是杰尔姆·费尔德曼（Jerome Feldman）和达纳·巴拉德（Dana Ballard）于 1982 年在他们的论文《联结主义模型及其属性》（*Connectionist Models and their Properties*）[57] 中提出的。

[22]　爱德华·桑代克（Edward Thorndike）在 1932 年用"联结主义"一词指代联想主义（associationism）的一种延伸形式 [58, 59]。

[23]　安德森与罗森菲尔德的论文选集 [28] 第十六章以"联想"（Association）开篇。该词源自威廉·詹姆斯 1890 年出版的《心理学简编》（*Psychology, Briefer Course*）[60]。

唐纳德·赫布（Donald Hebb）1949 年出版的《行为的组织》（*The Organization of Behaviour*）一书的引言是联结主义一词最初的出处之一。[24]

我们已经注意到，认知主义有一部分源于控制论早期的研究，尤其是沃伦·麦卡洛克和沃尔特·皮茨的开山之作。他们指出，命题逻辑中的任何命题（statement）都可以用由简单处理单元构成的网络（即联结主义系统）来表征。他们还指出，这些网络在本质上具有通用图灵机（universal Turing machine）的计算能力，是所有计算的理论基础。因此，麦卡洛克和皮茨同时为认知主义和联结主义的基础做出了杰出贡献。

联结主义方法在 20 世纪 50 年代末随着弗兰克·罗森布拉特（Frank Rosenblatt）的"感知器"（perceptron）以及奥利弗·塞尔弗里奇（Oliver Selfridge）的"鬼蜮学习模型"（pandemonium model of learning）的引入而得到了显著的发展。[25] 罗森布拉特指出，任何用二进制符号表示的模式分类问题都可以通过"感知器"网络得到解决。这个由基本计算元件（computing elements）构成的简单网络主要负责对适当加权的输入信号或数据流的强度求和，将结果与某些设定

---

[24] 在安德森与罗森菲尔德的论文选集中可以找到唐纳德·赫布的《行为的组织》[61] 的引言 [28]。

[25] 弗兰克·罗森布拉特 [62] 于 1958 年提出了感知器，而奥利弗·塞尔弗里奇则于 1959 年提出了鬼蜮学习模型 [63]。两篇文章都被收录在安德森和罗森菲尔德的开创性论文集中 [28]。

的阈值进行对比，然后基于结果决定是否触发，从而产生一个输出，这个输出又会再联结到网络中其他的计算元件。

尽管网络学习在 1960 年随着用于线性适应元（adaline）神经模型[26]监督训练的威德罗－霍夫规则（Widrow-Hoff rule，也被称为德尔塔规则，delta rule）的引入而有所进展，但感知器网络却遇到了一个严重的问题：在超过两层的网络中，缺乏可以容许调整输入单元与隐含联想单元之间联结权重的学习算法。

1969 年，马文·明斯基和西摩·佩珀特（Seymour Papert）指出，这些感知器只能被训练来解决线性可分问题，无法解决更普遍的问题，从而激起了一阵波澜。[27]神经网络和联结主义的研究因此受到了很大的负面影响。

由于感知器的明显局限性使得网络学习的研究蒙上了一层阴霾，因此当时的研究更侧重记忆和信息检索，尤其是联想记忆的并行模型。[28]

---

[26] 伯纳德·威德罗（Bernard Widrow）和马尔奇安·霍夫（Marcian Hoff）于 1960 年提出了线性适应元 [64]，adaline 一词由 adaptive linear 拼接而成。

[27] 马文·明斯基和西蒙·佩珀特 [65] 的《感知器：计算几何学引论》（*Perceptrons: An Introduction to Computational Geometry*）一书于 1969 年出版，对神经网络研究产生了长达十几年的强烈的负面影响。这本书的书评请参阅乔丹·波拉克（Jordan Pollack）[66] 的《无意的伤害》（*No Harm Intended*）一文。

[28] 关于 20 世纪 70 年代和 80 年代早期开展的联想记忆研究，可参阅杰弗里·欣顿和詹姆斯·安德森的《联想记忆的并行模型》（*Parallel Models of Associative Memory*）[67] 一书。

在此期间，有学者潜心开发替代的联结主义模型，如斯蒂芬·格罗斯伯格（Stephen Grossberg）的自适应共振理论（adaptive resonance theory，ART）[29] 和图沃·科霍宁（Teuvo Kohonen）的自组织映射（self-organizing maps，SOM），通常简称为科霍宁网络（Kohonen networks）。[30] 自适应共振理论涉及实时的有监督和无监督的范畴学习、模式分类与预测，而科霍宁神经网络则利用自组织进行无监督学习，可以作为自动联想记忆（auto-associative memory）或模式分类器使用。

20 世纪 80 年代中期，随着并行分布式处理（parallel distributed processing，PDP）架构的发展[31]，尤其是戴维·鲁姆哈特（David Rumelhart）、杰弗里·欣顿（Geoffrey Hinton）和罗纳德·威廉斯（Ronald Williams）引入的误差逆传播（back-propagation）算法的发展，[32] 类似感知器的神经网络经历了一次势头强劲的复兴。误差逆传播学

36

29　斯蒂芬·格罗斯伯格于 1976 年提出了自适应共振理论，这个理论后来得到了很大的发展。有关该理论的简要总结可参阅《大脑理论与神经网络手册》（*The Handbook of Brain Theory and Neural Networks*）[68] 中的条目。

30　科霍宁网络 [69] 生成的拓扑映射中，无监督自组织学习过程将输入空间中的邻近点映射到保持其拓扑结构不变的内部网络状态。

31　戴维·鲁姆哈特和詹姆斯·麦克莱兰（James McClelland）于 1986 年出版的《并行分布处理：认知的微观结构探索》（*Parallel Distributed Processing: Explorations in the Microstructure of Cognition*）[70] 一书对认知的联结主义模型有着重要影响。

32　尽管误差逆传播学习规则通过戴维·鲁姆哈特等人的研究 [71, 72] 产生了巨大影响，但之前保罗·韦伯斯（Paul Werbos）[73] 等学者也独立提出过这一规则 [50]。

习算法，也被称为广义德尔塔规则（generalized delta rule，GDR），因为它是对训练线性适应元的威德罗－霍夫规则的拓展，克服了明斯基和佩珀特指出的局限性，允许修改输入单元和隐含单元之间的联结权重，从而使多层感知器能够学习线性不可分问题的解决方案。这是神经网络和联结主义研究的一个重大突破。在认知科学中，并行分布式处理显著地促进了心智计算模型的序列化加工观点向相互协作与相互竞争的单元构成的并发操作网络这一观点的转变。并行分布式处理也促使人们意识到计算系统的结构对计算的重要性，从而对认知主义的功能主义学说以及将计算与计算平台在原则上分离开来的主张提出了挑战。

标准的并行分布式处理模型将输入向量之间的静态映射表征为前向反馈配置（即数据在神经网络中以单一的方向从输入流向输出）的结果。不过还有另一种情况，神经网络有形成回路的联结，即神经网络中的输出信号或隐含单元激活信号作为输入又反馈给神经网络。这些网络被称为循环神经网络（recurrent neural networks）。神经网络中的循环通路在神经网络运行中引入了动态行为[33]。最著名的循环网络要属霍普菲尔德网络（Hopfield network）。这类网络是完全循环的神经网络，起着自动联想记忆（auto-associative memory）或内容可寻址记忆（content-addressable memory）的作用。

---

[33] 这种循环反馈与为了实现学习过程中的权重调整而进行的错误信号反馈（如经由误差逆传播进行反馈）没有任何关系。

顺便简单地提一句，联想记忆有两种类型：异联想记忆（hetero-associative memory）和自动联想记忆。异联想记忆产生的输出与输入性质不同，两者是相关联的。用专业术语来讲，输入和输出向量所属的空间是不同的。例如，输入空间可能是一个物体的图像，而输出可能是一个数字合成的语音信号，将描述物体身份的一个单词或短语进行编码。而自动联想记忆产生的输出向量与输入向量属于同一个空间。例如，拍摄不佳的物体图像可能会产生——回忆起——之前为物体拍摄的完美图像。

其他的循环网络包括埃尔曼网络（Elman networks）（包含从隐含单元到输入单元的循环联结）和乔丹网络（Jordan networks）（包含从输出单元到输入单元的循环联结）。玻尔兹曼机（Boltzmann machines）是霍普菲尔德网络的变体，使用随机而不是确定的权重（weight）更新过程来避免网络在学习过程中陷入局部极小值的问题。[34]

多层感知器和其他的并行分布式处理联结主义网络通常使用单调函数（monotonic functions）[35]，如硬限幅阈值函数或 S 型（sigmoid）函数来触发单个神经元的激活。非单调激活函数，如高斯函数（Gaussian function），可以提供计算上的优势，例如在解决线性

---

[34] 关于霍普菲尔德网络、埃尔曼网络、乔丹网络和玻尔兹曼机的详细信息，请分别参阅 [74]，[75]，[76] 和 [77]。

[35] 单调函数只向一个方向变化：单调递增函数只随着自变量的增大而增大，而单调递减函数只随着自变量的增大而减小。

不可分问题时可以更快速且更可靠地收敛。径向基函数（radial basis function，RBF）网络[36] 使用高斯函数，但与多层感知器不同的是，高斯函数仅用于隐含层，而输入和输出层则使用线性激活函数。

联结主义系统依旧对认知科学有着强大的影响，有的倡导严格意义上的并行分布式处理，如詹姆斯·麦克莱兰和蒂莫西·罗杰斯（Timothy Roggers）的语义认知的并行分布式处理方法，有的则推崇混合型系统，如保罗·斯莫伦斯基和杰拉尔丁·勒让德尔（Geraldine Legendre）的认知联结主义 / 符号计算架构。[37]

对联结主义做了极为简要的概述之后，我们现在便明白了作为认知科学涌现范式组件之一的联结主义为什么会被视为认知主义的一种切实可行且具有吸引力的替代学说。具体来说，一方面，涌现系统研究的最初动机之一就是不满基于符号操作的认知主义所具有的序列性、非时间性以及局部性。另一方面，与自然生物系统一样，涌现系统有赖于并行、实时与分布式的架构，而天生具有学习能力的联结主义神经网络正是实现这种系统的一种显而易见且吸引人的方式。然而，这种侧重点的转变本身并不足以构成一种新的范式。尽管并行分布式处理和实时操作肯定是联结主义系统的典型特征，

38

---

[36] 有关径向基函数网络的详细信息，请参阅 [78]。

[37] 有关詹姆斯·麦克莱兰和蒂莫西·罗杰斯的语义认知的并行分布式处理方法的细节，请参阅 [79]。有关保罗·斯莫伦斯基和杰拉尔丁·勒让德尔的认知联结主义 / 符号计算架构的细节，请参阅 [80, 81]。

但肯定不止如此，因为现代认知主义系统也展现出完全相同的属性。[38]
那么，关键的区别特征是什么呢？我们将在 2.4 节基于 14 个不同特
征对认知主义范式和涌现范式进行比较来回答这个问题。现在，让
我们继续探讨涌现认知科学的动力系统方法。

2.2.2 动力系统

联结主义系统关注的是由相对简单的处理元件组成的自适应网
络所产生的活动模式，而动力系统理论则通过使用微分方程对系统
行为进行建模，从而把握一些描述系统状态的重要变量是如何随时
间变化的。动力系统理论是一种非常普遍的方法，已经被用在诸如
生物学、天文学、生态学、经济学、物理学以及许多其他领域，为
各种不同类型的系统建模。[39]

动力系统定义了一种特定的行为模式。系统被描述成状态向量
及其时间的导数，即它如何随着时间的推移变化。时间导数由状态
向量本身和其他一些被称为控制参数的变量决定。通常，动力学方
程也考虑了噪声。要建立一个动力系统的模型，需要确定状态变量

---

[38] 沃尔特·弗里曼和拉斐尔·努涅斯认为，最近的系统——他们称之为新认
知主义系统——以人工神经网络和联想记忆的形式运用并行和分布计算，
但仍坚持许多早期的认知主义主张 [36]。蒂莫西·冯·格尔德（Timothy
Van Gelder）和罗伯特·波特（Robert Port）[82] 二人也提出了类似的观点。

[39] 有关动力系统理论的直观介绍，请参阅劳伦斯·夏皮罗（Lawrence Shapiro）
的《具身认知》（*Embodied Cognition*）[83] 一书中的 5.2 节。有关如何运用
动力系统理论来对认知行为建模的概述，请参阅斯格特·凯尔索的《动力
学模式——大脑与行为的自组织》[21] 一书。

（state variable）和控制参数（control parameter），如何对噪声建模，以及最后将这些因素结合并用导数表示出关系的确切形式，即这些因素如何随时间变化。

动力系统的本质

一般来说，动力系统有几个重要属性。首先，它是一个系统。尽管这一点显而易见，但仍然很重要。这意味着它由大量相互作用的组件构成，因此具有大量的自由度。

其次，系统是耗散的，也就是说，它会耗尽或消耗能量。这对系统行为有重要的影响。特别是，这意味着系统可以达到的状态数会随时间的推移而减少。用专业术语来说就是相空间的体积缩小了。这样的主要结果是，系统会形成对某些状态集的偏好（同样，在专业术语中，这就是完整的可能状态空间中的偏好子空间）。

动力系统也被称为非平衡系统（non-equilibrium system）。这只是意味着它永远都不会停歇，并不意味着它不能表现出稳定的行为——它可以——但这确实意味着，如果没有能量、材料或信息的外部来源，它便无法维持其结构并实现它的功能。反过来，这意味着，至少从能量、材料或信息的角度来看，系统是开放的，即物质可以进入和退出系统。相比之下，一个封闭的系统则不允许任何东西跨越系统边界。

动力系统也是非线性的。这只是意味着定义状态变量、控制参数和噪声分量之间微分关系的方程以乘法的方式组合在一起，而不是简单地加权相加。虽然非线性可能看起来只是一个数学细节（或者，更有可能是一种数学上的复杂性），但这种非线性是极其重要的，因为它为复杂行为提供了基础——世界上绝大多数有趣的现象都表现出这种难以建模的非线性特征——不仅如此，它还意味着耗散（dissipation）是不均匀的，系统的整体自由度中只有少量会对其行为有贡献。换言之，在系统建模时，我们只需要关注少量的状态变量，而不必每个都考虑（这或多或少会导致系统无法建模）。我们用两个名称不同，但完全等同的术语来指代这些特殊的变量：序参量和集体变量。[40] 选择哪一个术语在很大程度上取决于惯例或传统。

　　每个集体变量都在定义系统行为随时间发展的方式中起着关键作用。本质上，集体变量是控制系统行为的系统变量的子集。这些集体变量存在的主要结果是，系统行为可以被描述成一连串相对稳定的状态：在每一个状态中，系统所做的事是特定的，且会持续做这件事直至发生某些事情导致其跳到下一个相对稳定的状态。鉴于此，我们说系统状态是亚稳定的（稳定但可能会发生变化），我们把状态空间中这些状态周围的局部区域称为吸引子（attractor）（因为一旦有行为靠近吸引子，就会被吸引停留在该行为附近直到受到显著干扰）。

　　动力系统建模既实用又吸引人的一点是，能够用极少的相关变

---

[40]　我们在第 1 章讨论斯科特·凯尔索关于系统建模需要考虑的不同抽象层次时，已经遇到了集体变量这个概念。

量对系统的行为建模，从而使相关状态空间有极低的维度，而这里讨论的系统拥有非常多的变量，因此可能状态空间维度非常高。这是动力系统区别于联结主义系统的主要特征之一。

动力系统与认知

这些都是动力系统的一般特征。那么，是什么使它们适用于认知建模呢？为了回答这个问题，我们需要理解动力系统的倡导者对认知的看法。埃丝特·西伦（Esther Thelen）和海伦·史密斯（Helen Smith）是这样表述的：[41]

> 认知是非符号、无表征的，所有的心理活动都具有涌现性、情境性、历史性和具身性。

对此，我们可以进行如下补充：认知是由社会建构的，因而认知的某些方面源于认知智能体之间的交互，同样被建模为一个动态过程。显然，泰伦和史密斯以及其他许多主张涌现范式的研究者并不认同认知主义模型的符号本质以及它蕴含的表征主义。这里，针对他们关于符号表征主义的解释以及他们断言这不能真正反映认知的主张，我们必须谨慎理解。

动力系统模型和涌现模型的支持者反对符号操纵与表征的主张

41

---

[41] 该引文出自埃丝特·西伦和海伦·史密斯很有影响力的《认知与行动发展的动力系统方法》（*A Dynamic Systems Approach to the Development of Cognition and Action*）[84] 一书。

主要有两个。一个是反对字面意义上的符号操纵，也就是计算机程序操纵符号。换句话说，他们反对的是符号加工的机制：基于规则的符号重排，以期搜索出能够满足系统目标定义条件的状态。动力系统与联结主义的支持者不认同这一机制，他们认为认知行为是适当配置的基本组件网络相互作用的自然结果。也就是说，认知这种行为是自组织的结果，即由于——并且只由于——这些组件之间的动态交互而产生的全局活动模式。并不能根据系统组件的局部属性来预测这一全局活动模式，从这个意义上说，认知是涌现的。[42]

　　动力系统支持者反对的第二个方面涉及表征问题。这是一个备受争议的问题，人们对什么是表征存在着巨大的分歧。[43] 如前所述，认知主义依赖于用认知系统操纵的符号表征直接指称（denotation）外部世界的物体或事件。涌现系统的支持者反对的正是这种强指称特征，因为这需要（也就是必然会涉及）如我们所见且用符号表征的物体与现实世界中的物体之间的对应关系。此外，依据认知计算功能主义的观点，无论系统在认知智能体（电脑或者大脑）中以何种方式实现，每个认知智能体都共享这些指称性符号与物体之间的对应关系。这既是认知主义的魅力所在，又是主张涌现立场的研究

42　严格来说，自组织产生的活动模式原则上可以从组件的属性中得到预测。因此，从某种意义上说，涌现是一种更强大——也更隐蔽——的过程。它可能运用自组织，也可能不运用自组织；见《认知科学百科全书》（*Encyclopedia of Cognitive Science*）中斯科特·卡马津（Scott Camazine）的文章《自组织系统》（*Self-Organizing Systems*）[85]。

43　我们将在第 8 章深入探讨棘手的表征问题。

者争论的焦点。

那么，涌现系统如何像上面引文提示的那样在没有表征的情况下运行呢？我们在这里对"表征"一词进行解释时同样必须小心谨慎。从我们目前为止所讨论的内容可以清楚地看出，联结主义系统和动力系统展现的是不同的状态。这些状态是否可以解释为是在"表征"世界中的物体与事件？如果可以，不就与上述的"反表征"立场相矛盾了吗？这两个问题的答案是：一定条件下的"可以"和谨慎的"不矛盾"。这些状态确实可以解释为表征，但并不是认知主义所主张的指称物体或事件意义上的表征，而是它们在某些方面与这些物体和事件相关，但并不一定表示同样的东西：二者只是为了便利联系在一起，而不是绝对的一一对应。

我们说这样的表征含蓄地指称物体或事件，而且这么说的时候，除了表示涌现系统的状态在某些方面与其出现相关之外，并没有对物体或事件的本质做出任何暗示。[44] 这一观点看起来似乎非常细微，几近于吹毛求疵，因为事实就是如此。但这是一个重要的根本问题，因为它直接触及认知主义与涌现范式的核心区别之一：智能体的状态——认知主义或涌现意义下的——以及与它交互的世界之间的关系。

---

[44] 有关语言在特定语境下的直接指称和含蓄指称（connotation）之间区别的深入、集中讨论，请参阅亚历山大·克拉夫琴科（Alexander Kravchenko）的文章《语言的本质属性，亦即，为什么语言不是代码》（*Essential Properties of Language, or, Why Language is not a Code*）[86]。

认知主义断言，符号知识表征的世界是世界本身的忠实对等物；涌现方法则不这么认为。相反，它仅仅认为内部状态反映了世界上的一些规律或法则，系统并不知道这些规律或法则，但可以通过自身动态决定的行为去适应和运用它们。这有助于解释上面引文中认知的情境性、历史性和具身性的含义。动力系统必须以某种物理的方式具身化才能与世界交互，而具身化的确切形式会影响智能体的表现（或能够表现的）方式。情境性指的是智能体对其周围世界的认知理解是在它周围环境的特定情境中涌现的，而不是任何虚拟或抽象意义上的理解。此外，随着动力系统的不断调整和适应，这些特定情境交互的历史会对动力系统的发展方式产生影响。[45]

时间

说到动力系统的关键问题，其实很明显：就是时间。[46]动态意味着会随时间推移而改变。所以，时间在所有动力系统中起着关键作用。总的来说，在涌现系统（尤其是动力系统）中，认知过程会随着时间的推移而展开。更重要的是，认知过程并不是以一种任意的序列步骤展开（这样的话完成每一个步骤所需的实际时间对该步骤

---

45 我们会在第 5 章详细讨论情境性具身。

46 由罗伯特·波特和蒂莫西·冯·格尔德编著的《关于时间：认知的动力学方法概述》（*It's about Time: An Overview of the Dynamical Approach to Cognition*）一书旨在讨论时间在认知中的重要性，并主张在认知建模中采用动力学方法。

的结果没有任何影响），而是随着智能体周围世界的事件实时——以锁步，同步地——展开。因此，时间与时机掌握是认知的核心，也是动力系统理论可能是一种合适的建模方法的原因之一。

动态的认知智能体与其周围环境事件的同步会产生两个意外的结果，而且从人工认知系统的角度来看，这两个结果有些不受欢迎。首先，它极大地制约了认知智能体的发展速度。具体来说，它受到世界事件的展开速度而不是智能体内部的变化速度制约。[47] 生物认知系统有一个学习周期，以周、月和年为单位。虽然对于人工系统而言，由于其内部适应与变化速率的提高，可以将学习周期压缩到分钟和小时，但不能减少到小于交互时间尺度的单位。其次，考虑到具身化的要求，我们可以看出系统的历史性、情境性本质意味着我们不能绕开发展过程：发展是认知不可或缺的一个部分，至少在认知科学的涌现范式中是如此。

动力系统与联结主义

我们在前文提到过，动力系统与联结主义系统之间有着天然的联系。在很大程度上，可以将它们看作是描述认知系统的两种互补方式，动力系统侧重宏观行为，而联结主义系统侧重微观行

44

---

[47]　特里·威诺格拉德（Terry Winograd）和费尔南多·弗洛雷斯（Fernando Flores）在他们的《计算机与认知》（*Computers and Cognition*）[87] 一书中解释了认知系统与其所处环境之间的实时交互对系统发展速率的影响。

为。[48]联结主义系统原本就是具有时序属性和诸如吸引子、不稳定性和转换等结构的动力系统。但是，一般来说，联结主义系统是在计算元件激活和网络联结强度的高维空间中描述动态。而动力系统理论则是在低维空间描述动态，因为只需要少量的状态变量就能够把握系统的整体行为。[49]动力学观点的大部分威力就来自这种对动态的较高层次抽象。[50]我们在上文中已经提到，这是系统动态的动力系统阐述的主要优势：它将一个由整套系统变量定义的高维度系统降维到了一个由集体变量定义的低维空间。

动力系统与联结主义描述的互补性体现在我们在第 1 章遇到的建模方法中，在这个过程中，系统在三个不同的抽象层次上同时建模：决定任务或目标（初始条件，非特定条件）的边界约束层、描

---

48 约翰·斯潘塞（John Spencer）、迈克尔·托马斯（Michael Thomas）和詹姆斯·麦克莱兰 [88] 编著的《宏大的新发展理论探索——联结主义与动力系统理论再思考》(*Toward a New Grand Theory of Development? Connectionism and Dynamic Systems Theory Re-Considered*) 一书对联结主义与动力系统之间的密切关系进行了梳理。

49 格雷戈尔·舍纳（Gregor Schöner）认为，由于出现不稳定性的部分空间的动态（低维中心流形，low-dimensional Center-Manifold）捕获了高维动态及其长期演化的宏观状态，因此动力系统模型有可能用少数变量描述系统的行为 [89]。

50 由保罗·斯莫伦斯基、迈克尔·莫泽尔（Michael Mozer）和戴维·鲁姆哈特 [90] 编著的《神经网络的数学观点》(*Mathematical Perspectives on Neural Networks*) 一书对神经网络的动力学观点进行了有用的概述，同时也从计算和统计角度给出了有用的概述。

述协调状态特征的集体变量层以及构成已实现系统的组件层（如非线性耦合振子，oscillators，或神经网络）。这种融合了动力系统理论与联结主义的观点使我们可以从机械动力学引起的吸引子、亚稳定性和状态转换等方面去研究联结主义系统的涌现动力学属性。这也提供了用联结主义架构实现动力系统理论模型的可能性。

动力系统方法的优势

主张用动力系统理论进行认知建模的研究者指出，动力系统理论直接提供了许多自然认知系统固有的特征，例如多重稳定性（multistability）、适应性（adaptability）、模式形成与识别（pattern formation and recognition）、意图性（intentionality）和学习。这些都是纯粹通过动力学定律的作用以及这些定律所支持系统的自组织实现的。他们不需要借助于符号表征，尤其是人类设计产生的表征：只存在一个动态变化与形成系统活动亚稳定模式的持续过程。此外，他们还认为，动力系统模型，至少在原则上，允许以一种相对直接的方式发展更高阶的认知功能，比如意图性和学习。例如，意图性——有目的的或目标导向的行为（goal-directed behavior）——可以通过在定义动力系统的方程里叠加封装意图的函数来实现。同样，通过引入变化，允许新的亚稳定行为涌现，即在状态空间中发展新的吸引子，就可以将学习视为对现有行为模式的一种修改。这些变化不仅增加了额外的亚稳定模式，而且还可能对现有的吸引子和行为产生影响。因此，学习理所当然地会改变整个系统。

45

尽管动力学模型可以解释多种有意义的行为，这些行为需要感觉运动学习以及对视觉感知和运动控制的整合（如可供性感知[51]、距接触时间感知[52]和图形－背景双稳态[53]），但是实现高阶认知能力的可行性还没有得到证实。动力系统理论（和联结主义）似乎需要嵌入一个更大的涌现情境中。如果我们从第1章讨论的远因－近因视角来思考动力系统理论和联结主义，这一点便说得通了：两者都更侧重认知的建模方法和机制这些近因方面，而不注重认知的目的是什么这一远因问题。而这一远因问题便是我们下文要讨论的。

2.2.3　生成系统

我们现在要集中探讨认知科学领域中一个日益重要的方法：生

---

[51]　可供性（affordances）的概念源于有影响力的心理学家詹姆斯·吉布森（James J. Gibson）[91]。它指的是一个物体的观察者感知到的这一物体可能具备的潜在用途。这种被感知到的潜力取决于观察者拥有的技能。因此，可供性既取决于物体本身，也取决于观察智能体的知觉与行动能力。

[52]　距接触时间（time-to-contact）指的是智能体或智能体身体的一部分将与智能体所在环境中的某物接触之前剩余的时间。它通常由光流（optical flow）（一种对智能体视域中的每个点如何移动的测量）推断出来，对许多行为来说是必不可少的。例如，就像斯科特·凯尔索在他的《动力学模式》一书中描述的那样，塘鹅在潜入水中找鱼之前，会利用光流来确定何时收起翅膀 [21]。

[53]　图形－背景双稳态（figure-ground bi-stability）指我们会交替看一个形状（图形）和另一个形状（由图形的补足物形成的背景），而从来不会同时看这两个形状。更多细节请参阅沃尔夫冈·柯勒（Wolfgang Köhler）撰写的《心理学的动力学》（*Dynamics in Psychology*）[92] 一书。

成。[54]生成的主要观点是，认知系统通过与环境的交互形成自己对周围世界的理解。因此，生成认知系统是自治运行的，并就世界是如何运作的生成自己的模型。

生成的五个方面

研究生成系统时，需要考虑五个要素。它们是：

(1) 自治性；

(2) 具身化；

(3) 涌现；

(4) 经验（experience）；

(5) 意义建构（sense-making）。

我们已经接触了这五个要素中的前四个。

我们在第1章1.3节已经介绍了自治性问题，关注了认知和自治性之间的联系，尤其是从生物系统的角度探讨了这一联系。我们稍后还会再次讨论这个重要问题，利用第4章整章的篇幅揭示这两个主题之间颇为复杂的关系。

---

[54] 本节内容基于笔者关于生成作为认知机器人学研发框架的研究 [93]。这篇论文包含了更多关于生成系统的技术细节，在本书中并不是必要的。有兴趣更深入地研究生成的读者可以参考这篇论文以及原始文献 [14, 32, 48, 87, 94, 95, 96, 97, 98]。开始的时候可以先看看弗朗西斯科·瓦雷拉、埃文·汤普森（Evan Thompson）和埃莉诺·罗施（Eleanor Rosch）[98] 撰写的《具身心智》（*The Embodied Mind*）一书，然后再读读约翰·斯图尔特、奥利维尔·加彭和伊齐基尔·迪保罗 [48] 撰写的有关当代生成视角的《生成：认知科学新范式探索》一书。

同样，我们在本章已经遇到了具身化的概念和与之相关的具身认知概念。本书稍后也将利用（第 5 章）一整章的篇幅讨论具身化，足见这一问题在当代认知科学中的重要性。

涌现自然是本节的主题，我们已经讨论了涌现和自组织之间的关系（参见 2.2.2 节）。所谓涌现，指的是我们称为认知的行为产生于系统各组件之间以及各组件与系统整体之间的动态相互作用的现象。我们将在第 4 章 4.3.5 节再讨论这一问题。

如我们在本节引言中提到的，经验是生成的第四个要素，它仅仅是认知系统与其周围世界交互的历史：它在嵌入的环境中采取的行动以及在影响认知系统的环境中产生的行动。在生成系统中，这些交互并不会控制系统，否则系统就不是自治的了。尽管我们在第 1 章中说过探讨认知和自治性之间的关系时必须谨慎，但生成系统按照定义而言就是自治的。即便如此，这些交互可以也确实触发了系统状态的变化。可以触发的变化是由结构决定的：它们取决于系统结构，即使得系统自治的自组织原则的具身化。[55] 这个结构也被称为

47

---

[55] 生成方法的提出者使用术语"结构决定"（structural determination）来表示由环境触发的系统可行变化空间对结构及其内部动态的依赖性 [14, 98]。这种由结构决定的系统与它所嵌入的环境之间的交互被称为结构耦合：系统与环境相互扰动的过程，这有助于系统操作同一性的持续和自治自我维护。此外，结构耦合的过程会在系统与其环境之间产生一致性。因此，我们说系统与环境是共同决定的。自创生系统（autopoietic systems）的结构决定和结构耦合概念 [14] 类似于斯科特·凯尔索的行动与知觉的（转下页）

系统的系统发育（phylogeny）：一个自治系统一开始（如果是生物系统，就是其出生的时候）就具备的并且是其持续存在的基础的固有能力。系统的经验——其交互的历史——涉及系统与其环境之间在持续的相互扰动过程中的结构耦合（structural coupling），这被称为系统的个体发育（ontogeny）。

最后，我们来看看第五个元素，也可以说是生成最重要的元素：意义建构。这一术语指的是认知系统封装的知识与产生这一知识的交互之间的关系。具体而言，它指的是这样一种观点：这种涌现的知识是系统自身生成的，体现了系统交互中的某种规律或法则，即它的经验。但是，系统建构起来的意义取决于系统交互的方式：它自己的行动以及它对环境作用于它的行动的知觉。由于这些知觉与行动是首要关注维护系统自治和操作同一性（operational identity）的涌现动态过程的结果，因此这些知觉与行动是系统本身所特有的，而且所产生的知识只有当其有助于维护系统自治时才有意义。这与将认知视为一个预测事件并扩大系统可能参与的行动空间的过程的观点非常吻合。

通过对经验进行意义建构，认知系统建构了一个具有一定预测

48

（接上页）循环因果关系 [21] 以及马克·比克哈德的自我维护系统中固有的组织性原则 [13]。生成发展的概念源于具有中枢神经系统（central nervous system）的组织闭合系统的结构耦合，也体现在比克哈德的递归自我维护 [13] 概念中。

价值的模型，正是因为这一模型体现了交互中的一些规律或法则。这种自生成的系统经验模型使得系统在将来交互的时候具备了更大的灵活性。换言之，这使得系统拥有了更大的可能行动储备库，使之可以进行更丰富的交互，拥有更高的知觉能力，并有可能建构出更好的模型，用更强的预测能力来封装知识。这样就形成了一个良性循环。要注意的是，这种意义建构和由此产生的知识并没有说明环境中真正存在的是什么。它不需要对此进行说明：它所要做的就是为了认知系统的持续存在和自治而建构意义。

意义建构实际上是术语"生成"的来源。在对经验进行意义建构的过程中，认知系统通过它的行动以某种方式揭示——生成——什么对于系统持续存在而言是重要的。这种生成是系统在嵌入其所在环境期间，当然是作为一个有别于环境的自治实体，通过对其经验进行意义建构的涌现过程来实现的。在很大程度上，这种意义建构的过程就是我们所说的认知（至少在涌现范式中如此）。

生成与发展

生成方法的创立者——温贝托·马图拉纳和弗朗西斯科·瓦雷拉采用图解的方式表达了一个扰动环境并被环境扰动的生成系统自组织和自我维护的自治本质：请参见图 2.3 。[56] 带箭头的圆圈表示系统的自治性和自组织，波浪线表示环境，双向半箭头表示互相扰动。

[56] 马图拉纳和瓦雷拉的示意图描述了自组织、自我维护、发展的系统。这个示意图出自他们的《知识树——人类理解的生物学根源》（*The Tree of Knowledge: The Biological Roots of Human Understanding*）[14] 一书。

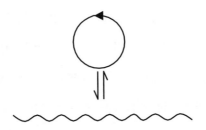

图 2.3　马图拉纳和瓦雷拉的示意图表示的是一个结构决定、组织闭合的系统。带箭头的圆圈表示系统的自治性和自组织，波浪线表示环境，双向半箭头表示系统与环境之间的相互扰动——结构耦合。

　　我们在上文提到过，意义建构的过程形成了一个良性循环，因为系统经验的自生成模型使得系统有了更大的可能行动储备库、更丰富的交互、更高的知觉能力，以及有可能更好的自生成模型，等等。我们之前还说过，认知系统的知识由系统的状态表征。当这种状态在系统的中枢神经系统具身化时，系统在两种意义上具有更大的可塑性：①神经系统（nervous system）可以容纳一个大得多的系统－环境交互之间的可能关联空间，并且②可以容纳一个大得多的潜在行动空间。因此，认知的过程涉及系统在增强其预测能力和行动能力的同时改变自己的状态（具体而言就是其中枢神经系统）。这正是我们所说的发展。这种生成性（即自我建构）的自治学习和发展是生成方法的特征之一。

　　发展是建立并扩大系统可以参与（或者更恰当地说，在不影响其自治性的情况下可以承受）的相互一致性耦合的可能空间的认知过程。知觉可能空间并不是建立在绝对客观的环境之上，而是建立在系统始终维护与环境耦合的一致性的同时还依旧可以参与的可能行动空间之上。这些环境的扰动并不会控制系统,因为它们不是系统的组件(根据定义,它们在自组织中不起作用),但它们确实影响着个体发育的系统发展。通过这种个体发育的发展,认知系统发展了自己的认识论(epistemology),即系统自身特定的依赖于历史和情境的关于世界的知识。这些知识之所以有意义,正是因为它捕捉到了环境耦合时从动态自组织中涌现的一致性和不变性。这种发展归根到底同样是维持自治性,但这次是在不断扩大的自治维持耦合空间中进行的。

这个发展过程是通过凭借中枢神经系统的存在而进行的自我修正(self-modification)来实现的:不仅环境会扰动系统(反之亦然),系统也会扰动自身,随之中枢神经系统会做出调整。因此,系统可以自我发展,从而容纳大得多的有效系统行动空间。马图拉纳和瓦雷拉(请参见图 2.4)的第二个示意图体现了这一点。这个示意图添加了一个带箭头的圆圈来描述通过自我扰动和自我修正实现的发展过程。从本质上说,发展是自治的自我修正,需要一个包含了神经系统的可存续的系统发育以及一个合适的个体发育。

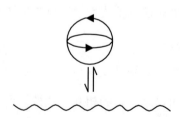

图 2.4 马图拉纳和瓦雷拉的示意图表示的是一个具有中枢神经系统、结构决定、组织闭合的自治系统。这个系统可以通过对神经系统进行自我修正得以发展,从而容纳大得多的有效系统行动空间。

知识与交互

现在让我们更详细地讨论一下生成认知系统建构的知识的本质。这些知识建立在感觉运动关联的基础上，最初是通过探索世界提供的内容获得的。但这只是开始。生成系统运用所获得的知识形成新的知识，新的知识之后经过经验验证来确定它是否稳妥。毕竟，我们作为有生成能力的生命体，会想象很多事情，但从可行性或是与现实的良好对应方面考量，并不是我们想象的每一件事情都是正确有效的。这时我们就碰到了认知的一个关键问题：内部模拟（internal simulation），也就是在记忆中对一系列想象的知觉和行动进行预演并对可能的结果进行评估的能力。这种内部模拟被用于建构感觉运动知识和加速发展。因此，内部模拟提供了认知的关键特征：预测未来事件、重新建构或解释观察到的事件（建构导致该事件的因果链）或想象新事件的能力。[57] 自然地，系统需要专心把预测、解释或想象的事件（再）植入经验中，才能够做一些新的事情，并以一种新的方式与环境交互。如果认知系统希望或需要与其他认知系统共享这一知识，或与其他认知系统进行交流，那么只有在它们已经共享了共同的经历并具有相似的系统发育和兼容的个体发育的前提之下才有可能实现这一点。从本质上说，共享知识的意义是通过交互协商并一致同意的。

51

---

[57] 更多关于内部模拟本质的细节，请参见 [99, 100, 101]。我们在 5.8 节和 7.5 节会再讨论这个问题。

　　当涉及两个或两个以上的认知智能体时，交互是一种共享的活动，每个智能体的行动都会影响其他智能体的行动，从而形成一种相互建构的共享行为模式。同样，马图拉纳和瓦雷拉采用一个简洁的图解方式来表达认知智能体与其产生的发展之间的耦合：请参见图 2.5 。[58] 因此，交互中交流的内容并不一定要有明确的意义，唯一必要的是智能体要参与到一个相互的行动序列中。意义从由交互调节的共享共识经验中涌现。

52

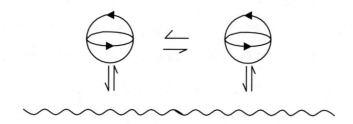

图 2.5　马图拉纳和瓦雷拉的示意图表示的是认知系统之间的交互引起的发展。

总结

　　回顾一下：生成包含两个互补的过程：①依赖于系统发育的结构决定，即通过决定系统交互的相关性和意义的自组织过程保持自治；②个体发育（ontogenesis），即通过模型建构的过程提高系统的预测能力并扩充其行动储备库，在这个过程中系统发展了对其所嵌入世界的理解。个体发育的结果就是发展：系统自身状态（其中枢

58　这种互补行为的互相建构模式也是安迪·克拉克的联合行动概念 [102] 着重强调的方面。

神经系统）的自我修正引发了新的耦合。结构决定（系统发育）与发展（个体发育）之间的互补性是至关重要的。

认知是发展过程的结果。通过这个过程，系统变得越来越熟练，并获得了理解事件、情境和行动的能力，最初是应对一些即时情况，逐渐获得一种预测或前瞻的能力。预测（或预期）是认知的两大特征之一，另一个特征是通过对其与周围世界的交互进行意义建构来学习新知识并在此过程中扩充其有效行动储备库的能力。预测和意义建构都是发展过程的直接结果。这种对探索和发展的依赖，便是人工认知系统需要如此丰富的感觉运动接口用于环境交互，以及具身化的作用如此关键的原因之一。

2.3　混合型系统

显然，认知科学的认知主义范式和涌现范式的认知观大相径庭，它们各有优缺点。因此，将二者结合在一个混合型系统中似乎是个不错的想法，该系统既汲取了两种范式的精华，又摒弃了它们的不足。这正是许多研究者试图实现的目标。通常，混合型系统运用符号知识表征智能体的世界，利用基于逻辑规则的系统对这种知识进行推理来完成任务和实现目标。与此同时，它们一般使用知觉与行动的涌现模型来探索世界并建构这种知识。虽然混合型系统仍然使用符号表征，但其核心观点是这些符号表征是由系统自身在与世界的交互和探索过程中建构的。因此，世界上的物体与事件可以通过

53

智能体的感知、行动和感知的结果之间的对应关系来表征，而不是设计者对所有必要的知识进行编程。因此，就像涌现系统一样，混合型系统理解外部世界的能力取决于其与外部世界灵活交互的能力。交互成为一种在知觉与行动之间建立习得性关联的组织机制。

2.4　认知主义与涌现取向的对比

虽然在对比认知主义和涌现方法时，常常只考虑了对符号表征的使用——或者未使用，视具体情况而定——但是如果认为这是二者的唯一区别，那就错了。同样地，如果认为二者的区别像它们有时表现出来的那样非此即彼，也是错的。正如我们所见，符号在两种范式中都有一席之地；真正的区别是，这些符号是直接指称现实世界中的事物，还是仅仅从智能体的角度含蓄指称它们。事实上，我们可以用许多不同的方式来对比认知主义和涌现范式。以下就是揭示这两种范式细微区别的 14 个实用特征。[59]

---

[59] 这 14 个特征是以乔治·梅塔（Giorgio Metta）、朱利奥·桑迪尼（Giulio Sandini）和笔者在题为《人工认知系统调查：计算智能体心理能力自治发展的启示》（*A Survey of Artificial Cognitive Systems: Implications for the Autonomous Development of Mental Capabilities in Computational Agents*）[103] 的论文中提出的 12 个特征为基础的，本书做了扩充，又增加了两个特征：认知的作用和哲学基础。随后的讨论也是 [103] 中评论的扩充版本。

（1）计算运算（computational operation）；

（2）表征框架；

（3）语义植入（semantic grounding）；

（4）时间约束；

（5）智能体间的认识论；

（6）具身化；

（7）知觉；

（8）行动；

（9）预测；

（10）适应；

（11）动机（motivation）；

（12）自治；

（13）认知的作用；

（14）哲学基础。

54

让我们依次查看这些特征。在这个过程中，我们有时不得不涉及本书还未提到的概念。相关章节或注释都会在页下注中标明。

计算运算：认知主义系统使用基于规则的符号标记操作，通常会用序列化的方式但并不是必定如此。而涌现系统通过分布式交互的组件构成并发交互的网络，利用了自组织、自我生产（self-production）、自我维护和发展的过程。

表征框架：认知主义系统使用符号标记的模式来指称外部世界中的事件。它们通常描述了设计者如何看待表征与现实世界的关系，假定所有智能体都以相同的方式看待世界。在涌现系统中，表征则是编码在系统的分布式组件网络的动态组织中的全局系统状态。

语义植入：语义表征反映了特定的认知智能体看待世界的方式。认知主义系统通过设计或习得性关联用符号来识别知觉对象，在此基础上植入符号表征。人们可以直接解读这些表征。与此相反，涌现系统通过建构维持自治的预测和自适应技能来植入表征。只有当这些表征有助于系统的持续存在并且无法直接被人们解读的情况下才有意义。

时间约束：从时间并不是计算的关键要素这个意义上讲，认知主义系统以不受时间影响的方式运行。时间不过是得出结果需要多久的一个度量指标，这些结果并不会因为时间而改变。然而，涌现系统受到外部事件的影响，时机掌握是其运作的一个内在因素。系统行为相对于世界行为的时机掌握是至关重要的。这也制约了它们学习和发展的速度。

智能体间的认识论：在认知主义系统中，智能体对现实的实证主义立场保证了智能体间绝对共享的认识论，即知识框架。也就是说，每个智能体都嵌入到一个环境中，其结构和语义独立于系统的认知。这与涌现系统形成强烈对比。在涌现系统中，认识论是系统发育兼容的智能体间共享共识经历的结果，具有主观性，是智能体特有的。这一立场反映了涌现系统（尤其是生成）对现实的现象学立场。

具身化：认知主义系统原则上不需要具身化，因为它们源于计算功能主义，即认知独立于实现它的物理平台。同样，与此相反，涌现系统必须是具身化的，而且认知系统的物理实现在认知过程中起着直接的不可或缺的作用。

知觉：在认知主义系统中，知觉将绝对的外部世界与这个世界的符号表征连接起来。知觉的作用是从感觉数据中忠实地抽象出外部世界的时空表征。在涌现系统中，知觉是智能体对环境扰动其方式的特定解释，并且至少在一定程度上依赖于系统的具身化。

行动：在认知主义系统中，行动是对内部表征进行符号加工的因果性结果，通常是在完成某项任务时执行的。在涌现系统中，行动是智能体扰动环境的方式，通常是为了维护系统的持续存在。在这两种情况下，行动都由这些行动旨在实现的目标所引导。

56

预测：在认知主义系统中，预测通常表现为计划的形式，对某个先验模型进行某种程序性或概率性的推理。在涌现范式中，预测表现为认知系统访问其自我建构的知觉—行动状态空间中的某个状态子集，但并不采取相关的行动。

适应：对于认知主义而言，适应通常意味着获得新知识。在涌现范式中，适应需要结构改变或重组，以产生新的动态。适应可以表现为学习或发展；第 6 章解释了二者的区别。

动机：在认知主义系统中，动机（motives）提供了用于选择目标和相关行动的标准。在涌现系统中，动机蕴含了内隐的价值系统，这一价值系统调节着自我维护和自我发展的系统动态，影响着知觉（通过注意）、行动（通过行动选择）和适应（通过管理变化的机制），如扩大可行交互的空间。

自治：认知主义范式不要求认知智能体具有自治性，涌现范式则不同。这是因为在涌现范式中，认知是一个自治系统通过一系列自我调节（self-regulation）的内稳态过程变得可生存和有效的过程。第4章将解释内稳态的概念，并进一步阐述了自治的细微差别。

认知的作用：在认知主义范式中，认知是一个利用智能体运行世界的符号知识表征进行推理以实现目标的理性过程。这同样又与涌现范式形成了对比，在涌现范式中，认知是系统在面对环境扰动时采取行动以维护其同一性和组织一致性的动态过程。认知需要系统发展，以提高其预测能力并扩展其维持自治的行动的空间。

哲学基础：认知主义范式以实证主义（positivism）为基础，而涌现范式以现象学（phenomenology）为基础。[60]

表 2.1 是这些关键问题的总览。

---

[60] 有关认知主义的实证主义根源的讨论，参见沃尔特·弗里曼和拉斐尔·努涅斯 [36] 的文章《重新树立被遗忘的行动、意图与情感在认知中的首要地位》(*Restoring to Cognition the Forgotten Primacy of Action, Intention and Emotion*)。由汤姆·弗勒泽（Tom Froese）和汤姆·齐姆克 [104] 撰写的论文《生成人工智能：关于生命和心智系统组织的研究》(*Enactive Artificial Intelligence: Investigating the Systemic Organization of Life and Mind*) 探讨了生成的现象学倾向。笔者和德莫特·弗朗（Dermot Furlong）[105] 撰写的《生成人工智能的哲学基础》(*Philosophical Foundations of Enactive AI*) 一文对人工智能和认知科学的哲学传统进行了概述。

表 2.1　认知主义范式与涌现范式的对比

特征	认知主义范式	涌现范式
计算运算	符号的句法操纵	并发自组织网络
表征框架	符号标记模式	全局系统状态
语义植入	知觉－符号关联	技能建构
时间约束	不受时间影响	同步、实时影响
智能体间的认识论	独立于智能体	依赖智能体
具身化	不起作用：功能主义	直接的不可或缺的作用： 非功能主义
知觉	抽象出符号表征	被环境扰动
行动	符号操纵的因果性结果	被系统扰动
预测	程序性或概率性推理	遍历知觉－行动的状态空间
适应	学习新知识	发展新的动态
动机	目标选择的标准	扩大交互的空间
自治	不需要	认知需要自治
认知的作用	理性的目标实现	自我维护和自我发展
哲学基础	实证主义	现象学

注：完整的解释（改编自 [103]，有所拓展）请参阅正文部分。

2.5　我们应该选择哪种范式

　　认知主义范式、涌现范式和混合型范式都有各自的支持者和批评者，各自的魅力和挑战、优点和缺点。但关键是我们需要知道，作为一门科学，每一种范式发展的完善程度不同，因此，对它们的长期前景做出明确的判断是不可能的。同时，尽管支持涌现范式的论点非常有说服力，但认知主义系统当前的能力更为先进，认识到这一点也很重要。目前，认知主义系统能实现的功能比涌现系统多得多（至少从人工认知系统的角度而言）。本着这一点，我们在本章结尾简要论述一下它们各自的优缺点，以及解决的方法。

58

有些人认为，认知主义系统存在三个问题：[61]符号植入问题（需要赋予符号表征在现实世界中的意义，请参见第8章8.4节），框架问题（frame problem）（知道世界上的行动会改变什么和不会改变什么的问题），[62]以及组合爆炸（combinatorial explosion）问题（当某个行动导致表征中的某物改变时，处理这个表征的成分之间出现的大量并且可能难以解决的新关系的问题；请参见本章页下注10）。这些问题是为什么认知主义模型在复杂、嘈杂和动态的环境中难以创建出可以展现强大的感觉运动交互系统的原因，也是为什么认知主义模型对诸如概括力、创造力和学习能力等高级认知能力难以建模的原因。对认知主义系统的一个普遍批评是它们在定义狭窄明确的问

61　更多与认知主义相关问题的细节，请参见韦恩·克里斯滕森（Wayne Christensen）与克利夫·胡克（Cliff Hooker）的论文《表征与生活的意义》（*Representation and the Meaning of Life*）[106]。

62　在认知主义范式中，表述框架问题的术语略有不同，但本质上表达的意思相同：如果没有对一个行动可能为数众多的所有无效果情况做出明确推断，人们又如何能够建构一个可以推断出这个行动的效果的程序呢？[107]。

题域之外很难有效地发挥作用，原因通常是它们非常依赖他人提供的知识，而且这些知识常常取决于对它们所在世界中事物存在的方式所做的隐含假设。然而，撇开个人的科学和哲学信仰不谈，这种对认知主义的批评过于严厉，因为作为替代的涌现系统目前的表现并不是特别好（或许只有理论上的表现尚可）。

从理论上讲，涌现系统应该不会如此脆弱，因为它们通过与环境的相互规范和共同决定而涌现并发展。不过，目前我们基于这些原则构建人工认知系统的能力非常有限。到目前为止，动力系统理论更多的是提供了一个通用的建模框架而不是认知模型，而且目前更多地被当作分析工具运用，而不是设计合成认知系统的工具。这种情况会发生多大程度的改变，以及改变的速度如何，尚不明确。

59

混合型方法似乎综合了二者的优势：涌现系统的适应性（因为它们通过学习和经验来填充表征框架）和认知主义系统的先进起点（因为表征不变性和表征框架不需要学习，是设计好的）。然而，目前并不清楚人们可以将这两种在本质上高度对立的哲学基础结合得多好。人们各执己见，既有支持，也有反对。[63] 其中一条可能的前进之路是开发一种动态计算主义（dynamic computationalism）形式，

---

[63] 有关支持混合型系统的例子，请参见 [33, 49, 108]；反对的例子，请参见 [106]。

其中动态成分构成了信息加工系统的一部分。[64]

　　很明显，这两种范式存在本质性区别——例如，认知主义系统原则上独立于身体，而涌现系统依赖于身体；还有，认知主义系统往往通过嵌入外部获得的领域知识和加工结构替代发展——但两种范式之间的分歧出现了一些缩小的迹象。这主要是因为：①认知主义范式的支持者近来认识到行动和知觉在认知系统实现过程中的重要作用；②摒弃了内部符号表征是唯一有效的表征形式的观点；③对嵌入的预编程知识的依赖减弱，随之更多地使用机器学习和统计框架来调优系统参数和获取新知识。

　　要解决真正的个体发育发展的问题，认知主义系统仍有相当长的一段路要走，它涉及自治性、具身化、架构可塑性，以及以智能体为中心、由探索与社会动机和内在价值系统调节的知识建构。但是，在某种程度上，它们在远因－近因空间的远因维度（如果不是近因维度）上联系越来越紧密了。这一转变正是我们在本章及上一章中提到的范式间共通性的根源。但是，由于根本分歧仍然存在，两个范式完全融合的可能性极小。这令混合型系统处于艰难的境地。

60

---

[64] 除了提出借助动态计算主义摆脱认知主义与涌现取向的僵持局面之外，安迪·克拉克的著作《智库——认知科学的哲学导论》[33] 也简明地介绍了这两种范式秉持的基本假设。关于动态计算主义，尽管詹姆斯·克拉奇菲尔德认为动力学肯定与认知有关，但又认为动力学本身并不能"替代认知过程中的信息加工与计算"[49]。他提出可以将二者结合起来，使动力状态空间结构能够支持计算，并提出计算力学以解决动力学和计算的结合方式问题。

混合型系统要真正解决认知主义和涌现的窘境，就必须克服上一节中讨论的深层次差异。

我们在本章末尾要提醒大家的是，到目前为止还没有人设计并实现一个完整的认知系统。因此，总的来说，选择哪种范式作为人工认知系统的最佳模型还没有定论，尤其考虑到这两个领域还在继续发展。尽管如此，如果我们要实现一个人工认知系统的话，就需要向前迈进并做出选择。对于认知科学而言，这一实现过程始于对认知架构的规范，即下一章的主题。 61

认知架构

3.1　什么是认知架构

当我们想到架构时，映入脑海的通常是建筑的设计，它满足某些功能需求，但使用的方式又很吸引人。架构常常会给人以与众不同的感觉，并产生一种使建筑物完整且自成体系的内聚性印象。由于架构不仅涉及大胆地想象新的概念，还包括创造详细的设计和技术规范，所以许多学科都借用该词作为一切复杂工作的技术规范和设计的统称。与建筑场景中的架构类似，系统的架构解决了系统的概念形式和实用性功能两个方面的问题，关注内部的内聚性和自成体系的完整性。

我们正是如此使用术语"认知架构"来反映认知系统的规范，它的组成部分以及这些部分作为一个整体动态相关联的方式。

在建筑以及一般设计中，最著名的一条格言是"功能决定形式"

(form follows function)，[1] 该原则认为建筑物或任何物体的形状都应主要以其预期的目的或功能为基础。但是，在当代建筑中，这条原则被宽泛地解释为要兼具实用性和美学价值：它在人与建筑之间产生了多大程度的积极互动，以及建筑物在多大程度上被视为一个完整的实体。我们在上一章中提到，交互在认知中起着关键作用（反之亦然）。因此，当涉及认知架构时，这种对架构的宽泛解释恰到好处：架构描述的系统必须既在整体的系统层次运行，使认知智能体能够与其周围世界进行有效的交互，又在组件层次运行，展现出所有部分应如何组合以创建整体系统—— 一个内聚的整体。

正如经典建筑有不同的风格与传统，每一种都强调了形式和功能的不同方面，认知架构也有多种不同的风格，每一种都或多或少地直接源于我们在上一章中讨论的认知科学的三种范式：认知主义范式、涌现范式和混合型范式。但是，认知架构这一术语实际上可以追溯到认知主义认知科学所做的开拓性研究。[2] 因此，它在认知主义中有着特别具体的含义。尤其是认知架构代表了一切试图创造所谓的认知统一理论的尝试。[3] 这一理论涵盖了广泛的认知问题，如

1　"功能决定形式"的思想是由 19 世纪的建筑师路易斯·沙利文（Louis Sullivan）提出的。

2　认知架构一词由艾伦·纽厄尔及其同事在他们关于认知统一理论的工作中提出 [41, 43]。

3　艾伦·纽厄尔的《认知统一理论》[43] 一书和约翰·安德森的论文《心智的整合理论》（*An Integrated Theory of the Mind*）[109] 深入讨论了认知统一理论。

注意、记忆、问题求解、决策制定和学习。此外，认知统一理论应从心理学、神经科学和计算机科学等几个方面涵盖这些问题。艾伦·纽厄尔和约翰·莱尔德的 Soar[4] 架构，约翰·安德森的 ACT-R[5] 架构和孙融的 CLARION 架构都是典型的认知统一理论。[6]

由于认知统一理论与人类认知的计算理解有关，因此认知主义的认知架构既与人类认知科学有关，也与人工认知系统有关。有一种观点认为，"认知架构"这一术语应当留给对人类认知进行建模的系统，而"智能体架构"（agent architecture）一词更适合指代一般的智能行为，包括基于人类和基于计算机的人工认知。但是"认知架构"已经被普遍用于这个更一般的意义，因此我们在本书中用它来指代人类和人工认知系统。

尽管认知架构一词源于认知主义认知科学，但也已经被用于涌现范式，含义略有不同。因此，我们首先将思考认知架构在两种不同方法中包含的内容：认知主义方法和涌现方法。接着我们将讨论被认为是必要的和理想的认知架构的特征。最后，我们将看看三种具体的认知架构——其中一种来自认知科学的认知主义范式，一种来自涌现范式，还有一种源于混合型范式——从不同的层次去理解

64

4　更多有关 Soar 架构的细节，请参阅艾伦·纽厄尔、约翰·莱尔德及其同事撰写的论文 [42, 110, 111, 112, 113]，约翰·莱尔德的书 [114]，并阅读本章第 3.4.1 节。

5　更多有关 ACT-R 架构的细节，请参阅 [109, 115]。

6　CLARION 架构的深入描述见 [116, 117]。

它们包含什么内容以及它们在设计可运转的认知系统中所起的关键作用。

3.1.1　认知主义视角

在认知主义范式中，认知架构关注的是认知中不随时间推移而改变以及独立于任务的方方面面。[7] 用认知架构代表人物孙融的话来说就是 [17]：

> 认知架构是一种范围广泛的领域通用计算认知模型，捕捉了大脑的基本结构和过程，用于对行为进行广泛、多层次、多领域的分析。

由于认知架构表示的是认知中的固有部分，因此它本身无法完成任何事情。认知主义的认知架构是一种既不属于特定领域，也不属于特定任务的通用计算模型。如果需要认知架构做某件事，也就是说要完成给定的任务，就需要给认知架构提供用来完成任务的知识。正是知识填充了认知架构，提供了执行任务或以某种特定方式行事的手段。这种给定认知架构和特定知识集的组合通常被称为认知模型（cognitive model）。

那么，这些知识从何而来？在大多数认知主义系统中，融入模

---

[7]　认知架构关注的方面不随时间推移而改变且独立于任务，即不随情境改变而变化，这一观点有很多文献支持。比如，请参见 [118, 119, 120, 121]。

型的知识通常由设计架构的人决定，而这些知识通常是精心准备的，可能汲取了该问题领域多年的经验。机器学习越来越多地被用于补充和调整这种知识，但通常情况下，我们需要提供最低限度的知识以便机器开始学习。

认知架构本身决定了认知系统的整体结构和组织，包括组成部分或模块，这些模块之间的关系，以及其中的基本算法和表征细节。架构详细说明了知识表征的形式和用于存储这些知识的记忆类型，作用于这些知识的过程，以及获取这些知识的学习机制。通常，它还提供了对系统编程的方法，以便可以为某个应用领域定制认知系统。

认知架构在认知的计算建模中起着至关重要的作用，因为它明确了建立认知模型所依据的一系列假设。这些假设通常源于几个方面：生物学或心理学数据，哲学论点，或受神经生理学、心理学或人工智能等不同学科工作启发的特设性假说（ad hoc hypothesis）。这些架构一旦创建起来，就可以为发展封装在架构中的想法和假设提供框架。

3.1.2　涌现的视角

认知的涌现方法关注的是智能体在其生命周期中从原始状态向完全认知状态的发展。尽管认知架构的概念源于认知主义，作为认知系统中永恒不变的固定部分，为知识处理提供了框架，但该词也被用于涌现方法中。在这种情况下，与其说是框架补足了知识，不

66

如说是框架促进了发展。从这个意义上说，涌现的认知架构在本质上等同于一个新生认知智能体的系统起始配置：其后续发展所立足的最初状态。换句话说，涌现的认知架构是一个认知系统开始启动时所需的一切。但这并不能保证成功的发展，因为发展还需要接触有助于发展的环境，这种环境具备足够的规律性让系统建立对周围世界的理解，但不能过度多样化，否则发展速度存在固有局限的智能体将难以应付。因此，正如认知主义认知存在着硬币的两面——架构与知识——涌现认知也有两面：架构与逐渐获得的经验。涌现认知的这两面被称为系统发育和个体发育，后者是一个发展中的认知系统在获得越来越多认知能力的过程中所接触到的交互与经验。

有了涌现方法，认知架构通过提供某种形式的结构，在其中嵌入知觉、行动、适应、预测和动机机制，从而使个体在系统的生命周期中得到发展，进而提供了一种处理认知系统内在复杂性的方法。正是这种复杂性令涌现发展的认知系统区别于其他系统，例如只执行一两个识别或控制等功能的人工神经网络这类联结主义系统。当然，涌现的认知架构可能包含许多单个的神经网络，我们稍后会发现，这种情况确实存在。

因此，涌现系统的认知架构为其后续发展提供了基础。需要指出的是，这种发展可能会导致架构本身发生改变。因此，涌现的认知架构并不一定是固定的：只是一个出发点。

涌现系统的先天能力并不意味着架构必定是功能模块化的，功

67

能模块化是指认知系统由不同的模块组成，每个模块执行一项特定的认知任务。[8] 如果模块性（modularity）存在的话，可能是因为系统通过经验发展出了这种模块性作为其个体发育的一部分，而不会是由系统的系统发育来预示。在先天结构（innate structure）问题上，认知主义方法和涌现方法存在一定的分歧。在涌现系统中，认知架构是先天的结构，但在认知主义系统中，并不一定如此。[9]

术语"后成说"（epigenesis）有时，特别是在发育机器人学（developmental robotics）中被用于代替"个体发育"，而发育机器人学常常被称为后成机器人学（epigenetic robotics）。后成一词源于生物学，它指的是生物体通过细胞分裂发展成一个可生存的复杂实体的方式。这是通过基因表达发生的，因此后成指的是不由生物体的DNA决定，而是由其他因素导致的变化。个体发育也指早期的细胞发育，但一般来说它指的是生物体在其整个生命周期内的发育。因此，它包含了智能体在出生后的发展，包括其认知发展，因而也包

---

[8]　海因茨·冯·福斯特（Heinz Von Foerster）认为，认知架构的组成部分不能被分离成不同的功能组件："在认知过程中，人们可以在概念上分离某些组件，例如①感知能力、②记忆能力和③推理能力。但如果有人希望在功能上或局部上分离这些能力，注定会失败。因此，如果要揭开这些能力的机制，就必须从整体上考虑认知过程。"（[122]，第 105 页。）

[9]　孙融主张"在最初的架构中可以指定先天结构，但不是必需的"[117]。他认为认知的计算建模并不是必须指定或包含先天结构，架构细节可能确实来自个体发育。但是，他建议应该尽可能避免非先天结构，并且我们应该采用极简主义方法：一个架构应只包括能够"一直引导认知模型完全成熟"的最小结构和最小学习机制。

含了发展心理学（developmental psychology）等。由于后成过程只关注智能体早期的生长及决定其最终结构的方式，因此，在人工认知系统中，后成更适用于表述在根据经验发展之前，自治形成和建构的认知架构。为了避免混淆，我们将避免使用后成和后成机器人学这两个术语，并且在提及个体发育和发育机器人学时，希望读者可以理解我们讨论的是实体在出生后（在自然认知系统中）或作为物理系统被实现后（在人工认知系统中）的发展。在大多数情况下，我们不会讨论认知架构在此之前如何涌现或发展，尽管我们会看到配置一个完整的涌现认知架构并不是一项简单的任务，而且可以想象，后成方面的考量可能会对此有所启发。

最后，我们提醒自己涌现范式反对认知主义在两个关键问题上的立场：将心智与身体分离并将它们视为不同实体的二元论(dualism)以及将认知机制独立于物理平台来看待的功能主义（functionalism）。将心智与身体、机制与物理实现逻辑地分离意味着对认知的研究在原则上可以独立于其所发生的物理系统。涌现范式持截然不同的立场，认为物理系统——身体——与大脑中的认知机制一样，也是认知过程的一部分。因此，涌现的认知架构嵌入物理身体中，也是物理身体固有的组成部分，它在理想情况下以某种方式反映了其物理身体的结构和能力——形态（morphology）。我们将在第 5 章具身化中详细考虑这些方面。

3.2 理想的特征

当我们说涌现的认知架构在理想情况下反映了与其相关的物理身体的形式和能力的时候，言下之意是，能够做到这一点的现有认知架构即使有也是寥寥无几。目前，在我们所知道的认知架构应有的样子与现有架构事实上能够实现的内容之间尚存差距。本节将重点讨论认知架构的理想特征。

3.2.1 现实主义

我们从一些与架构的现实主义相关的特征开始。由于认知主义的认知架构代表了一种认知的统一理论，因此也是一种人类认知的理论，应该力求展现出几种类型的现实主义。[10]

首先，它应该使认知智能体能够在自然环境中运作，参与"日常活动"。这就是所谓的生态现实主义（ecological realism）。这意味着架构必须在智能体可能并不知道所有事情的环境中处理许多并发且常常相互冲突的目标。事实上，那正是认知的重点：能够处理好这些不确定性和冲突以完成任务，无论任务是什么。因此，生态现实主义触及了认知的核心。

其次，由于人类智能是从早期灵长类动物的能力进化而来的，

69

---

[10] 孙融在他的论文《认知架构亟须的内容》（*Desiderata for Cognitive Architectures*）[117] 中描述了三种类型的现实主义——生态的、生物进化的和认知的——以及认知架构的其他几个可取特征。

因此在理想的情况下，人类智能的认知模型应该可以简化为动物智能的模型。这就是生物进化现实主义（bio-evolutionary realism）。有时候情况正好相反，我们把注意力集中到其他物种——例如鸟类和老鼠——所展现出的更简单的认知模型，然后试图将其向上扩展到人类的认知水平。

认知架构应该从几个角度把握人类认知的本质特征：如从心理学、神经科学和哲学等角度。我们将其称为认知现实主义（cognitive realism）。在某种程度上，这意味着认知架构以及作为其重要组成部分的整体认知模型必须是完整的。

最后，与所有好的科学一样，新的模型应该借鉴、包容或取代旧的模型（这意味着一个认知架构应力求包容之前的不同观点[11]）。

3.2.2　行为特征

在理想的情况下，认知架构应该能捕捉到一些行为和认知的特征并通过认知系统展现出来。[12]从行为的角度来看，认知架构不是非得使用过于复杂的概念表征以及大量计算来完成替代策略。认知系统应以直接和即时的方式运转，有效、及时地做出决策并采取行动。此外，认知系统应该一次一步地运行，随着时间的推移延伸出一系列的行动。这就产生了一种理想的特性，那就是能够通过试错

---

[11]　孙融将这种包容性称为"方法论与技术的折中主义"[117]。

[12]　同样，孙融在他的论文《认知架构亟须的内容》[117]中描述了这些理想的行为和认知特征。

或模仿其他认知智能体来逐渐学习日常行为。

3.2.3 认知特征

就认知特征而言，认知架构应包含两种不同类型的加工模式：外显和内隐。外显加工精确且容易把握，而内隐加工则不精确且不容易把握。此外，这两种加工的相互作用会产生协同效应。例如，存在外显和内隐的学习过程，而且它们之间会进行交互。[13] 在很大程度上，这些认知特征反映了一种认知的混合型方法：严格意义上的涌现方法无法满足"容易把握"这一要求，而认知主义方法肯定能做到这一点。与此同时，尽管使用内隐加工的认知架构呈日益增长的趋势，但并不是所有的认知架构都会这样做，比如连接机制学习，我们将在下文研究三种现行认知架构时看到这一点。

3.2.4 功能能力

在执行这些任务时，理想的认知架构最好能表现出几种功能能力。[14]

认知架构应能够把物体、情境和事件识别为已知模式的实例，

---

[13] 这些认知特征体现在孙融的认知架构 CLARION[116, 17] 中，其中内隐加工作用于联结主义表征，而外显加工则作用于符号表征（因此，CLARION 是一种混合型的认知架构）。

[14] 帕特·兰利、约翰·莱尔德和塞思·罗杰斯（Seth Rogers）[120] 列举了理想的认知架构应该展现的 9 种功能能力。尽管在他们的例子中主要关注认知主义认知架构，但是他们讨论的大部分能力也适用于涌现系统。孙融列出了一个类似的列表，包含 12 种功能能力 [17]。

并且必须能够把它们指派给更广泛的概念或类别。它还应该能够学习新的模式和类别，通过直接指导或通过经验修改现有的模式和类别。

由于认知架构的存在是为了支持认知智能体的行动，所以它应该提供一种方法来识别和表征可供替代的选择，然后决定哪个最合适，并选择一个行动来执行。理想情况下，它应该能够通过学习来改进决策。

它应该有一些知觉能力——比如视觉、听觉、触觉——而且，由于认知智能体处理信息的资源通常有限，它应当拥有决定如何分配这些资源以及检测哪些资源是直接相关的注意能力。

认知架构也应该有某种预测情况和事件，即预测未来的机制。通常情况下，这种能力以认知智能体所处环境的内部模型为基础。理想情况下，认知架构应具有从经验中学习这些模型并随着时间的推移加以改进的机制。

为了实现目标，它必须具有一定的能力来计划行动和解决问题。一个计划需要对部分有序的行动序列及其效果进行某种表征。顺便提一下，问题求解与计划的不同之处在于，它也可能涉及智能体世界中的物理变化。

补充认知架构的知识构成了智能体对自身及其世界的信念，而计划则侧重于使用这些知识来实施一些行动并实现预期的目标。认知架构也应该有一个推理机制，使认知系统能够从这些信念中得出推论，要么维持信念，要么改变信念。

认知架构应该有对用于执行智能体行动的运动技能（motor skills）进行表征和存储的机制。同样，理想的认知架构会有一些方式来从指导或经验中学习这些运动技能。

它应该能够与其他智能体交流，以便获得和共享知识。这可能也需要一种机制来将知识从内部表征转换为适合交流的形式。

对于认知架构而言，拥有一些并非绝对必要，但可以改善认知智能体运行的附加能力也可能是有用的。这些被称为元认知（meta-cognition）（有时被称为元管理，meta-management）功能，它们涉及记住（存储和回忆）智能体的认知经验并对其进行反思。例如，根据产生这些经验的认知步骤来解释决策、计划或行动。

最后，理想的认知架构应该有某种方式去学习改进上述所有功能的性能，并从认知系统的具体经验中进行归纳。[15]

总之，理想的认知架构至少支持以下 9 种功能能力：

72

（1）识别与分类；

（2）决策制定与选择；

（3）知觉与情境评估；

（4）预测与监控；

（5）问题求解与规划；

---

[15] 知觉有两类：外部知觉（exteroception）和本体知觉（proprioception）。外部知觉包括所有感知外部世界的方式，如视觉、听觉、触觉和嗅觉。本体知觉与感知智能体身体状态或配置有关，例如手臂是否伸展以及伸展了多少。

(6) 推理与信念维护；

(7) 执行与行动；

(8) 交互与沟通；

(9) 记忆、反思与学习。

这个列表并不十分详尽，还可以添加其他功能：例如多种表征的需要、几种记忆类型的需要以及不同学习类型的需要。我们将在第 6 章和第 7 章讨论这些问题。

3.2.5　发展

上述列表中有一件事应该引起了你的注意：没有明确提到发展问题。那是因为，发展在很大程度上源于认知主义认知架构的研究。对于关注发展的涌现认知架构，杰弗里·克里奇马尔（Jeffrey Krichmar）确定了几个理想的特征。[16] 首先，他提出架构应处理大脑中不同区域神经元的动态变化、这些区域的结构，特别是这些区域之间的联结与相互作用。其次，他指出系统应该能够实施知觉分类：也就是在没有先验知识或外部指示的情况下，对各种形式、未加标签的感觉信号进行分类。事实上，这意味着系统应该是自治的，并且作为一个发展的系统，它应该是模型生成器（model

---

[16]　杰弗里·克里奇马尔的基于发育人工大脑装置的设计原则 [123, 124, 125] 虽然没有特别针对认知架构，但通常可直接适用于涌现系统。

generator），而不是模型适配器（model fitter）。[17] 第三，一个发展的系统应该有一个物理实例，也就是说，它应该是具身的，这样才能和它自己的形态紧密耦合并探索环境。第四，系统应该参与某些行为任务，因此，为了在最初的环境生态位中探索和生存，它应具有最小集合的先天行为或反射。系统可以从这个最小集合中学习和适应，以便随着时间的推移改进其行为。第五，发展的系统应该有适应的手段。这意味着存在一种价值体系，即一套指导或支配其发展的动机。[18] 它们应该是非特定[19]的调节信号，偏置系统的动态变化从而满足系统的整体需求：实际上，系统的自治性会得到保持或增强。

73

3.2.6 动力学

显然，认知系统会是其组件的一个非常复杂的排列。毕竟这就是为什么一开始就需要架构的原因。但是，架构不仅仅只有组件，

---

[17] 翁巨扬在他的《发育机器人学：理论与实验》（*Developmental Robotics: Theory and Experiments*）[126] 一文中也强调了认知系统中模型生成和模型适配的区别。

[18] 有关价值系统在认知系统中作用的概述，请参阅凯瑟琳·梅里克（Kathryn Merrick）的论文《机器人自治探索和学习的价值系统比较研究》（*A Comparative Study of Value Systems for Self-motivated Exploration and Learning by Robots*）[127]，以及皮埃尔－伊夫·乌迪耶（Pierre-Yves Oudeyer）、弗雷德里克·卡普兰（Frédéric Kaplan）和韦雷娜·哈夫纳（Verena Hafner）的论文《自治心理发展的内在动机系统》（*Intrinsic Motivation Systems for Autonomous Mental Development*）[128]。

[19] 非特定的意思是没有指定要采取什么行动。

还包括它们相互连接的方式，还有不同的组件交互时以及智能体与其环境交互时的动态行为。认知架构必须足够复杂才能捕捉到这些动态变化，而又不能过于庞杂。它应当在不损害生态现实主义的前提下只包含必须的内容。显然，这很难平衡好，而且我们前面提到过，目前很少有认知架构完全支持所有期望的特征。[20] 尚存在许多挑战，还有一系列我们理解得不够深入的问题，例如[21]理解选择性注意（selective attention）机制、分类过程、对情景记忆（episodic memory）及其反思过程的发展支持、对多种知识表征形式的发展支持、将情感纳入认知架构以调整认知行为，以及物理具身化对包括智能体内部驱动力和目标在内的整体认知过程的影响。

74

3.3 设计认知架构

在继续研究近年来发展起来的一些认知架构之前，我们首先要谈谈如何设计认知架构。考虑到认知架构明显的复杂性，上面列出的

---

[20] 有关当代认知架构在多大程度上展现了理想架构的可取特征的扩展讨论，请参阅孙融的论文《认知架构的重要性：基于 CLARION 的分析》（*The Importance of Cognitive Architectures: An Analysis Based on CLARION*）[17]。

[21] 这份研究挑战清单摘自帕特·兰利、约翰·莱尔德和塞思·罗杰斯的论文《认知架构：研究问题与挑战》（*Cognitive Architectures: Research Issues and Challenges*）[120]。

一长串理想特征以及我们仍面临的许多研究挑战，可想而知架构的设计绝非易事。但是，阿龙·斯洛曼与他的同事提出了一个相对简单的三步法。[22] 首先，需要确定架构的要求，这些要求部分是通过对最终智能体展示其能力所在的几个典型场景进行分析得出的。然后，把这些要求用于创建架构图式：一组用于结构化加工组件和信息并控制信息流的独立于任务与执行的规则。这个图式略去了最终设计选择的许多细节，这些细节最终要到第三步通过在特定场景及其附带要求的基础上，适当地将架构图式实际应用到认知架构中时再填充进去。这个过程特别适合认知主义的认知架构，因为它强调将独立于任务的加工机制与结构和依赖于任务的知识进行逻辑划分。

3.4 认知架构示例

在本章的剩余部分，我们将在一般意义上使用认知架构一词，而不具体提及隐含的是认知主义范式还是涌现范式。通过这种方式，我们将其解释为系统展现认知能力和行为所必需的最小化配置，即认知系统中的组件、它们的功能以及作为一个整体的组织等的规格说明。

---

22 尼克·霍斯（Nick Hawes）、杰里米·怀亚特（Jeremy Wyatt）和阿龙·斯洛曼的一份题为《具身认知系统的架构图式》（*An Architecture Schema for Embodied Cognitive Systems*）[129] 的技术报告讨论了认知架构的三步法。

接下来，我们将简要概述三种认知架构的示例，一种来自认知科学的认知主义范式（Soar），一种来自涌现范式（达尔文，Darwin），一种来自混合型范式（智能柔性机械臂控制，Intelligent Soft Arm Control, ISAC）。[23]

3.4.1 Soar

Soar[24] 是一个候选的认知统一理论，就其本身而言，是一个典型的认知主义认知架构。它也是最早被开发的标志性认知架构之一。此外，它是由艾伦·纽厄尔（他提出了认知统一理论）及其同事创

---

[23] 在认知主义、涌现和混合型这三种范式中还有许多认知架构。例如 ACT-R [109, 115]，认知情感架构图式（CoSy Architecture Schema）[129, 130]，包含集成推理的植入式分层架构（Grounded Layered Architecture with Integrated Reasoning, GLAIR）[131]，ICARUS[132,133]（认知主义范式）；认知－情感架构原理图（Cognitive–Affective Architecture Schematic）[134,135]，全局工作空间（Global Workspace）[101]，iCub 类人机器人 [136, 137]，自我感知自我执行（Self-Aware Self-Effecting, SASE）[126, 138]（涌现范式）；CLARION[116, 17]，类人机器人（HUMANOID）[139]，学习型智能分布式智能体（Learning Intelligent Distribution Agent, LIDA）[140, 141]，PACO-PLUS[142]（混合型范式）。从生物启发认知架构协会的网站 [143] 和密歇根大学网站 [45] 可以找到认知架构的在线调查。已发表的调查包括笔者和克莱斯·冯·霍夫斯滕、卢西亚诺·法迪加的一篇概述《人工认知系统调查：对计算智能体心理能力自治发展的启示》[103]，并在《类人机器人认知发展路线图》[12] 一书以及由沃基斯瓦夫·杜赫（Włodzisław Duch）及其同事进行的一项调查《认知架构：我们何去何从？》（*Cognitive Architectures: Where do We Go from Here?*）中进行了更新 [144]。

[24] 更多关于 Soar 认知架构的细节，请参阅艾伦·纽厄尔、约翰·莱尔德及其同事撰写的论文 [42, 110, 111, 112, 113] 以及约翰·莱尔德 [114] 的书。

建的，并在过去 25 年左右的时间里不断得到改进。因此，Soar 在认知架构及其持续发展的历史上占有特殊的地位。我们将看到，Soar 所提出的主题在其他几个认知架构中也有所反映。

我们将从回顾认知主义的主要观点开始。这一点很重要，因为 Soar 建立在这些观点的基础之上，它的运行方式反映了认知主义的基本假设。然后简要概述 Soar 运行的方式，以便能够对其工作方式有所了解。

我们说过，在认知主义中，认知架构代表的是认知中不随时间推移而改变以及不依赖于任务的方面。如果需要认知主义认知架构做些事情，即执行给定的任务的话，就需要给架构提供执行任务所需的知识（或者它需要为自己获取这些知识）。这种给定认知架构与特定知识集的组合被称为认知模型，正是这种填充了认知架构的知识提供了执行任务或以某种特定方式行事的手段。换句话说，认知行为等同于架构与内容的结合。

架构是关于它处理的内容的共同之处的理论，而 Soar 是关于认知行为有什么共同之处的特定理论。尤其是 Soar 理论认为认知行为至少具有以下特征：它以目标为导向，反映了一个复杂的环境，需要大量的知识，需要使用符号与抽象。抽象概念在认知中非常重要，归根结底是某物的概念与某特定物之间的区别。例如，一件衬衫作为衣服可以起到保温和保护身体的作用，而这件特定的蓝衬衫领子有纽扣，口袋上有刺绣标志。你对衬衫作为一个抽象概念的认识，除了对特定衬衫所有细节的特殊知觉外，还可以被其他事物激

76

发——回忆和使用。这被称为符号（或符号集），而知识被称为符号知识。Soar 认知架构侧重符号知识的处理，并将符号知识与当前知觉和行动相关的知识匹配起来。现在让我们来概述 Soar 是如何做到这一点的。

首先，Soar 是一个产生式系统（production system）（有时被称为基于规则的系统，rule-based system）。产生式实际上是一个条件 - 行动配对，而产生式系统是一组产生式规则集和用于解释或执行产生式的计算引擎。在 Soar 中，规则被称为关联（association）。Soar 的核心包括两种记忆，一种是长时记忆（long-term memory，有时被称为识别记忆，recognition memory），它包含产生式规则；另一种是工作记忆（working memory，也被称为陈述性记忆，declarative memory），它包含反映 Soar 知觉和行动的属性值。此外，还有几个过程：一个被称为精细加工（elaboration），它与产生式和属性值匹配（即决定哪些产生式可以触发）；另一个用于决定决策过程中的优先级；还有一个被称为组块（chunking），用于有效地学习新的产生式规则（称为块）。

Soar 以循环方式运行，有两个不同的阶段：产生式循环和决策循环。首先，所有与陈述性（工作）记忆内容匹配的产生式触发。触发的产生式可能改变陈述性记忆的状态并引起其他产生式触发。这种情况一直持续直到不再有产生式触发为止。决策循环从这个时候开始，基于存储好的行动优先级从几个可能的行动中选出一个行动。

由于无法保证行动优先级是明确的，也无法保证它们能选出唯一的行动或确实能选出行动，决策循环可能会导致所谓的僵局（impasse）。如果发生这种情况，Soar 将在新的问题空间建立一个新的状态——子目标——目标是解决僵局。这一过程被称为通用子目标设定（universal sub-goaling）。解决一个僵局可能导致其他的僵局，则继续进行子目标设定。最终，所有的僵局都应该得到解决。如果形势恶化，Soar 没有足够的知识解决僵局，那么它会在可能的行动中随机选择。

每解决一个僵局，Soar 就会创建一个新的产生式规则，即新的关联（association），它总结了解决子目标时在子状态发生的处理。如上所述，这种新学习的关联被称为块，Soar 的学习过程被称为组块。

正如我们一开始所说的，Soar 认知架构在继续发展。虽然上述对 Soar 的描述主要关注的是认知主义认知架构的特征——产生式系统，但 Soar 也有可能被用于认知机器人学。为了促成这一点，Soar 架构已经得到了扩展（请参见图 3.1），包含了涌现和混合型认知架构的许多组成部分，诸如情景记忆、程序性记忆（procedural memory）、语义记忆（semantic memory）和相关的学习技术，如强化学习（reinforcement learning），以及使用心理意象（mental imagery）对知觉和行动进行内部模拟的重要能力。我们将在第 7 章对这些主题进行更详细的讨论。

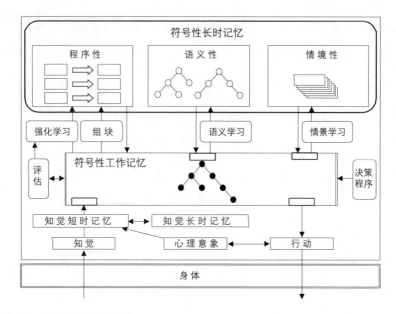

图 3.1   Soar 认知架构 [114]。

3.4.2   达尔文：基于大脑的神经模拟机器人设备

达尔文[25]是一个为了进行智能体发育实验而设计出来的机器人平台系列。这些智能体是基于大脑的设备（brain-based devices, BBDs），它们利用模拟神经系统，通过自治体验学习（即通过对周围的世界进行探索及交互）来发展空间记忆（spatial memory）、情景记忆以及识别能力。基于大脑的设备是神经模拟的——它们模仿大脑的神经结构——并与生成和联结主义模型更一致。但是，它们与许多联结主义方法的不同之处在于它们关注作为一个整体的神经系统、其组

25　更多关于达尔文认知架构的细节，请参阅 [123, 124, 125, 145, 146, 147]。

成部分及其相互作用，而不是某个个体记忆、控制或识别功能的神经实现。

基于大脑的设备的主要神经机制是突触可塑性（synaptic plasticity）、奖励系统（reward system）或价值系统（value system）、重入连接（reentrant connectivity）、神经元活动的动态同步以及具有时空响应属性的神经元单元。自适应行为是通过这些神经机制与感觉运动相关的相互作用[26] 来实现的，这些感觉运动的相关性是通过主动感知和自我运动自治学习的。

不同版本的达尔文表现出不同的认知能力。比如，达尔文八代能够通过将足够简单的视觉目标（彩色几何图形）与其先天偏好的听觉提示相关联，从而对其进行辨别。它的模拟神经系统包括 28 个神经区域，大约 54 000 个神经元单元，以及大约 170 万个突触连接。这个架构由负责视觉（vision）的区域（V1，V2，V4；颞下回皮层，inferior temporal cortex, IT），跟踪区域(上丘,C)，值或显著性区域(S)和听觉区域（A）组成。具有垂直、水平和对角线选择性的 Gabor 滤波（Gabor filter）处理过的图像，以及有中心兴奋－外周抑制和外周兴奋－中心抑制的感受野的红－绿滤色器返回到 V1。V1 的子区域投射到 V2，反过来又投射到 V4。V2 和 V4 都有兴奋和抑制的重入连接，也会从 V4 投射回 V2 以及投射到本身具有重入自适应连接的 IT。IT 也会投射回 V4。跟踪区域（C）会根据来自听觉区域（A）

79

---

26 感觉运动相关性有时指的是一种偶发事件（contingencies）。

的兴奋性投射决定达尔文八代相机的视线方向，这会使达尔文朝向声源。V4 投射到 C，使达尔文八代的视线集中在物体上。IT 和值系统 S 都有和 C 的自适应连接，从而有助于所学目标的选择。适应是通过类似赫布型学习[27]实现的。从行为学的角度看，达尔文八代会通过关联目标与其先天偏好的听觉提示，而习惯性地更偏好某个目标，并能用转向这个目标来证明这种偏好。

达尔文九代能利用基于大鼠躯体感觉系统（somatosensory system）神经解剖模拟构建的人工胡须来导航和分类纹理，该系统包括 17 个区域，1101 个神经元单元和大约 8400 个突触连接。

达尔文十代能够基于海马体（hippocampus）及其周围区域的模型来发展空间和情景记忆。它的模拟神经系统包括 50 个神经区域，90 000 个神经元单元和 140 万个突触连接。它包括视觉系统、头部方向系统、海马体结构、基底前脑、基于多巴胺功能的价值 / 奖励系统以及行动选择系统。视觉被用于识别物体，然后计算它们的位置，而测距（odometry）则用于发展头部方向的灵敏度。

3.4.3 ISAC

ISAC[28]——智能柔性机械臂控制——是用于上半身类人机器人

---

[27] 具体而言，赫布型学习使用了比嫩斯托克－库珀－芒罗规则（Bienenstock-Cooper-Munroe rule）[148]；另请参见第 2 章 2.2.1 节。

[28] 关于 ISAC 认知架构更详细的描述，请参阅河村和彦（Kazuhiko Kawamura）及其同事 [149] 的论文《类人机器人认知控制的实现》（*Implementation of Cognitive Control for a Humanoid Robot*）。

的混合型认知架构。从软件工程的角度看，ISAC 是由软件智能体和相关记忆的集成集合构成的。智能体封装了架构组件的所有方面，异步运行（即没有共享时钟来保持所有智能体彼此同步锁定），并通过消息传递相互通信。

80

　　如图 3.2 所示，多智能体 ISAC 的认知架构由以下部分构成：负责运动控制的激活智能体（activator agent）、知觉智能体（perceptual agent）和执行反应性知觉－行动控制的一阶响应智能体（first-order response agent，FRA）。这个架构有三种记忆系统：短时记忆（short-term memory，STM）、长时记忆（long-term memory，LTM）和工作记忆系统（working memory system，WMS）。

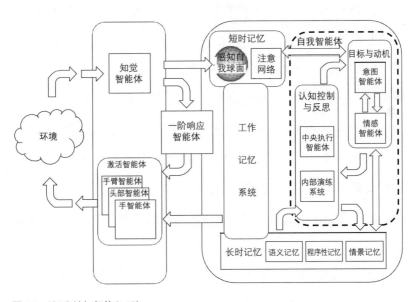

图 3.2　ISAC 认知架构 [149]。

短时记忆包括对实时经历的知觉事件以机器人为中心的空间 – 时间记忆。这被称为感知自我球面（Sensory EgoSphere, SES），是对机器人周围正在发生的事情的离散表征，由两个角度索引的网格球面进行表征：水平（方位角）和垂直（仰角）。短时记忆还有一个决定最相关知觉事件的注意网络，然后将机器人的注意导向这些事件。

长时记忆存储的是关于机器人习得技能和过去经验的信息，由语义记忆、情景记忆和程序性记忆组成。一方面，语义记忆和情景记忆共同构成了机器人对已知事实的陈述性记忆。另一方面，程序性记忆负责存储机器人能够完成的运动的表征。

在 ISAC 中，情景记忆抽象了过去的经验并建立了它们之间的链接或联系，是一个多层结构。在底层，情景经验包含以下信息：外部情况(即来自感知自我球面的与任务相关的感知)、目标、情绪(这里是指对感知到的情况的内部评估)、行动和由此产生的结果以及对这些结果的评估（例如这些结果与期望目标状态的接近程度以及因此获得的奖励）。情景由封装了行为的链接连接起来：从一个情景过渡到另一个。更高层则将具体的细节以及基于较低层的转换建立链接抽象出来。这种多层次的方法考虑到了有效的匹配和记忆的提取。

受大脑功能神经科学模型的启发，工作记忆系统暂时存储与当前正在执行的任务相关的信息，为短时记忆和其所存储的信息形成了一种高速缓冲存储。它存储的信息被称为块，封装了用神经网络学习到的对未来奖励的期望。

认知行为由中央执行智能体（central executive agent, CEA）和模拟可能行动的效果的内部演练（internal rehearsal）系统负责。中央执行智能体和内部演练系统与由意图智能体（intention agent）和情感智能体（affect agent）构成的目标和动机子系统共同构成一个被称为"自我智能体"（self agent）的复合智能体。自我智能体和一阶响应智能体一起根据当前情况和 ISAC 的内部状态做出决策并采取行动。中央执行智能体负责认知控制，根据当前注意力焦点和过去经验调用执行某个给定任务所需的技能。意图智能体提供目标。情感智能体负责调整决策。

ISAC 以如下方式工作：通常，一阶响应智能体对感官触发器产生反应，但它也负责执行任务。当人类分配一项任务时，一阶响应智能体从长时记忆的程序性记忆中提取与任务信息描述的技能相对应的技能，然后将其与当前感知一起作为"块"置于工作记忆系统中。随后，激活智能体开始执行并在需要反应时暂停执行。如果一阶响应智能体没有找到与任务匹配的技能，那么中央执行智能体就会接管，从情景记忆中回忆包含与当前任务相似的过去经验与行为。基于感知自我球面中的当前感知、其相关性以及内部演练系统中的内部模拟决定的成功执行的可能性，选择一个行为－感知组合，然后将其置于工作记忆中，激活智能体执行行动。

82

与 Soar 和达尔文一样，我们将在本书后面的章节里对 ISAC 架构中的许多特征做进一步的深入讨论，例如注意（第 5 章 5.6 节）、情感与动机在认知中的作用（第 6 章 6.1.1 节）、情景记忆、语义记忆、程序性记忆、陈述性记忆、长时记忆、短时记忆和工作记忆（第 7 章 7.2 节）以及内部模拟（internal simulation）（第 7 章 7.4 节）。

3.5　认知架构——接下来是什么

在本章中，我们通过描述每种认知系统的蓝图——它的架构，来充实第 2 章的理论问题。这让我们踏上了一段漫长的旅程，从讨论认知架构对认知科学的认知主义、涌现和混合型范式意味着什么开始，然后列出了很长一串理想认知架构应当展现出的特征，再简要概述了三种典型的认知架构，认知主义、涌现和混合型各有一种。在这个过程中，我们遇到了许多新的想法和概念，但只是略略讲了几句。我们现在的目标是要加深对其中一些问题的理解：例如自治、具身、发展、学习、记忆、预测、知识和表征。首先我们将注意力转向一个在人工系统中难以建模更难以合成的概念——自治。

83

自治性

4.1　自治性的类型

人们普遍认为，自治性是一个很难界定的概念。就像认知一样，不同的人有不同的理解。[1]而界定概念的方式有许多种，分别代表了不同类型的自治性，这使情况变得更为复杂。例如，你会看到对如下概念的引用：

　　自适应自治性（adaptive autonomy）、可调自治性（adjustable autonomy）、智能体自治性（agent autonomy）、初级自治性（basic

---

[1]　玛格丽特·博登（Margaret Boden）在社论《自治性：这是什么？》（Autonomy: What is it?）[150] 一文中解释了自治性为什么是一个如此模糊的概念。关于不同观点的概述，请阅读汤姆·弗勒泽及其同事的短文《自治性：回顾与再评价》（Autonomy: A Review and a Reappraisal）[151]。

autonomy)、行为自治性(behavioural autonomy)、信念自治性(belief autonomy)、生物自治性(biological autonomy)、因果自治性(causal autonomy)、构成自治性(constitutive autonomy)、能量自治性（ energy autonomy)、心理自治性（ mental autonomy)、动机自治性（ motivational autonomy)、规范自治性（ norm autonomy)、机器人自治性（ robotic autonomy)、共享自治性（ shared autonomy)、滑动自治性（ sliding autonomy)、社会自治性（ social autonomy)、从属自治性（ subservient autonomy)、使用者自治性（ user autonomy)以及其他类型的自治性。

我们先对自治性进行一些更深入的研究，再在本章最后第 4.9 节来逐一探讨这些不同类型的自治性。与此同时，我们选出其中两种类型——机器人自治性和生物自治性 [2] ——并用它们来组织和解释其他类型的自治。首先，我们需要一个即便只能作为讨论和随后改进基础的定义 [3]。为此，我们将把"自治性"定义为一个系统自我决定（self-determination）的程度，即一个系统的行为不受环境决定

---

[2] 汤姆·齐姆克在他的论文《论情感在生物和机器人自治性中的作用》(*On the Role of Emotion in Biological and Robotic Autonomy*) [152] 中讨论了机器人自治性和生物自治性的主要区别。

[3] 自治性一词源于希腊语 αυτός (autos, 意为"自己"), νόμος (nomos, 指"法则"）。因此，自治性的字面意义指受自我法则而不是其他某个智能体的法则约束。

的程度以及系统因此决定自身目标的程度。[4] 可见，一个自治系统不受其他智能体的控制，而是或多或少地自我管理和自我调节。当然，对于一个智能体来说，有自己的目标[5] 并没有多大用处，除非它能够针对这个目标做些什么。因此，这个定义暗含的意思是，除了选择目标，智能体还可以选择如何最好地实现目标，然后采取行动。

85

有了这个初步的定义之后，现在让我们继续研究机器人自治性和生物自治性，先从前者开始。

4.2 机器人自治性

4.2.1 自治性的强度和程度

在机器人学中，人们通常依据机器人处理其所在环境中不确定性的能力以及机器人完成任务和实现某些目标时需要人类操作员协

4　阿尼尔·塞思（Anil Seth）在 [153] 中讨论了自治性等同于自我决定的程度。他还讨论了自治性对应系统行为不受环境决定的程度的观点。尼尔斯·伯钦格（Nils Bertschinger）及其同事在 [154] 中讨论了自治性等同于系统决定自身目标的程度。

5　威廉·哈塞拉格尔（Willem Haselager）认为目标属于一个系统的前提是"目标产生于身体和控制系统努力维持内稳态（homeostasis）的过程中……自治性建立在行为模式的形成上，这使得具体的系统可以自我维护，并在系统与其环境的具身交互过程中得到发展" [155]。我们在本章的许多地方都遵循这一主旨；有关内稳态和自我维护的更多细节，请参见页下注 19 和 33。

助的程度对机器人的能力进行分类（请参见图 4.1）。

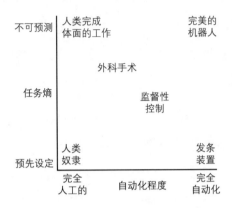

图 4.1　自治智能体——人或者机器人——可以在此二维空间中找到合适的位置，其中一个维度沿着任务和工作环境中的不可预测性扩展，另一个维度则根据需要人类协助的程度扩展。两个维度分别是任务熵（即不确定性）和自动化程度。

执行任务时处理不确定性的能力有时被称为任务熵（task entropy）。[6]在任务熵的一端，任务完全是预先设定的。关于任务、对象以及如何实现目标不存在任何的不确定性，一切都是完全已知的。这就是低熵任务（low-entropy task）。另一端的任务有极大的不确定性，有许多难以预测的问题，例如存在哪些对象、它们在哪里、看上去像什么，以及实现任务目标的最好方式是什么，等等。这属于高熵任务（high-entropy task）。我们用自治性强度这个术语来表示一

86

6　托马斯·谢里登（Thomas Sheridan）和威廉·韦普朗克（William Verplank）于 1978 年在一份广受好评的麻省理工学院的技术报告中提出了任务熵，即环境的不确定性，以及自动化程度这两个维度。这份技术报告涉及水下遥控机器人的人机控制 [156]。

个自治系统处理这种不可预测性的程度：强自治说明系统能处理具有极大不确定性的任务，而弱自治系统就无法处理。

另一方面，人类协助机器人的程度反映了机器人的自动化程度（degree of automation）。我们用术语自治性程度[7]来表示自动化操作和人工协助操作的相对平衡。坐标轴的一端是完全人工的操作，对应遥控机器人（teleoperated robot），即完全由人类操作员控制的机器人，通常在一定距离之外（因此有前缀 tele[8]），可能以计算机系统为媒介来工作。另一端是完全自动化的操作，即机器人在没有人类操作员协助或干预的情况下完全独立操作。

自治性强度（strength）有时被称为自我满足（self-sufficiency）：系统自理的能力。自治性程度（degree）有时被称为自我导向（self-directedness）：不受外界控制的自由。[9]这两个维度基本上对应于图 4.1 中任务熵和自动化程度两个维度，分别是自治性强度和自治性程度。

总体而言，我们认为自治性概念具有相对性、相关性和情境

---

[7] 术语"自治性水平"经常与"自治性程度"交替使用，但在本书中我们将只使用"程度"一词。就像迈克尔·古德里奇（Michael Goodrich）和艾伦·舒尔茨（Alan Schultz）在他们的调查中指出的那样，术语"自治性水平"通常用于人机交互领域 [157]。

[8] 前缀 tele 来源于希腊语 tēle，意思是"遥远"。

[9] 杰弗里·布拉德肖（Jeffrey Bradshaw）及其同事在一篇名为《可调自治性与混合式主导交互的维度》（*Dimensions of Adjustable Autonomy and Mixed-Initiative Interaction*）[158] 的文章中提出了自治性的两个维度——自我满足和自我导向。

性：在某个情境中，如果智能体有关某个特定行动或目标的行为不是由另一智能体强加的，也不依赖于另一智能体，那么这个智能体相对于另一智能体就是自治的。[10]

4.2.2 可调、共享、滑动和从属自治性

本章开篇提到的许多自治性类型是用来限定自治性程度以及人类在执行任务和完成目标时对认知系统的相对参与程度的方法。例如，可调、共享、滑动和从属自治性（请参见第 4.9 节）都反映了在人类和机器共同承担任务的情况下，在人类协助和自动化操作的平衡中存在着不同程度的自治性。关键是，在这些自治性模式中，系统或多或少地控制自己的行为，但目标由与之交互的人类决定。[11]

---

[10] 克里斯蒂亚诺·卡斯泰尔弗兰基（Cristiano Castelfranchi）在他的论文《认知智能体架构中自治性的保证》（*Guarantees for Autonomy in Cognitive Agent Architecture*）[159] 中强调了自治相关性和情境性的本质——即认为智能体关于某个行动或目标，相对某个事物或某个智能体是自治的，并与里诺·法尔科内（Rino Falcone）在《创建自治性：（社会）环境和智能体的架构与权力之间的辩证法》（*Founding Autonomy: The Dialectics Between (Social) Environment and Agent's Architecture and Powers*）[160]，科斯明·卡拉贝莱亚（Cosmin Carabelea）、奥利维尔·布瓦西耶（Olivier Boissier）和阿德纳·弗洛雷亚（Adna Florea）在他们的文章《多智能体系统中的自治性：一种分类尝试》（*Autonomy in Multi-agent Systems: A Classification Attempt*）[161] 中将其进一步发展。

[11] 亚历克斯·迈斯特尔（Alex Meystel）的《自治系统的性能和智能测量：建构系统的智能度量》（*Measuring Performance and Intelligence of Systems with Autonomy: Metrics for Intelligence of Constructed Systems*）阐述了表现出共享、从属、可调和滑动自治性的系统中人工协助和自动化操作之间的平衡问题，这本书旨在解释 2000 年的一个研讨会的目标 [162]。

尽管最常见的可调自治性和共享自治性方法是给人类参与者分配监督性或高级的功能，而给自治智能体分配低级的功能，但有时候情况恰恰相反，人类会在需要一些有难度的低级操作时进行干预（例如解释视觉场景[12]）。

有时使用术语"滑动自治性"来代替"可调自治性"，因为它暗示了根据情况需要动态地改变自治性级别的可能性，即随着任务的进展来回滑动。滑动自治性（以及可调、共享和从属自治性）带来了一些有趣的问题，在与机器人团队一起工作时尤其常见。例如，人类操作员可能并不总是知道正在发生的一切，因此机器人可能不得不寻求帮助，而不是依赖操作员在需要时及时介入。同时，当控制其中一个机器人时，人类需要时间来评估情况。因此，机器人在决定寻求帮助时需要考虑到这一点。当人类确实控制其中一个机器人时，重要的是团队中其他的机器人——仍然自治地运行——保持自治性并继续有效地合作。

4.2.3　共享责任

以下 10 种合作模式说明了人类和计算机可以用哪些方式来分担

12　通常高级的监督性任务会被分配给人类，而低级任务会被分配给自治智能体或机器人，与此相反的例子请参阅本杰明·皮策（Benjamin Pitzer）及其同事 [163] 的论文《面向机器人移动操作的知觉共享自治性》（*Towards Perceptual Shared Autonomy for Robotic Mobile Manipulation*）。在这里，人类所做的工作是解决艰巨的低级知觉任务，并利用自治机器智能来完成剩余的高级和低级的功能。

88　执行任务的责任。

（1）人类完成整个任务，直到把它移交给计算机去执行。[13]

（2）计算机帮助决定选择。

（3）计算机帮助决定并提出一个选择，人类不需要遵循。

（4）计算机选择行动，人类可做、可不做。

（5）计算机选择行动，并在人类许可的情况下执行。

（6）计算机选择行动，通知人类让其有充足的时间去停止它。

（7）计算机完成整个任务，且一定会告知人类它做了什么。

（8）计算机完成整个任务，且只在人类明确问起时告知人类它做了什么。

（9）计算机完成整个任务，且在它判断人类应该被告知时才告知人类它做了什么。

（10）计算机在它判断任务应该被完成时完成整个任务，完成任务后会在它判断人类应该被告知时告知人类。

这10种操作模式是循序渐进的：从智能体——计算机或机器人——完全被人类控制（即遥控操作），一直到智能体完全自治，独立于人类操作，不需要人类的任何输入，也不需要任何行动许可。

---

[13] 这个机器人自治性的10层级范围是由托马斯·谢里登和威廉·韦普朗克于1998年在本章页下注6中提到的同一份技术报告 [156] 中提出的。这个10层级的描述与谢里登和韦普朗克的报告中第817～818页表8.2中出现的相同。其他描述也被使用过，例如迈克尔·古德里奇和艾伦·舒尔茨[157] 对人机交互的概述，但谢里登和韦普朗克构想中的一些细枝末节在这些描述中被忽略了。

这个操作模式的范围反映了自治性另一个特别适用于机器人的可用特征：机器人对被人类操作员忽视的容忍度。[14]

4.2.4 能量自治性

在机器人自治性的框架下，我们还需提及另一种类型的自治性。在机器人学特别是移动机器人学中，当人们提到自治机器人时，他们仅仅指的是机器人在不连接外部电源的情况下能够长时间运行。换言之，机器人可以使用某种形式的移动电源来工作，比如电池或者燃料电池，这就是能量自治性的含义。在这种情况下，自治性与任务或环境的不可预测性或自动化程度无关：它仅仅意味着在有限但通常很长的一段时间内能量自给自足。

现在让我们继续考虑另一种关于自治性的观点：生物自治性。

4.3 生物自治性

当我们考虑生物——自然——自治实体时，自治问题就变成了生存问题，而且通常是在不稳定条件下的生存问题，也就是说环境条件会导致实体必须设法使自己继续作为自治系统来运作，保持身

89

---

14 被人类操作员忽视的容忍度（tolerance to neglect by a human operator）概念是由雅各布·克兰德尔（Jacob Crandall）等人在一篇关于人机交互的论文中提出的 [164]。

体上和组织上仍然是动态自我维持的实体。

　　生命系统面临两个问题：脆弱和耗散。脆弱意味着它们很容易被环境中更强大的物理力量（包括其他生物智能体）破坏且可能被摧毁。因此，生命系统必须避免这些破坏，并在它们确实发生时修复或治愈它们。耗散源自生命系统是由远离平衡态（equilibrium）的过程组成的这一事实。这意味着，如果要避免陷入热力学平衡状态，系统就必须有某种能量或物质的外部来源。如果确实陷入了这种状态，系统就会停下来，不再能够因响应或预测到任何可能威胁到其自治性或生存的外部因素而做出改变。同样，和生命系统的脆弱一样，远离平衡态的稳定性所固有的耗散意味着系统必须不断地获取资源，修复对自身的破坏，并首先避免破坏。所有这一切都必须由智能体自身完成。

　　从这个角度看，生物自治性是生物自我维护的组织特征，这使得它们可以用自己的能力来管理与世界的交互以保持生存：即补偿耗散、避免破坏并在必要时自我修复。[15]换言之，生物自治性是一个系统在面对不断与之对抗的不稳定环境时管理——自我调节——从而维护自身作为一个可生存实体的过程。

90

---

[15]　韦恩·克里斯滕森和克利夫·胡克在他们的论文《智能的交互主义－建构主义方法：自我导向的预测性学习》（*An Interactivist-Constructivist Approach to Intelligence: Self-Directed Anticipative Learning*）[165] 中描述了作为生物自我维护组织特征的生物自治性。

4.3.1 行为和构成自治性

在第 4.2 节，我们从强度和程度两个方面来描述自治性，把这些特征与一个二维空间联系起来，其中一个维度是对任务和工作环境中大量不可预测性的稳健性（robustness，即强度），另一个维度是完成任务时需要人类协助的程度。这两个维度反映了任务熵（即不确定性）和自动化程度，如图 4.1 所示。

对于生物自治性，可以做出另一种区分，即分为行为自治性和构成自治性，如图 4.2 所示（另请参见第 4.9 节）。行为维度关注的是人类协助的程度以及系统设定自身目标的程度，因此大致对应自治性程度以及图 4.1 中的自动化程度这一维度。构成自治性维度关注的是使系统能够维护自身作为可识别自治实体的组织特征。由于一些系统没有表现出必要的组织特征（如组织闭合，请参见第

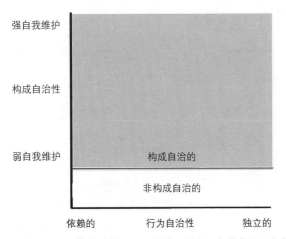

图 4.2 置于二维空间中的自治智能体的另一描述，其中一个维度是行为自治性变化范围，另一个维度是构成自治性变化范围（见 [151]）。

4.3.6 节），因此它们并不具有构成自治性，这占据了图 4.2 空间底部的白色区域。那些是构成自治的系统能够对其自治性的维护做出不同水平的贡献。因此，这一维度大致对应自治性强度以及图 4.1 中的任务熵维度（在这里，我们从非常普遍的意义上将其解释为系统在其环境中生存时可以参与的任何事情）。

行为自治性关注的是系统的外部特征，而构成自治性关注的是设法保持系统生存和自治的内部组织和组织过程。在某种程度上，外部行为方面反映了自治性的程度，因为它关注的是系统在没有人类协助时运行的能力，以及系统设定和实现自身目标的能力。[16]

那么，我们能否在构成自治性和以任务熵维度为特征的自治性强度之间做一个类比？总的来说，是可以的。构成自治性的概念涉及通过内部组织过程（或自组织）来维护系统生存。系统被嵌入环境并必须在其中存活，在处理该环境的不确定性和不稳定性时，这些过程或多或少是有效的。构成自治性关注的是组织原则，根据这些原则，系统首先作为一个可识别的自治实体而产生和生存，因此与生命系统中的自治性问题，即生物自治性密切相关。事实上，构

---

16 依据汤姆·弗勒泽、纳撒内尔·弗戈（Nathaniel Virgo）和爱德华多·伊斯基耶多（Eduardo Izquierdo）[151] 的观点，除了人类协助的程度和系统设定自己目标的程度，行为自治还包括系统的稳健性和灵活性。后一种属性反映了我们对自治性强度而不是自治性程度的描述方式，因此它在某种程度上是自治性强度和自治性程度的混合。

成自治性的概念源于一种非常具体的自组织形式，被称为自创生
（autopoiesis）和组织闭合（organizational closure），这是我们将在下
文第 4.3.6 节中讨论的两个主题。本质上，构成自治性更多地与系统
自身的内部过程有关，而非与不稳定环境的外部特征有关。但是，
这两者是相关的：如果一个系统不是有组织地——结构性地——做
好了准备，就无法处理不确定性和危险。

92

唯一的问题是，由于继承了自创生和组织闭合的条件，构成自
治性的条件非常明确、严格，因此系统要么是构成自治的，要么不
是。从这个角度看，构成自治性维度更多的是一个二元分类，而不
是一个范围。另一方面，一旦系统是构成自治性的，维持系统自治
性[17]的自组织过程就可以对不稳定的环境表现出不同水平的稳健性。
我们将在本章稍后介绍递归自我维护（即系统作为自治实体能够为
自身生存做出的贡献）的概念时，再讨论这一问题。

4.3.2 构成过程和交互过程

构成－行为的区别有时被认为是构成过程（constitutive processes）
和交互过程（interactive processes）之间的区别。[18]正如我们已经看

---

[17] 我们之后将了解到，称它们为自我建构（self-construction）和自我生产的
过程会更准确。

[18] 汤姆·弗勒泽和汤姆·齐姆克在论文《生成人工智能：关于生命和心智
系统组织的研究》（*Enactive Artificial Intelligence: Investigating the Systemic
Organization of Life and Mind*）[104] 中讨论了构成过程和交互过程的区别。

到的，构成过程通过自我建构和自我修复的持续过程来处理系统本身、系统的组织以及作为一个系统的维护工作。另一方面，交互过程处理系统与其环境的交互。这两个过程在系统的自治运行中起着互补的作用。构成过程对系统的自治性来说更为重要，但二者都是必要的。和交互过程相比，构成过程在更快的时间尺度上运行。通常，机器人自治性更多地涉及交互过程，而生物自治性则更依赖构成过程。从这个角度而言，我们可以看出生物自治性和构成自治性在很大程度上处理的是相同的问题。更多详情及进一步阅读，请参阅下文第 4.9 节的相关部分。

93

4.3.3　内稳态

自我调节过程是构成自治性的核心。在生物系统中，生理功能的自动调节被称为内稳态。[19] 特别地，为了保持某些系统变量的值恒定或在可接受的范围内，内稳态过程会调节系统的运行。它通过感知与期望值的偏差并将该偏差反馈到控制机制以纠正误差。期望值在控制理论中被称为设定值（setpoint），使用偏离期望值的偏差

---

[19]　"内稳态"（homeostasis）一词源于 "homeo"，意为相似的，以及 "stasis"，意为保持不变或稳定。该词由沃尔特·坎农（Walter Cannon）在他的论文《生理内稳态的组织》（*Organization for Physiological Homeostasis*）[166] 中提出。这形式化了 19 世纪克劳德·伯纳德（Claude Bernard）提出的观点："所有的生命机制，无论它们如何变化，都只有一个目标，那就是保持内环境中的生命条件不变。"[167]

被称为反馈。例如，当我们很热时，通过流汗调节体温（汗腺分泌的液体转化为水蒸气，热量被蒸发了，这起到了降温的作用）；当我们太冷时，则会颤抖（肌肉在剧烈颤抖时产生热量，从而起到提高温度的作用）。但是，内稳态涉及的不仅仅是像恒温器调节房间温度那样通过使用反馈来维护所需的系统变量恒定。内稳态控制系统本身依赖于自我调节，如果调节失败，它将被破坏或损毁。另一方面，如果恒温器不能正常工作，它完全不会受到影响，尽管在房间里的人很有可能会被影响。[20]

其中一个有影响力的思想流派认为，智能体的自治性是利用一系列相关的情感（即情绪或感受）状态（affective states），通过内稳态自我调节过程的层级结构实现的。这一系列相关的情感状态包含了从与代谢调节相关的基本反射（reflexes），到内驱力（drives）和动机，再到通常与高级认知功能相关的情绪和感情。[21]不同的内稳态过程调节不同的系统属性。通常情况下，在与世界

---

[20] 内稳态系统不仅仅是具有反馈（feedback）调节器的系统。威廉·哈塞拉格尔指出 [155]，它们是自我调节的，内稳态系统本身的完整性取决于自我调节的正常运作。如果没有的话，系统本身将被破坏或损毁。

[21] 罗布·洛（Rob Lowe）、安东尼·莫尔斯和汤姆·齐姆克的认知架构图式将情感（即情绪和感情）与传统的认知过程 [134, 135] 置于同等地位，他们在此背景下描述了内稳态过程从基本反射和代谢调节，到内驱力和动机，再到情绪和感情的发展进程。这一进程与安东尼奥·达马西奥（Antonio Damasio）的内稳态调节水平的层级结构密切相关 [168]。

94 的交互过程中，自治智能体会被扰动，从而导致组织动态必须被调整。这一调整过程正是内稳态（自我调节）的含义所在，而内稳态过程层级结构中每个层次的动机，实际上都是使智能体恢复到其自治性不再受到威胁的状态所需的内驱力。在与周围世界的交互过程中，环境对智能体的扰动本身并没有内在价值——它们只是智能体在设法生存的过程中发生的事情——但对于智能体来说，这些事情、交互和扰动有一种感知价值，因为它们会危及或支持智能体的自治性。这种价值通过内稳态过程中的情感方面来传达，智能体会因此对原本中立的世界（即使是一个不稳定的世界）附加一些价值。

4.3.4 应变稳态

尽管从自治系统会自动适应环境中的事件以及在必要时进行自我纠正（例如，通过内稳态）的意义上来说，许多自治系统是自我管理的，但有的自治系统在事件实际发生之前就开始适应了。这种形式的自治性需要对接下来可能发生的事情进行持续的准备。这意味着一个自治系统会预测其所在环境中可能发生的事件，并积极地为之准备，以便在这些事件确实发生时能够应对。从这个角度来说，自治性需要先发制人的行动，而不仅仅只是反应式的行动；应当进行预测性的自我调节，而不仅仅只是被动的自我调节。这些自治系统为多种偶发事件（即可能发生的事件）做好了准备，并且有几种应对策略。它们在追求系统为自己设定的某个目标或其他目标时部署这些策略。这一特征可被视为具有预测性的内稳态，也被称为应变稳态（allostasis）。[22] 应变稳态基于这样一个原则：自我调节的目标是适应自治系统在其所处环境中存活时受外界加诸其上的要求。为了适应，系统需要高效：避免错误并使成本最小化。最好的实现方式是使用先验信息来预测可能施加在系统上的要求，然后抢先调整所有的参数以满足这一要求。因此，应变稳态的目标是高效调节，这是通过大脑感知生物体及其环境的当前状态并将这一信息与先验信息整合从而改变受控变量来实现的（做到这一点需要预测满足预期要求所需的值，可能还要覆写局部反馈）。这些预测接着被吸纳到先验信息中，以改进对未来的预测。

95

尽管应变稳态和内稳态的关键区别在于应变稳态具有前瞻性的特征，而内稳态与之相反，具有被动反应的特征，但它们在其他一

---

[22] "应变稳态"一词从希腊词根"allo"和"stasis"而来。其中，"allo"意为不正常或偏离正常的，"stasis"意为保持不变或稳定。因此，应变稳态涉及在面对不确定情况时，为了实现稳定的目标而对变化做出的适应。关于应变稳态及其与内稳态之间关系的概述，请参阅彼得·斯特林（Peter Sterling）的文章《应变稳态原理》（*Principles of Allostasis*）[169] 和《应变稳态：预测行为的模型》（*Allostasis: A Model of Predictive Behaviour*）[170]。这些文章强调，有效的调节要求对需求进行预测，并在它们出现之前就做好准备满足它们："大脑监控大量的外部和内部参数，以预测不断变化的需求，评估优先级，并在它们导致错误之前就使生物体做好满足它们的准备。大脑甚至能在出现错误信号之前预测自己的局部需求，增加流向特定区域的流量。"[170] 尽管人们可以把应变稳态看作是内稳态的补充机制，但斯特林指出，应变稳态的提出是用于作为生理调节核心模型的内稳态的一个潜在替代。

些重要方式上也存在差异。应变稳态系统适应变化，而内稳态系统抵制变化。此外，应变稳态在更高层级的组织中产生，包含更多的子系统，以一种协调的方式共同作用。与此相反，内稳态的机制则在更简单的负反馈控制层级运行。[23]

应变稳态侧重于前瞻性调节这一点极大地反映了认知的预测本质。我们将在第 4.8 节再次讨论自治性与认知之间的联系。图 4.3 阐明了内稳态和应变稳态之间的本质区别。

4.3.5　自组织和涌现

自组织与自治性密切相关，这是另一个难以界定的概念。[24] 自组织的一个定义如下：

> 一种过程，在这个过程中，系统全局层级上的模式只从系统底层组件的大量交互中涌现。执行用于指定系统组件间交互的规则时只使用局部信息，而不参照全局模式。[25]

----

[23] 有关应变稳态与内稳态区别的更多详情，请参阅彼得·斯特林的文章《应变稳态原理》[169] 和《应变稳态：预测行为的模型》[170]。也请参阅约安·蒙泰安（Ioan Muntean）和科里·赖特（Cory Wright）的文章《自治智能性、人工智能与应变稳态》（*Autonomous Agency, AI, and Allostasis*）[171]。

[24] 玛格丽特·博登指出，自治性、自组织和自由（freedom）这三个概念的难以琢磨是众所周知的，不可能在不考虑其他两个概念的基础上正确理解第三个概念 [150]。在本书中，我们没有明确考虑自由这个概念，因此我们建议读者自己去阅读博登的社论，以了解自由在自治性中的作用。

[25] 自组织的这一定义源于《认知科学百科全书》[85]。

96

一般来说，产生于自组织的模式，如斑马皮毛上的条纹，源于局部激活与抑制过程之间的平衡。

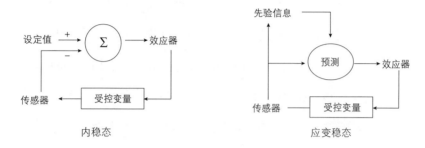

图 4.3　内稳态和应变稳态是自我调节的不同方式。内稳态感知受控变量与设定值的偏差并使用负反馈来修正错误，从而保持受控变量的值恒定。应变稳态则通过预测所需水平来改变控制变量并通过覆写局部反馈来满足预期要求 [170]。

涌现 [26] 也指包含了系统中相互作用的组件和因此产生的全局模式的过程。但在这种情况下，全局模式是作为与组件的底层组合有本质区别的东西涌现的，最重要的是，它们不仅仅是单个组件贡献叠加的结果：它们不是仅仅"加在一起"产生结果。这个过

26　对涌现和相关的反还原论（anti-reductionism）、从属关系和向下因果（downward causation）等问题的哲学论述感兴趣的读者，可以在马克·比克哈德和唐纳德·坎贝尔（Donald Campbell）[172] 的一篇文章中找到许多见解。阿尼尔·塞思提供了一份涌现的技术介绍 [153]，区分了名义涌现（nominal emergence）、弱涌现（weak emergence）和强涌现（strong emergence）。强涌现认为宏观层面的属性原则上无法从微观层面的组件的观察中推断出来，它们具有不可推断的因果力量，即它们的产生仅仅是因为涌现行为的存在。这些因果的力量指向涌现模式出现的组件行为。这种从宏观到微观的因果关系被称为向下因果关系（downward causation）（另请参阅第 4.3.8 节）。

程还涉及一些其他的东西，可能是由于局部组件组合在一起形成全局模式的一种特殊的非线性形式，但也可能是由于系统的局部交互和全局模式之间的相互影响。这种自组织形式产生了具有明确的同一性或行为的系统，这是由两个因素造成的：①从局部到全局的决定（local-to-global determination）和②从全局到局部的决定（global-to-local determination）。在从局部到全局的决定中，涌现过程的全局同一性由局部交互构成和制约。在从全局到局部的决定中，全局同一性及其与系统环境的交互制约着局部交互。[27] 这有时被称为涌现自组织（emergent self-organizaiton）（请参见第 1.4 节和图 1.8）。事实上，自组织也被定义为"秩序自发地从有序程度较低的来源中涌现（和维持）"。[28] 这一定义提供了自组织、涌现和自治性之间的关键联系：自组织来源于系统固有的自发特征（可能涉及与环境的交互），而不是由某种外力或智能体强加的。换句话说，涌现自组织是自治的，反之亦然，自治系统通常包含某种形式的涌现自组织。

4.3.6 自我生产和自我建构：自创生和组织闭合

涌现自组织产生了一种也以自我生产为特征的特殊的生物自治

---

27 《生成：迈向认知科学的新范式》[48] 一书对涌现自组织这一概念和其中涉及的局部到全局和全局到局部相互作用的两个因素进行了讨论。

28 自组织的这个定义由玛格丽特·博登提出，摘自她的社评《自治性：这是什么？》[150]。

性的观点。不仅存在相互的局部到全局和全局到局部的交互，而且交互的本质是重新创建产生全局系统的局部组件。这是本质上的构成自治性。组件可以是物理实体或逻辑组织实体。

表现出构成自治性的系统会在不稳定的条件下积极地产生并维持它的存在和系统同一性，即在缺乏某种适当形式的涌现自组织和相关行为的情况下，这种不稳定的条件会导致系统停止并导致其同一性被损毁。

构成自治性与被称为"组织闭合"的概念密切相关。众所周知，弗朗西斯科·瓦雷拉将组织闭合等同于自治性：

> 自治系统是由其组织定义为统一体的机械（动力学）系统。我们可以说自治系统是组织闭合的。也就是说，其组织以过程为特征，使得①过程作为网络相互关联，因此它们在过程本身的生成和实现中递归地相互依赖，并且②它们构成了作为在过程存在的空间（域）中可识别的统一体的系统。[97]

温贝托·马图拉纳与弗朗西斯科·瓦雷拉随后将自治性定义为"将所有变化都从属于组织维护的状态"。[29]

---

29 自治性这个定义出现在《自创生与认知——生命的实现》（*Autopoiesis and Cognition: The Realization of the Living*）[96] 的术语表中。

组织闭合是一种特殊形式的自我生产自组织的必要特征，[30] 在生物化学层级（例如细胞）中工作。这种自我生产自组织被称为自创生，由马图拉纳与瓦雷拉于 20 世纪 70 年代[31] 提出，定义如下：

> 自创生系统被组织为（定义为一个统一体）组件生产（转化和破坏）过程的网络，组件①通过它们的交互作用和转化持续地再生产和实现生产了它们的过程（关系）的网络，并且②通过将其实现的拓扑域（topological domain）指定成这样的网络，将它（机器）构成它们存在的空间中的一个具体的统一体。[97]

因此，自创生系统是确实能够自我生产的自组织系统。马图拉纳与瓦雷拉后来拓展了这个概念以处理一般意义上的自治系统，并在这个情境下将其称为操作闭合（operational closure），而不是生物

30　自创生，源自希腊语 αυτός（autos, 意为自我）和 ποιειν（poiein, 指制造或生产），因此指自我生产。

31　温贝托·马图拉纳与弗朗西斯科·瓦雷拉关于自创生的开创性工作被记录在 1970 年马图拉纳 [94] 所著的《认知生物学》（*The Biology of Cognition*）一书中，以及随后于 1975 年发表的论文《生命的组织：生命组织理论》（*The Organization of the Living: A Theory of the Living Organization*）中 [95]。权威性的阐述包括在 1980 年合著出版的《自创生与认知——生命的实现》（*Autopoiesis and Cognition: The Realization of the Living*）一书中。1987 年，他们还在一本名为《知识之树——人类理解的生物学根源》（*The Tree of Knowledge: The Biological Roots of Human Understanding*）的书中对自己的立场做了通俗易懂的论述。瓦雷拉里程碑式的著作《生物自治性原理》（*Principles of Biological Autonomy*）[97] 于 1979 年出版。

化学领域特有的自创生 [32]。

4.3.7 自我维护和递归自我维护

马克·比克哈德在远离平衡态系统（far-from-equilibrium systems）中的自我维护和递归自我维护概念中也说明了这些组织原则。[33] 自我维护的系统提供系统维护所必须的条件，即保持系统的运行。与此相反，递归自我维护系统表现出更强的自治形式，因为它们能够依据环境条件部署不同的自我维护过程，当环境条件需要时补充不同的自我维护过程。自我维护和递归自我维护分别与自组织和涌现自组织（构成自治性）的概念一致。

4.3.8 持续互为因果关系

在前面三节中，有一个反复出现的主题：部分与整体之间的循

---

[32] 术语"操作闭合"和"组织闭合"可能令人困惑，因为在一些较早的出版物中，如 [97] 中，瓦雷拉指的是组织闭合。但是在后面的著作中（如马图拉纳与瓦雷拉的著作，如 [14] 中，以及其他人的著作，如 [48] 中），这个术语被操作闭合替代。但是，正如汤姆·弗勒泽和汤姆·齐姆克所指出的，当人们想要识别任何一个被观察者确认为是自包含并与其环境参数耦合，但不受环境控制的系统时，适合用操作闭合一词。另一方面，组织闭合描述的是表现出某种形式的自我生产或自我建构的操作闭合系统 [104]。

[33] 马克·比克哈德在一篇题为《自治性、功能与表征》（*Autonomy, Function, and Representation*）[13] 的文章中提出了自我维护和递归自我维护概念。可以说，这两个概念是对温贝托·马图拉纳与弗朗西斯科·瓦雷拉在他们的自创生、组织闭合和操作闭合过程中提出的自我建构和自我生产观点的概括。

环关系，局部因素与全局因素之间的循环关系。涌现和涌现自组织的特征似乎在很大程度上依赖于动态的可重入结构。这与持续互为因果关系（continuous reciprocal causation，CRC）的概念相关，当某个系统既持续影响着另一系统的活动，同时又受到该系统活动的影响时，就会发生这种情况。[34] 换言之，一个系统对第二个系统造成影响，而第二个系统又反过来影响第一个系统，强化动态并使过程继续：一个典型的循环过程。持续互为因果关系也可以在单个系统中发生。在这种情况下，每个系统组件的因果贡献部分地决定了大量其他系统组件的因果贡献，同时也部分地被后者决定。这种单个系统的持续互为因果关系通常被称为循环因果性或循环因果关系（circular causation）。[35] 尽管在这个整体系统中，循环因果关系可以发生在不同的子系统之间，但它更常反映的是全局系统动态（整体）和局部系统动态（部分）之间的相互作用。换句话说，循环因果关系存在于系统和子系统的不同层级之间。这种系统中宏观层级对微观层级的影响可以用向下因果关系（downward causation）来表

99

---

34 安迪·克拉克 [24] 的文章《时间与心智》（*Time and Mind*）对持续互为因果关系概念进行了深入的讨论。

35 斯科特·凯尔索在《动力学模式——大脑与行为的自组织》[21] 一书中使用了"循环因果性"一词，而安迪·克拉克在他的《此在：重新汇聚大脑、身体与世界》（*Being There: Putting Brain, Body, and World Together Again*）[23] 一书中则使用了"循环因果关系"一词。克拉克举了一个直观的例子："思考一下，群体中若干个体的行动如何联合起来往一个方向冲，以及随后如何吸收并塑造摇摆不定的个体的行动，维持和加强集体运动的方向。"

述。[36] 在循环因果系统中，全局系统行为影响系统组件的局部行为，但正是组件之间的局部交互决定了全局行为。因此，在生物自治性中，全局行为决定了系统组件的参与程度，而全局行为又反过来被组件之间通过因果互为反馈回路的相互作用决定。听起来令人困惑不解？的确如此！就像你想的那样，循环因果性和向下因果关系的建模仍然是一个尚未有定论并且重要的研究问题。尽管其本质——以及这里的概述——明显深奥难懂，但它确实具有非常实用的价值。为了看到这一点，我们接下来考虑一个受生物启发但被软件工程需求驱动的主题。

4.4 自治系统

在计算机技术领域，许多人的终极目标是开发一个只要简单打开设备就可以让其自行运行的软件控制系统，如果有预料之外的事情发生，系统会自行解决。这一理想的能力通常被称为自治计算（autonomic computing）。[37] 这个术语的提出者，IBM 公司副总裁保

---

36 阿尼尔·塞思在《通过格兰杰因果性测量自治性和涌现》（*Measuring Autonomy and Emergence via Granger Causality*）[153] 一文中讨论了向下因果关系的概念，即循环因果性中全局到局部或宏观到微观的方面。在这个过程中，全局系统行为在因果上对个体系统组件产生影响。

37 据杰弗里·凯法特（Jeffrey Kephart）和戴维·切斯（David Chess）在电气电子工程师学会计算机协会（Institute of Electrical and（转下页）

罗·霍恩（Paul Horn），将自治计算系统定义为管理员给定高层级目标后，能够自我管理的系统。因此，自治计算与我们上文讨论过的从属自治性的概念是高度一致的。自治计算这个术语的灵感源于哺乳动物的自主神经系统，即神经系统中自动运行以调节心跳、呼吸和消化等生理功能的部分。因此，自治计算通常与自我调节的生物自治性，特别是内稳态和应变稳态高度一致。自治计算系统旨在展现几种操作特征，包括自配置、自修复、自优化和自保护的能力[38]，以及其他特征。[39]进而产生的问题是：我们如何建构这样的计算系统？我们应当关注自治还是认知？我们在第 4.8 节再讨论这些问题。

4.5 不同规模的自治性

值得注意的是，自治性适用于不同的规模（scales）。意味着自治性出现在层级结构中的不同层级，这在自然系统中是显而易见的。

（接上页）Electronic Engineers, IEEE）的《计算机》（*Computer*）杂志上发表的《自治计算展望》（*The Vision of Autonomic Computing*）一文中的观点 [173]，自治计算一词是由 IBM 副总裁保罗·霍恩于 2001 年 3 月在哈佛大学美国国家工程院发表的主题演讲中提出的 [174]。

[38] IBM 的白皮书《自治计算的架构蓝图》（*An Architectural Blueprint for Autonomic Computing*）[175] 中描述了自治计算的特征——自配置、自修复、自优化和自保护。

[39] 詹姆斯·克劳利（James Crowley）及其同事建议自治系统应具备自监控、自调节、自修复和自描述的能力；请参见 [176]。

例如，想象一个蚁群和该蚁群里的一只蚂蚁：它们都表现出自治的特征，但是这只蚂蚁的自治性从属于蚁群的自治性。一个生态系统，比如潮汐湖，在很长一段时间内也可能表现出自治性，作为一个完整的系统自我调节以保持生态系统的健康。在生态系统中有许多附属自治系统：物种和个体。同样地，生态层级某一层里的一个自治个体，在被看成更大规模系统的组件或元素时，可能就是从属的，并因此表现出更弱的自治性。

4.6　目标

回顾一下本章开篇提到了让自治系统设定它们自己的目标，我们注意到这种目标设定能力带来了一个有趣的问题。如果一个系统，无论是自然的或是人工的，是自治的并且是自我控制的，有自己决定的目标，那么你如何让它为别人（例如，与它交互的人）做一些有用的事情呢？[40] 这与某些类型的自治性尤其相关，例如可调自治性、共享自治性和从属自治性，在这种情况下，系统的自治性被有意地同与其交互的智能体的需求和要求相权衡。这种服务于两个或

101

---

[40] 作者在一篇题为《协调自治与效用：认知发展的路线图和架构》（*Reconciling Autonomy With Utility: A Roadmap and Architecture for Cognitive Development*）[177] 的短文中讨论了自治系统为自己设定的目标与另一智能体希望其追求的目标之间的矛盾。

两个以上智能体需求的目标平衡通过共生关系完美地体现出来，在这种共生关系中，两个或两个以上的自治系统在保持专注各自目标且不牺牲自治性的前提下，为了互惠互利而交互。

对于人工自治系统来说，这个问题甚至更加尖锐，因为系统外部设计者的需求与系统同时设定自己的目标（或采纳其他智能体的目标）并自治地维持自己的需求之间存在明显的冲突。用伊齐基尔·迪保罗和饭冢博幸（Hiroyuki Iizuka）的话来说："这是自治的明显悖论。在某种意义上，系统应该自我建构，设计者应该更少干预，但系统同时应该更智能地参与到设定正确动作的过程中。"[41]

4.7 自治性的测量

到目前为止，我们对自治性的讨论完全是定性的：还完全没有讨论过什么类型的机制或算法可以用于在系统中实现自治性，甚至没有对自治系统的某些形式化数学理论做出示意。在很大程度上，这是因为尚不存在这样的理论，至少还没有成熟的被证明的理论。但是，这并不意味着人们没有尝试过。这一努力的一个自然起点是

---

[41] 这段引文摘自伊齐基尔·迪保罗和饭冢博幸的论文《如何（不）对自治的行为建模》（ *How（not）to Model Autonomous Behaviour* ）[178]。

尝试测量自治性，因为没有测量和定量评估就很难衡量进展。[42] 然而，尽管自治性很重要，而且人们普遍认为需要量化和测量系统的自治性（或其自治的程度），但这种测量手段仍然很少。一种补救的尝试是信息－理论[43]测量方法，该测量方法基于自治系统不应受其所在环境支配，而应决定自身目标的观点。特别是，它使用了系统与其环境之间的共有信息（一种形式化的信息－理论概念）由环境或系统本身引起的程度。这被称为因果自治性（casual autonomy）。[44] 目前，还不确定这种自治性测量方法是否可用于表现出自我参照和自我维护的自治系统中。与这个领域的许多其他问题一样，对这样一种测量方法的搜索仍在继续。另外一种相关的定量测量，G－自治性（G-autonomy）所基于的前提是：一个自治系统并不完全由其环境决定，一个随机系统不应该有高度自治性。[45] 从本质上说，一个 G－自治性系统是"一个通过考虑自身的过去状态来增强对其未来进化的

102

---

[42] 亚历克斯·迈斯特尔在白皮书《自治系统的性能和智能测量：建构系统的智能度量》[162] 中解释研讨会目标时评述，在推进自治性理论方面要取得进展很难。

[43] 信息－理论方法是建立在被称为信息理论的数学分支上的。它源于克劳德·香农的开创性著作，特别是在 1948 年发表的著名论文《通信的数学理论》（ A Mathematical Theory of Communication ）[179]。这项工作建立在将信息视为降低事件结果的不确定性及其数学对等熵这一形式化观点的基础之上。

[44] 因果自治性：自治性的定量测量；更多细节请参阅尼尔斯·伯钦格及其同事 [154] 的论文《自治性：信息－理论视角》（ Autonomy: An Information-Theoretic Perspective ）。

[45] G－自治是由阿尼尔·塞思在《通过格兰杰因果性测量自治性和涌现》[153] 一文中提出的一种定量测量，以尼尔斯·伯钦格及其同事的著作为基础。

预测的系统，而不是基于一组外部变量的过去状态进行预测"。G-自治性的测量基于格兰杰因果关系（Granger causality）的统计概念，依据这一概念，如果使用 A 的历史信息能比只基于 B 的过去更准确地预测 B 的未来，就认为 A 信号导致了 B 信号。[46]

4.8　自治性与认知

我们在第 1 章中说过，自治性在某种程度上是认知系统的一个重要属性，即令认知系统在没有人类协助的情况下运行。现在我们会发现，也许我们应该颠倒顺序，反过来说，认知可能是自治系统的一个重要属性。从生物自治性的角度来看，情况当然如此。这是我们理解认知和自治性的一个重要转变，所以让我们花一些时间来梳理一下。

在第 1 章中，我们提到认知包括感知环境、从经验中学习、预测事件结果、采取行动追求目标以及适应不断变化的环境的能力。我们也提到，从认知系统在没有人类干预的情况下运行这一意义上讲，认知系统一般而言是自治的。但认知系统并不一定必须自治：

---

[46] 有关格兰杰因果性的详细论述，请参阅克莱夫·格兰杰（Clive Granger）[180] 的论文《用计量经济学模型和交叉谱法研究因果关系》（*Investigating Causal Relations by Econometric Models and Cross-Spectral Methods*）和阿尼尔·塞思的《格兰杰因果性》（*Granger Causality*）[181] 一文。

知觉、学习、预测、行动和适应这些特征同样可以存在于依赖人类
输入的系统中。能够这样完全独立地——自治地——运行当然是一
个非常有用的属性，但并不是必须的。

　　另一方面，一个自治系统，当然也是一个反映生物自治性的系
统，有一个明确的重点，那就是系统在一个可能不是很合作和有帮
助的世界里维护自治性：正如我们上文所说的，是在不稳定的环境
中。对于这样一个自治系统而言，拥有部分或全部的知觉、学习、
预测（或预期）、行动和适应能力——换言之，一种认知能力——可
能大有助益，因为这些能力有助于维持系统的自治性。它也可能有
助于追求自治系统为自己设定的内隐或外显的目标。但是，可以想
象，自治系统在没有这种认知能力的情况下同样可以自治。尽管在
这种情况下，自治可能不是很稳健，特别是如果系统运行的环境非
常不稳定或总是变化时。

　　可以说，自治性与认知的关系是重叠和互补的：一部分（并非
所有的）认知系统是自治的。同样，一部分（并非所有的）自治系
统具有认知能力（见图 4.4）。[47] 这种观点与图 4.1 中自治智能体的
二维描述——任务熵和自动化程度——以及相关的自治性强度和
自治性程度概念，特别是通过认知实现自治性强度增加等观点非常
吻合。

---

[47]　并不是每个人都认同没有自治性也可以有认知能力的观点。例如，马克·
　　比克哈德指出，"认知的基础是自适应的、远离平衡态的自治性——递归
　　自我维护的自治性"（参见本章页下注 33）。

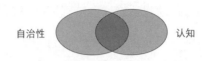

自治性   认知

图 4.4　自治性和认知是两个重叠且互补的系统属性：一部分（并非所有的）认知系统是自治的。同样，一部分（并非所有的）自治系统具有认知能力。

4.9　各种类型的自治性

在本章开头，我们提到了 19 种不同的自治性。[48] 在详细讨论与自治性有关的各种问题之后，现在我们可以开始逐一探讨这 19 种自治性，强调它们的主要特征。

自适应自治性　汤姆·齐姆克在他的论文《论情感在生物和机器人自治性中的作用》[152] 中使用术语自适应自治性和认知自治

48　这些并不是自治性仅有的几种类型。其他类型的自治性也常常被提出用以辅助对这个主题进行系统的探讨。例如，迈克尔·席洛（Michael Schillo）和克劳斯·费舍尔（Klaus Fischer）依据智能体对其他智能体的依赖性来确定自治性的形式。包括技能与资源自治性、目标自治性、表征自治性、道义自治性（服从于另一智能体的授权）、计划自治性、收益自治性、出口自治性和加工自治性 [182]。同样地，科斯明·卡拉贝莱亚、奥利维尔·布瓦西耶和阿德纳·弗洛雷亚在他们的论文《多智能体系统中的自治性：分类尝试》[161] 中确定了五种自治性——用户自治性、规范自治性、社会自治性、环境自治性和自我自治性。在论文《创建自治性：（社会）环境与智能体的架构和权力之间的辩证法》中，克里斯蒂亚诺·卡斯泰尔弗兰基和里诺·法尔科内依据智能体的授权水平确定了三种自治性——执行自治性、规划自治性和目标自治性——以及规范自治性和社会自治性的概念。

性（cognitive autonomy）指代复杂生物体中更高级的自治性。一般而言，这些术语指的是管理系统与其环境交互的过程，而不是与系统内部组织和幸福感（well-being）相关的较低级的构成过程（请参见本节以及第 4.3 节中的构成自治性）。萨比尔·巴兰迪亚兰（Xabier Barandiaran）在一篇题为《行为自适应自治性：人工生命向人工智能发展途中的里程碑?》（*Behavioral Adaptive Autonomy: A Milestone on the Alife Route to AI?*）[183] 的论文中以大致相同的方式使用了术语行为自适应自治性。他将其定义为："在生存能力的约束下，通过与环境（智能体）耦合的自我调节行为来维护基本变量的内稳态（自适应性），并与代谢（建构）过程（领域特定性）分层解耦。"这些代谢建构过程也就是汤姆·齐姆克提到的构成过程。

依据这一观点，自治性有两个互补的方面：一个是建构，涉及有效管理正在进行的系统重建的构成代谢过程，另一个是交互，涉及确保环境条件正确以促进建构代谢过程。从非常宽泛的意义上来说，这就像为了生存进食和一开始就为了确保有东西可吃而觅食之间的区别。这两个方面共同体现了初级自治性："为了调节自我维护所需要的物质流和能量流，远离平衡态和热力学开放系统的组织自适应地产生内部和交互的约束"[183]（见下文初级自治性）。

可调自治性　可调自治性的概念是在论文《可调自治性与混合式主导交互的维度》[158] 中形成的，这篇文章基于 2003 年 7 月在澳大利亚墨尔本举行的首届计算自治性国际研讨会（First International Workshop on Computational Autonomy）上发表的一篇论文。同年，这

105

个词也被用在一篇论文的标题中《自组织与可调自治性：同一枚硬币的两面？》（*Self-Organization and Adjustable Autonomy: Two Sides of the Same Coin?*）[184]。可调自治性与共享自治性、滑动自治性和从属自治性的概念相关。这些都与在由人类和机器共同完成任务的情况下，实现人类控制与智能体或机器人自治性之间的平衡有关。

智能体自治性　有一本书专门讨论智能体自治性这一主题 [185]。它讨论了自治性和智能体之间关系的许多方面：代表另一个智能体（如人类或计算机程序）独立执行某些功能或操作的软件实体。我们在第 3 章 3.4.3 节讨论的 ISAC 认知架构就是由软件智能体建构的。

初级自治性　凯帕·鲁伊斯－米拉佐（Kepa Ruiz-Mirazo）和阿尔瓦罗·莫雷诺（Alvaro Moreno）在《作为生命合成基本步骤的初级自治性》（*Basic Autonomy as a Fundamental Step in the Synthesis of Life*）[186] 一文中提出了初级自治性这个术语。他们用该词来表示系统管理通过系统的物质流与能量流的能力，这里的系统具有调节——修改与控制——系统自身的自我建构和与环境交互的初级过程这一特定目的。自我建构的过程与自创生概念（参见本章页下注30）以及递归自我维护（参见本章页下注33）概念密切相关，而交互的一面则与（行为的）自适应自治性概念相关。

行为自治性　汤姆·弗勒泽、纳撒内尔·弗戈和爱德华多·伊斯基耶多在论文《自治性：回顾与重新评价》[151] 中讨论了行为自治性的概念。该术语用于描述与自治系统内部组织方面（被称为构

106

成自治性）相区别的自治系统的外部方面。

信念自治性 信念自治性指的是智能体能够对自己的信念施加控制的程度以及依靠他人建构自己的信念模型的程度。正如苏珊娜·巴伯（Suzanne Barber）和吉森·帕克（Jisun Park）在《开放多智能体系统中的智能体信念自治性》（*Agent Belief Autonomy in Open Multi-Agent Systems*）[187] 一文中指出的那样，这补充了将自治性视为智能体决定其自身目标的程度的观点，它强调了信念和目标之间的相互依赖。巴伯和帕克建议，智能体应该根据其他智能体提供的信息可信度、该信息对智能体信息需求的贡献程度以及就及时性而言获取该信息的成本，替自己为给定目标选择合适的信念自治性程度。

生物自治性 弗朗西斯科·瓦雷拉的《生物自治性原理》[97] 或许是被引用最多的著作之一。对于对这个主题感兴趣的人来说，这本书是必读的。瓦雷拉的论点是，生物自治性源于一种被称为自创生（参见本章页下注 30）的特殊形式的自组织。伊齐基尔·迪保罗在《人工生命》（*Artificial Life*）的一期特刊——《为生物自治性解绑：弗朗西斯科·瓦雷拉对人工生命的贡献》（*Unbinding Biological Autonomy: Francisco Varela's Contributions to Artificial Life*）[188] 的介绍中就瓦雷拉的贡献进行了深刻的评论。另一方面，汤姆·齐姆克的论文《论情感在生物和机器人自治性中的作用》[152] 强调了生物自治性和机器人自治性之间的关系（请参见本节的机器人自治性）。

因果自治性 因果自治性这个术语是在对自治性进行定量测量的背景下产生的（请参见第 4.7 节）。特别地，尼尔斯·伯钦格及其同事在《自治性：信息 – 理论的视角》[154] 一文中使用因果自治性这个术语来定义在已知自治系统与环境之间存在交互结构的情况下的自治性测量。他们在结论中指出，将其测量拓展用于通常由生物自治性，特别是自我参照系统和自我维护系统展现出的情况这一问题还没有得到解决（例如，请参见本节的生物自治性）。

构成自治性 构成自治性指的是自治系统的内部组织特征，而不是外部的行为。更多细节，请参见《自治性：回顾和再评价》[151] 和《生成人工智能：关于生命和心智系统组织的研究》[104]。本书第 4.3 节中的正文部分也探讨了构成自治性和构成过程。

能量自治性 能量自治性（或能量的自治性，enegertic autonomy）指的是智能体在较长一段时间内供给自身能量需求的能力。例如，克里斯·梅尔休伊什（Chris Melhuish）及其同事尝试在移动机器人中使用微生物燃料电池（microbial fuel cell，MFC）来实现这一目标。微生物燃料电池可以将昆虫和植物材料形式的未提炼的生物质转化为有用的能量。他们的论文《能量自治机器人：值得思考的问题》（*Energetically Autonomous Robots: Food for Thought*）[189] 以及《用于机器人的微生物燃料电池：通过人工共生实现能量自治性》（*Microbial Fuel Cells for Robotics: Energy Autonomy Through Artificial Symbiosis*）[190] 提供了更多的细节。通常来说，能量自治性是汤姆·齐姆克和罗布·洛在他们的论文《论情感在具身认知架构中的作用：从生物体到机器人》（*On the Role of Emotion in Embodied Cognitive Architectures: From Organisms to Robots*）[135] 中，以生物自治系统表现出来的内稳态过程层级结构为背景设定的。能量自治性占据层级结构的第一层，而内稳态过程用于调节"前躯体"过程，即反射驱动的反应性感觉运动活动，如实现能量消耗和能量支出之间的平衡（另见《论情感在生物和机器人自治性中的作用》[152]）。在内稳态过程的层级结构中，能量自治性被置于动机自治性和心理自治性的层级之下（参见下面的条目）。

心理自治性　心理自治性指的是在内稳态过程层级结构的第三层运行的过程（参见上文的能量自治性条目和下文的动机自治性条目）。心理自治性过程通过"躯体模拟"（somatic simulation）来调节身体，即通过使用扩展的工作记忆对行为和内感受（interoception，对内部状态的知觉）进行内部模拟，以实现像规划这样的高级认知功能的预测能力。在内稳态过程的层级结构中，心理自治性被置于动机自治性和能量自治性的层级之上。

动机自治性　动机自治性指的是在内稳态过程层级结构的第二层运行的过程（参见上文的能量自治性和心理自治性条目）。动机自治性过程通过"躯体调节"（somatic modulation）来调节身体，即通过诸如基于价值学习的过程，使用基本的工作记忆和感觉运动关联以及正强化和负强化，来实现基本的预测能力。在内稳态过程的层级结构中，动机自治性被置于能量自治性层级之上，心理自治性层级之下。

108

规范自治性 规范是在多智能体系统中约束智能体自治性的社会法律、惯例或组织结构。如果智能体可以违反或忽略该规范，则表现出规范自治性；参见科斯明·卡拉贝莱亚、奥利维尔·布瓦西耶和阿德纳·弗洛雷亚 [161] 的论文《多智能体系统中的自治性：一种分类尝试》以及克里斯蒂亚诺·卡斯泰尔弗兰基和里诺·法尔科内 [160] 的论文《创建自治性：（社会）环境与智能体的架构和权力之间的辩证法》。规范自治性是社会自治性的一种高级形式（参见下文的社会自治性）。

109　　**机器人自治性** 汤姆·齐姆克的论文《论情感在生物和机器人自治性中的作用》[151] 中讨论了机器人自治性和生物自治性之间的区别，他引用了阿尔瓦罗·莫雷诺及其同事在他们的论文《生物个体和人工模型的自治性》（*The Autonomy of Biological Individuals and Artificial Models*）[191] 中对构成过程和交互过程所做的区分。汤姆·齐姆克和阿尔瓦罗·莫雷诺指出，机器人自治性更多地倾向于与交互过程相关，而生物自治性则极其依赖构成过程。第 4.3 节的正文部分也对构成自治性和构成过程进行了探讨。

共享自治性 本杰明·皮策及其同事在 2011 年国际机器人和自动化会议（International Conference on Robotics and Automation, ICRA）上报告的论文中提出了共享自治性和可调自治性的概念 [163]。共享自治性和可调自治性都与滑动自治性和从属自治性（参见下文相应条目）的概念相关。这些都与在由人类和机器共同完成任务的情况下，实现人类控制和智能体或机器人自治性之间的平衡有关。

滑动自治性 布伦南·泽尔纳（Brennan Sellner）及其同事在论文《应对大规模组装任务的多智能体协同团队与滑动自治性》（*Coordinated Multi-Agent Teams and Sliding Autonomy for Large-Scale Assembly*）[192] 中使用了短语"滑动自治性"代替"可调自治性"，因为它表明自治性水平会随着环境变化动态改变。泽尔纳提出了自治性滑动尺度上的四种不同运行模式：完全自治性、系统主导的滑动自治性（System-Initiative Sliding Autonomy，SISA）、混合式主导的滑动自治性（Mixed-Initiative Sliding Autonomy，MISA）和遥控操作。"完全自治性不涉及人类，仅由自治行为和恢复行动构成。与此相反，在遥控操作中，人类完全控制了机器人。系统主导的滑动自治性允许操作员只有在自治系统要求时才进行干预，而在混合式主导的滑动自治性中，人类可以根据自己的意愿随时进行干预。这两种模式填补了遥控操作和完全自治性两种极端之间的空白。系统主导的滑动自治性的设计是为了模拟操作员资源稀缺，并且必须处理多个机器人团队或其他任务的情况。另一方面，混合式主导的滑动自治性体现的是人类可以更专注于观察团队活动的情况。"滑动自治性和可调自治性都与共享自治性和从属自治性的概念相关（请参见本节中的相关条目）。泽尔纳的论文关注的是在人类操作员协助下工作的异构机器人团队中的滑动自治性。

110

社会自治性 社会自治性的含义有多种解释。依据科斯明·卡拉贝莱亚、奥利维尔·布瓦西耶和阿德纳·弗洛雷亚的自治性分类 [161]，社会自治性涉及通过社会交互（social interaction）采纳其他智能体的目标。就社会自治性而言，如果智能体 X 可以拒绝采纳来自智能体 Y 的目标 G，那么在是否采纳目标 G 这件事情上，X 相对于 Y 来说是自治的。另一方面，克里斯蒂亚诺·卡斯泰尔弗兰基和里诺·法尔科内将社会自治性定义为"智能体在不依赖其他智能体干预的情况下有能力和条件去追求和实现目标"[160]，这个定义与用户自治性的概念类似。

从属自治性　亚历克斯·迈斯特尔在一次关于自治系统性能和智能测量的研讨会中使用的确切术语是"从属地自治"（subserviently autnomous）[162]。这意味着，虽然系统能够自治操作，但也可以被人类接管和控制。因此，从属自治性与可调自治性、共享自治性和滑动自治性（参见上文相应的条目）的概念相关。这些都与在由人类和机器共同完成任务的情况下，实现人类控制和智能体或机器自治性之间的平衡有关。

使用者自治性　一个智能体相对另一个智能体——使用者——而言在行动选择上是自治的，如果它可以在没有使用者干预的情况下做出选择。使用者自治性是科斯明·卡拉贝莱亚、奥利维尔·布瓦西耶和阿德纳·弗洛雷亚在他们的自治性分类中描述的五种自治性类型之一 [161]。另外四种类型是社会自治性、规范自治性、环境自治性（environment autonomy）和自我自治性（self-autonomy）。克里斯蒂亚诺·卡斯泰尔弗兰基和里诺·法尔科内 [160] 把使用者自治性称为社会自治性。

111

112

具身化

5.1 引言

上一章探讨了自治性和认知之间的各种关系。我们发现，这种关系给认知系统带来了问题。不幸的是，这样的问题不在少数。在第2章中，我们提到了一些问题，其中之一是智能体的身体在认知活动中的作用。当身体确实起作用时——并不是每个人都这么认为——我们通常使用简称具身认知。[1]我们将在本章进一步研究具身化，[2]

---

[1] 具身认知方面的著作很丰富，有时令人眼花缭乱。本章结语部分就从何处开始阅读提供了一些指导。

[2] 阅读具身化文献的一个很好的起点是罗恩·克里斯利（Ron Chrisley）和汤姆·齐姆克的一篇文章。这篇文章的标题凑巧就是《具身化》（*Embodiment*）[193]。文章扼要地综合了诸如嵌入的概念、是否需要表征、动力学的重要性、生物学的相关性、不同类型的具身化、具身化的哲学基础及其与认知科学的关系等主题。

解释具身认知的含义并讨论认知系统的生理机能、进化历史、实践活动以及社会文化环境对认知的影响方式。[3]然后我们思考关于具身认知的三个互补论断，概念化假说（conceptualization hypothesis）、构成假说（constitution hypothesis）和替代假说（replacement hypothesis）。[4]具身认知的这些方面建立在知觉与行动相互依赖的基础之上，我们将花一些时间讨论其神经生理学证据。接着我们研究具身化的不同形式。最后，我们探讨具身如何与情境认知（situated cognition）、嵌入式认知（embedded cognition）、扎根认知（grounded cognition）、延展认知（extended cognition）和分布式认知（distributed cognition）等概念相关联。

113　　首先我们要提醒自己的是，为什么具身化一开始就是一个棘手的问题。这取决于你对认知所持的立场，即你坚持的是认知主义范式还是我们在第 2 章中讨论的涌现范式。让我们简要回顾一下这两种视角。

3　迈克尔·安德森（Michael Anderson）的文章《具身认知：指导手册》（*Embodied Cognition: A Field Guide*）[194] 明确了具身的这四个方面：生理机能、进化历史、实践活动和社会－文化情境。

4　劳伦斯·夏皮罗的《具身认知》[83] 一书详细讨论了概念化假说、构成假说和替代假说。请参阅本章页下注 18,19 和 20。

5.2　具身化的认知主义视角

认知主义范式的本质是认知由定义在符号表征上的计算操作构成，这些计算操作不依赖于任何给定的实例。从认知主义范式的角度来看，身体是有用的，但不是必需的。认知主义系统不一定必须具身化，它们只需要被物理实例化。而且只要能支持认知主义认知架构的计算需求，物理实例化的形式并不重要。[5]物理身体可能有助于探索和学习，但绝不是必需的。

正如我们之前提到的，认知的认知主义计算模型与其作为物理系统的实例化之间的原则性解耦被称为计算功能主义。[6]计算功能主义的主要观点是，计算模型的物理实现对模型无关紧要：不管是计算机还是人脑，任何支持所需符号计算性能的物理平台都是可以的。不过，还是需要谨慎一些。计算功能主义是功能主义与计算主义（computationalism）的结合，两者是截然不同的概念。

功能主义认为心智相当于大脑的功能组织。计算主义认为大脑的组织是计算性的。那么，在计算功能主义看来，心智实际上是大脑的计算组织。功能主义本身不需要计算主义，计算主义本身也不需要功能主义。两者是截然不同的概念。然而，结合到一起后，计算功能主义实际上认为，心智是大脑或任何功能对等系统的软件。

5　认知主义认知架构：请参阅第 3 章 3.1.1 节。
6　计算功能主义：请参阅第 2 章 2.1 节和页下注 6。

114 这是一个重要的主张：

> 正如同一种类型的计算机程序的不同标记（tokens）可以在不同硬件条件下运行，计算功能主义要求心智是可以多重实现（multiply realizable）的。因此，如果计算功能主义是正确的，那么……心理程序也可以独立于它们在大脑中的实现方式来进行说明和研究，就像人们可以研究什么程序是（或应该）由数字计算机运行的而不用担心它们在物理上是如何实现的一样。[7]

这并不是说认知主义认知系统没有且不能具身化：它们当然可以具身化，而且经常就是具身化的。问题的关键是，只要它能够支持所需的计算，身体可以是任意形式的。换句话说，具身认知主义认知系统的身体在认知过程本身中并没有直接的作用：这完全取决于认知架构和构成认知模型的知识。[8]

---

[7] 有关计算功能主义细节的概述，请参阅瓜尔蒂耶罗·皮奇尼尼（Gualtiero Piccinini）的文章《心智是神经软件？理解功能主义、计算主义和计算功能主义》（*The Mind as Neural Software? Understanding Functionalism, Computationalism, and Computational Functionalism*）[195]。这段引文摘自这篇文章。

[8] 认知模型：请参阅第 3 章 3.1.1 节。

5.3 具身化的涌现视角

涌现范式的视角与认知主义视角完全相反：[9] 涌现系统本质上是具身的，并嵌入其周围的世界，通过与环境的实时交互来发展。这种发展有两个互补的方面：一个是系统作为一个独特实体的自组织[10]，另一个是该实体通过知觉和行动形式的交互与其环境耦合。[11]

耦合，通常被称为结构耦合[12]，是一个相互扰动的过程：认知系统扰动环境，反之亦然。耦合是因为相互扰动，而耦合是结构性的，因为这些扰动的本质是由智能体与环境的物理结构决定的。因此，结构耦合使认知系统与其环境以相互兼容的方式适应对方，这通常被称为共同决定。[13] 随着认知系统越来越擅长结构耦合，它在生命周期中的这种适应被称为发育，更正式地说是个体发生发育

115

9　具身的涌现视角和认知主义视角的鲜明对比在激进具身认知论点中尤为明显，它指出"结构化、符号化、可表征和计算性的认知观是错误的。研究具身认知最好使用非计算和非表征的思想和解释框架"[196]。

10　自组织：请参阅第 2 章 2.2.2 节和第 4 章 4.3.5 节。

11　在涌现范式中，尤其是在动力学和生成方法中，"知觉、行动与认知构成了单一过程"[197]，此过程在系统环境扰动的背景下是自组织的。

12　亚历山大·里格勒尔（Alexander Riegler）在他的论文《认知系统何时具身？》（*When is a Cognitive System Embodied?*）中对结构耦合进行了清楚的解释。他指出，结构耦合是一个交互的问题 [198]。此外，请参阅第 2 章 2.2.3 节和页下注 56。

13　共同决定：请参阅第 2 章 2.2.3 节和页下注 56。

(ontogenetic development)，或者就说个体发育（ontogenesis）。[14] 这种发育实际上是建立和扩大认知系统可以参与的相互一致（mutually-consistant）耦合空间的（认知）过程，即促进系统持续自治的知觉与行动。

现在从具身的角度来看，关键的部分在于：认知智能体感知世界的方式——它可能感知的空间——不是源于一个预先决定的，即纯粹客观的世界，而是源于系统在保持自治性的同时可以参与的行动。换句话说，正是认知智能体的特定具身化所促进和制约的可能行动空间决定了该认知智能体感知世界的方式。因此，通过这种个体发育，认知系统建构并发展了其对自己所嵌入世界的理解，即自身关于其所在世界因智能体和身体而异的知识。这种知识之所以有意义，正是因为它捕捉到了在面对环境耦合时从动态自组织中涌现出的一致性和不变性。从涌现的视角看，认知与身体行动密不可分，因为没有物理具身的行动，认知系统就无法发展。[15] 当我们继续探讨具身认知时，会多次回到这个主题。

---

14 个体发育：请参阅第 2 章 2.2.3 节。

15 具身化的这一主张——认知与身体行动是密不可分的，因为没有物理具身的探索，认知系统就没有发展的基础——是埃丝特·西伦和琳达·史密斯（Linda Smith）提出的发展的动力系统方法的核心论点。例如，请参见西伦的文章《时间尺度的动力学与具身认知的发展》（*Time-Scale Dynamics and the Development of Embodied Cognition*）[197]，西伦和史密斯的《认知与行动发展的动力系统方法》（*A Dynamic Systems Approach to the Development of Cognition and Action*）[199] 一书及其评论性文章《作为动力系统的发展》（*Development as a Dynamic System*）[200]。

5.4　具身化对认知的影响

　　对比我们在前两节中回顾的认知主义和涌现关于具身化的立场，不难发现二者对于身体在认知中的直接作用持相反的观点。在认知主义范式中，身体没有直接的作用。在涌现范式中，具身化起到了关键性作用，系统通过具身化建构对周围世界有意义的理解，由此可以在该世界有效地行动，从而与其所在世界耦合，保持自治性。这一主张虽然从认知系统涌现范式的视角来看是合理的，但过于抽象，无法帮助我们理解具身化在实践中的含义。因此，在本节中，我们将更具体地阐述具身化可能以何种方式影响认知系统的运行。

　　我们通过陈述一个人们普遍接受的观点来进行铺垫：具身认知论点。

　　　　认知的许多特点是具身的，因为它们在很大程度上取决于智能体物理身体的特征，所以身体（不包含大脑）在该智能体的认知加工中起到了重要的因果作用或物理构成作用。[16]

　　我们接下来的目标是研究构成这一论点的不同部分，以及区分人们对具身化的不同立场。在下一节中，我们将把这些立场形式化为

116

---

[16]　具身论点引自罗伯特·威尔逊（Robert Wilson）和露西娅·福利亚（Lucia Foglia）被收录到《斯坦福哲学百科全书》（*The Stanford Encyclopedia of Philosophy*）[201] 中的"具身认知"。

具身认知的三种不同假说。

具身化可以通过多种方式——认知系统的生理机能、进化历史、实践活动以及社会文化状况——对认知产生影响。让我们依次来看。

具身认知的支持者认为，一般来说，生理机能，尤其是生命系统的知觉和运动系统的生理机能，在定义认知概念和认知推理过程中都起着直接的作用。例如，你认为某样东西是粗糙还是光滑取决于你通过指尖的触觉传感器能感觉到什么。一个骑行的人眼中的陡坡，对于另一个训练有素且生理机能不同（能够以肌肉所需速度输送葡萄糖）的人来说，看起来就像是缓坡。

在第5.6节我们将发现，有证据表明，智能体的知觉不仅取决于环境中发生的事件以及感官对这些事件的传达，还取决于运动回路的状态。这种感官状态和运动状态的相互依赖进一步扩展，也包含了知觉（以及它们传递的概念）和行动（以及这些行动隐含的目标）之间的相互依赖。因此，知觉、行动与认知之间的界限变得模糊了（至少在涌现范式中是这样）。这并不是三个在功能上截然不同的过程，而是用于指导有效行动和保持智能体自治性的一个全局过程中的三个方面。知觉与行动的相互依赖意味着认知对认知智能体具身化以及具身化能实现的行动的依赖。这一影响是深远的：拥有不同类型身体的智能体对世界的理解不同。我们将在下文第5.6节和第5.7节讨论不同形式的具身化时更详细地探讨知觉与行动之间的相互依赖。目前，我们强调的是，知觉和通过认知活动建构的相关概念对具身化具体形式的依赖是具身认知以及一般涌现认知系统的基石。

具身化的重要性也体现在认知智能体的进化历史中。有时，我们推理事物的方式可以追溯到源自进化历史中更早阶段的那些更为原始的推理机制。我们经常以新的方式使用古老的（用进化的术语来说）认知能力。在某种意义上，这就如同为了不同的新目的重新调配一种远因能力。[17]智能体的具身化使得这些机制有可能通过其基因中的编码代代相传。

具身化在实践活动中也至关重要。我们解决问题的方式经常依赖于试错：尝试某个方案，看看效果如何，然后适应（例如，通过做个钩子去拿一个够不到的物体）。关键是，这些尝试取决于我们的身体能力、手的灵巧度和手臂可触及的范围。因此，认知与身体整体的大小、形状、运动能力息息相关。当我们参与到这一实践活动中时，我们会依据自身具身行动的能力来发展对环境的理解。因此，实践活动可以为特定智能体的特定经历赋予意义。

具身化的第四个方面是我们所说的社会－文化情境性（socio-cultural situatedness）。认知智能体往往也是社会智能体。就人类而言，情况肯定如此。因此，我们对物体或事件的意义的理解可能取决于社会和文化背景，即取决于我们和其他人过去交互的方式以及我们现在应当表现出的交互的方式。例如，同一个手势在不同文化中的含义可能完全不同。

这四个方面——生理机能、进化历史、实践活动和社会－文化

118

---

[17] 认知的远因和近因方面：请参阅第 1.2 节中远因与近因之间的区别。

情境性——反映了具身化在认知中的重要性。它们以这样或那样的方式反映了知觉与行动的相互依赖，尤其是随之产生的认知理解对取决于行动的知觉的依赖。

5.5 具身化的三种假说

我们可以从上文的讨论中发现两条截然不同的线索：具身化在智能体对世界的理解上所产生的影响，以及身体在认知过程中所起的直接作用。

认为系统的物理形态——形状或形式——及其运动能力会对认知智能体理解所处世界的方式产生直接影响的观点被称为概念化假说。[18]也就是说，智能体的身体特征决定了一个生物体能够获得的概念。因此，具有不同身体类型的智能体对世界的理解是不同的。

认为身体（可能还有环境）在认知加工中起着构成而不是支持作用，即认为身体本身是认知不可分割的组成部分的观点，被称为构成假说。[19]

---

[18] 在《具身认知》[83] 一书中，劳伦斯·夏皮罗将概念化假说表述为："生物体的身体属性限制或约束了生物体能够获得的概念。也就是说，生物体理解周围世界所依赖的概念取决于它所拥有的身体类型。因此，如果生物体的身体不同，那么它们对世界的理解也会有所不同。"

[19] 劳伦斯·夏皮罗将构成假说表述为"在认知加工中，身体或世界起着构成作用，而不仅仅是因果作用"[83]。

与概念化假说相比，构成假说提出了更有力的主张。认知不仅受到智能体的身体特征和状态的影响，而且智能体的身体及其动态变化也作为一种额外的认知资源增强了大脑功能。换句话说，身体的形态和运动方式能帮助它实现认知目标，不需要依赖以大脑为中心的神经加工。

具身认知的支持者有时会提到第三种主张：由于智能体的身体参与到了与其环境的实时交互中，因此不再需要表征和表征过程，这被称为替代假说。[20] 这一假说的要点是，认知系统不需要表征任何东西，无论是计算上的还是其他方面的，因为它所需要的所有信息可以通过感觉运动的交互立即获取。罗德尼·布鲁克斯（Rodney Brooks）用"世界是它自己最好的模型"这句话巧妙地表达了这种非表征的立场。[21]

替代假说与构成假说相关。如果我们将身体视为一种额外的认知资源（即构成假说提出的立场），那么也可以说身体正在取代一些传统上属于大脑的加工。而且，这正是替代假说的重要部分，这样一来就不再需要对智能体所在的以大脑为中心的神经系统所表征的世界，从而将其替代为基于知觉－行动耦合的完全不同的动力系

119

---

[20] 替代假说通常与涌现范式中的动力系统方法相关联（请参阅 2.2.2 节），并与激进具身认知论点（请参阅本章页下注 9）有很多相似之处。

[21] "世界是它自己最好的模型"出自罗德尼·布鲁克斯的《大象不下棋》（*Elephants Don't Play Chess*）[202]。

统。[22] 例如，一个使用被动动力学理论并适当配置的身体，不需要任何中央控制器也可以产生行走步态，[23] 一组智能体的协调性活动，如群集、放牧和狩猎，不需要任何共享表征的控制中枢也可以实现，当一个人看到球时，只需以可以引发特定知觉模式的速度和方向跑起来就能拦截并接到被高高抛起或击到空中的球。同样，这完全是通过将行动与（期望的）知觉相匹配来实现的，并不需要建模、表征或预测球的轨迹。

与概念化假说和构成假说比起来，替代假说不但提出了更有力的主张，也更具争议性，即便是在具身认知的支持者中也是如此。[24] 其中一种反对替代假说的主张认为替代假说的支持者，至少是那些否认需要任何类型的表征及表征加工的强硬派，所列举的论据没有一个是表征饥渴（representation hungry）的[25]，即这些例子

---

22 安德鲁·威尔逊（Andrew Wilson）和萨布丽娜·戈龙加（Sabrina Golonka）在他们的文章《具身认知并不是你所想的那样》（*Embodied Cognition is not What You Think It Is*）[203] 中提出了许多支持替代假说的论点，并给出了多个例子说明具身如何去除认知中传统表征的需要。

23 更多关于被动动力学行走的内容请参阅 [204]。

24 玛格丽特·威尔逊（Margaret Wilson）在她的文章《六种具身认知观》（*Six Views of Embodied Cognition*）[205] 中讨论了替代假说的争议性。这六种观点大致是：认知是情境的，认知具有时间压力，我们把认知工作负荷卸载到环境中，环境是认知系统的一部分，认知是为了行动，以及离线认知是基于身体的。

25 表征饥渴问题的概念是由安迪·克拉克和约瑟法·托里维奥（Josefa Toribio）在论文《没有表征也行？》（*Doing Without Representing?*）[206] 中提出的，并在安迪·克拉克的《智库》[33] 一书中得到了进一步的讨论。

涉及的问题要求认知智能体在即便与物理情境没有任何直接联系的情况下也采取行动，这在认知中很常见，例如预测是否需要某个行动。

概念化假说、构成假说和替代假说也可以用略微不同的方式来表述，把身体的作用看成约束认知、分配认知和调节认知活动。[26] 概念化假说实际上归结起来就是身体约束或制约认知。构成假说实际上指的是认知加工分布在智能体生理机能的神经和非神经部分，要么简化大脑必须做的事情，要么完全承担大脑的责任。最后，替代假说取决于认知与行动的强耦合，身体充当认知活动的调节器。

5.6 具身立场的证据：知觉与行动的互相依赖

如上文所述，具身认知的两个主要论点是：①认知智能体的身体是认知过程的组成部分；因此，②认知概念和认知活动直接取决于智能体拥有的身体的形式和能力。我们认为这意味着感官数

---

[26] 在《斯坦福哲学百科全书》[201] 中，罗伯特·威尔逊和露西娅·福利亚的《具身认知》一文更详细地解释了具身化充当认知活动的约束器、分配器或调节器的观点。这篇文章深入分析了支持和反对具身认知的主张，并将其与传统的计算表征（即认知主义）认知科学进行了对比。

据和运动活动之间存在双向依赖关系。而且，智能体的知觉和认知概念取决于它的行动和行动能力。本节将探讨支持这一立场的证据。[27]

　　首先考虑认知的一个重要方面：视觉注意（visual attention）。一般来说，我们关注两种类型的注意：空间注意（spatial attention）和选择性注意（selective attention）。大致而言，它们分别是我们要向何处注视以及什么类型的事物在我们眼中最明显。人们可能会认为空间注意取决于且仅取决于视野中正在发生的事情。但是，事实证明，空间注意也取决于所谓的"动眼规划"（oculomotor programming），即眼睛在扫视视野时的跳跃状运动——眼动，以及眼窝中眼睛的角度。当眼睛位置接近其旋转的极限，并因此不能朝一个方向再进一步眼动时，那个方向的视觉注意力就会减弱。[28] 在选择性注意里一些物体比其他物体更明显，这也取决于运动系统。例如，在智能体准备抓住物体时，如果物体的外观和特征与智能体手的配置相匹配，

121

27　劳伦斯·巴萨卢（Lawrence Barsalou）的文章《社会具身化》（*Social Embodiment*）[207] 中包含了大量身体状态（如姿势、手臂动作、面部表情）与认知和情感状态之间依赖关系的例子。

28　莱拉·克拉伊盖罗（Laila Craighero）、毛罗·纳欣本（Mauro Nascimben）和卢西亚诺·法迪加在他们的论文《眼睛位置影响视觉空间注意的定向》（*Eye Position Affects Orienting of Visuospatial Attention*）[208] 中记录了空间注意对眼球旋转角度的依赖。

智能体检测到物体的能力就会增强。[29] 这表明智能体当前和潜在的行动对其知觉有直接影响。

匹诺曹效应（the Pinocchino effect）[30] 是另一个有趣的例子。用振动器刺激一个人的肱二头肌，同时借助物理外力控制这条手臂使这个人不能移动，特别是不能像不被控制时那样自然弯曲，几秒内人就会感觉自己的手臂比实际情况更伸展。肱三头肌的刺激情况则相反。现在，让这个人捏着自己的鼻子进行实验，会得到相当惊人的知觉效果——匹诺曹效应——自己的鼻子有 30 厘米长（有些人会觉得他们的手指变长了，而不是鼻子，还有人两种感觉都有）。刺激肱三头肌，一些人会感到自己的手指穿过鼻子进入额头里。这种感觉的产生是因为外部刺激产生了手臂会伸展的正常运动（即肌肉）环境。但是，由于这个人抓着他的鼻子，手臂没有办法伸展。因此，取而代之感觉到的是自己的鼻子比实际长得多，因为这是理解肌肉运动状态、知觉状态和智能体对自己身体印象的唯一方式。这里的

29　莱拉·克拉伊盖罗、卢西亚诺·法迪加与同事在论文《知觉的运动：一种运动 - 视觉的注意力效应》（*Movement for Perception: A Motor-Visual Attentional Effect*）[209] 中讨论了选择性注意对当前抓握配置的依赖。

30　匹诺曹效应的例子显示了可以如何通过提供误导性的运动刺激来欺骗某人的知觉。文中的例子由詹姆斯·拉克内（James Lackner）于 1988 年发表 [210] 并由斯科特·凯尔索在他的《动力学模式——大脑与行为的自组织》[21] 一书中详述。

重点同样是知觉取决于我们具身化的状态。如果我们通过唤起一种不同的具身状态来蒙蔽神经系统，那么知觉也会发生相应的改变。

也有直接的神经生理学证据证明知觉与行动的相互依赖。近年来的研究让我们对猴子的大脑如何规划并执行伸手和抓握动作有了一个很好的整体性认识。灵长类动物的大脑有两个专门控制运动的区域：运动前区皮层（premotor cortex）和运动皮层（motor cortex）。运动前区皮层是大脑规划运动过程时活跃的区域，它影响运动皮层；随后运动皮层执行包含行动在内的运动程序。运动前区皮层从大脑中被称为顶下小叶（inferior parietal lobule）的区域接收强烈的视觉输入刺激。这些输入为伸手（F4 区）和抓握（F5区）提供了一系列的视觉运动转换。单个神经元研究表明，大多数 F5 区的神经元会为特定的目标导向行动，而不是对行动的组成动作进行编码。一些 F5 区的神经元，除了其运动特性外，也会对视觉刺激做出反应，它们被称为视觉运动神经元（visuomotor neurons）。

这一发现的意义在于，灵长类动物的运动前区皮层对行动（包括内隐目标和预期状态），而不仅是动作进行编码。在其神经生理学的意义上，行动一词定义了为实现目标所做的动作。因此，行动的基本属性是目标，而不是如何实现这些目标的具体肌肉运动细节。

现在，根据它们的视觉反应，可以在 F5 区内区分出两种类型的视觉运动神经元：标准神经元（canonical neurons）和镜像神经元

(mirror neurons)。[31] 这两种神经元的活动与两种不同的情况相关。对标准神经元而言，当猴子看到一个特定的物体以及当猴子实际抓住一个具有相同特征的物体时，相同的标准神经元就会被触发。另一方面，当智能体执行某个行动以及看到另一个智能体正在执行相同或相似的行动时，镜像神经元[32]就会被激活。这些神经元只对行动的目标有特定反应，而不是执行行动的机制。[33]举例来说，一只猴子看到另一只猴子或者一个人伸手去拿坚果时会导致运动前区皮层的镜像神经元触发；当猴子真的伸手去拿坚果时，还是这些相同的神经元被触发。然而，如果猴子看到另一只猴子做出完全相同的动作，

---

31 关于灵长类动物大脑的标准神经元和镜像神经元的更多细节，请参阅贾科莫·里佐拉蒂（Giacomo Rizzolatti）和卢西亚诺·法迪加 [211] 的论文《抓握物体与抓握行动的意义：猴子的腹侧运动前区皮层（F5 区）的双重作用》（ *Grasping Objects and Grasping Action Meanings: The Dual Role of Monkey Rostroventral Premotor Cortex (area F5)* ）。

32 20 世纪 90 年代，贾科莫·里佐拉蒂与同事卢西亚诺·法迪加、利奥纳多·福加希（Leonardo Fogassi）、维托里奥·加莱塞（Vittorio Gallese）在猴子身上发现了镜像神经元。请参阅，如《运动前区皮层的行动识别》（ *Action Recognition in the Premotor Cortex* ）[212] 和《运动前区皮层与肌肉运动行动的识别》（ *Premotor Cortex and the Recognition of Motor Actions* ）[213]。但是，由于无法对人类进行侵入性实验，因此人类镜像神经元的存在是推断出来的，而不是经过实证研究确定的。想要全面了解，请参阅贾科莫·里佐拉蒂和莱拉·克拉伊盖罗 [214] 的评论性文章《镜像神经元系统》（ *The Mirror-Neuron System* ）。

33 关于目标导向行动的细节，请参阅克莱斯·冯·霍夫斯滕的文章《运动发展的行动视角》（ *An Action Perspective on Motor Development* ）[215]。

但是没有坚果——伸手的行动没有明显的目标——那么镜像神经元就不会触发。类似地，包含相同目标导向行动的不同运动会导致相同的镜像神经元放电。在这里，重要的是行动，而不是肌肉运动活动或动作。

镜像神经元为行动和知觉的相互依赖提供了神经生理学的实证研究证据——我们如何感知一个物体取决于我们能对该物体采取何种行动——因此，我们如何对一个物体进行分类将部分地取决于智能体的肌肉运动能力和具身化。标准神经元和镜像神经元常被引用支持概念化假说。然而，我们在这里讨论的并不仅仅是可以根据物体与例如智能体抓握能力的匹配程度来对其形状进行分类——乒乓球不仅被感知为一个球体，还会被感知为用拇指和另一个手指能抓得住的球体，网球被感知为用整只手能抓得住的球体，实心球被感知为用双手能抓得住的球体[34]——但或许更重要的是，具身化的特定形式还会影响我们对物体能做些什么。标准神经元足以解释前一种形式的知觉－行动相互依赖，但镜像神经元也反映了智能体的意图，即预期它如何与该物体交互，因此镜像神经元显示了具身化（毕竟它们是运动神经元）如何直接涉及认知的至少一项基本特征，即前瞻性的一面。从这个角度来看，镜像神经元也为构成假说提供了一些证据。

---

[34] 具身化，尤其是抓握能力如何影响对物体的概念化和分类方式的乒乓球和网球的例子摘自劳伦斯·夏皮罗的《具身认知》[83] 一书。

在这种情况下，值得注意的是依赖于行动的知觉与生态心理学家詹姆斯·吉布森提出的可供性（affordance）概念之间的相似性：对一个物体潜在用途的知觉不仅取决于物体本身，还取决于正在观察的智能体的行动能力。[35]

尽管证据表明知觉与行动是相互——双向——依赖的，但仍有可能让我们感到困扰的是，它无法令人信服地证明更高级的认知功能的具身化。事实上，知觉－行动相互依赖与高级认知功能之间是有关联的：感觉运动过程和高级认知过程会共享或使用相同的神经机制。具体来说，当高级认知功能参与到所谓的内部模拟（或者内部仿真或演练）中时，就会如此。[36] 我们在第 2 章 2.2.3 节和页下注 59 中对内部模拟的概念进行过简要的讨论，我们将在本章 5.8 节中再次讨论这个概念，并在第 7 章 7.5 节中对其进行更深入的研究。

124

---

[35] 关于可供性与镜像神经元系统的关系，请参阅泽格·蒂尔（Serge Thill）及其同事 [216] 的文章。安尼米克·巴辛格霍恩（Annemiek Barsingerhorn）及其同事总结了 [217] 中可供性研究的进展。另请参阅第 2 章页下注 52。

[36] 有关更高级认知功能的具身化的描述以及基于身体模拟的认知观的解释，请阅读亨里克·斯文松（Henrik Svensson）、杰茜卡·林德布卢姆（Jessica Lindblom）和汤姆·齐姆克的《理解具身认知》(*Making Sense of Embodied Cognition*) 一文 [218]。这篇文章中描述的实证证据广泛地涵盖了运动意象（motor imagery），视觉意象（visual imagery），标准神经元，镜像神经元，身体在社会交互、手势和语言中的作用。

5.7 具身化的类型

我们已经对具身化进行了不少讨论，但尚未提及具身化确切包含哪些内容。具身意味着什么？需要什么类型的身体？这些是我们现在需要解决的问题。

我们先做三个假设。第一，认知涉及对与之交互的世界进行某种程度的概念化理解。这在我们上文讨论的概念化假说中是显而易见的：这些概念取决于智能体具身化的性质。第二，我们假定这些概念是由认知系统以某种方式表征的。[37] 第三，认知包含学习和适应的能力。通过建构世界如何运行的模型，认知智能体能够预测并高效地行动。正如我们多次指出的，这是认知涌现范式的基础。

把这三个假设结合起来，我们发现认知系统必须能够建构和改进其表征。更进一步说，表征框架需要满足两个相关的标准：[38] 框架必须能够对表征出错的可能性做出解释，并且必须能够将表征与被

---

[37] 表征问题是认知系统众多棘手问题中的一个。当我们讨论替代假说时，我们发现对于具身认知系统是否使用它周围世界的内部表征存在分歧。另一方面，正如我们在第 2 章所讨论的，表征框架的本质是认知主义与涌现范式之间的主要区别之一，并且存在多种解释表征含义的方式。我们将在第 7 章对这种模糊性进行更详细的讨论。

[38] 表征框架必须满足的两个标准——框架必须能够对表征出错的可能性做出解释，并且能够将表征与被表征的内容进行比较——是由马克·比克哈德在他的《具身化是必须的吗？》(*Is Embodiment Necessary?*) [219] 一文中提出的。他用这两个标准来论证具身认知。

表征的内容进行比较。换句话说，认知系统必须能够发现自己的错误。这对于由错误引导的行为与学习是必须的，正如我们在第 1 章中看到的，这是认知的两个主要方面。此外，认知系统必须能够访问自己的表征内容，这样才能进行比较和修正。满足这两个标准需要某种形式最简单的具身化。这种最简单的具身化要求认知系统能够进行"充分的"交互，即这种交互不仅能够影响和改变世界的状态，而且这些对环境的影响反过来又能影响认知系统的交互过程。交互必须对世界和智能体本身都产生影响。更正式一点说，智能体的行动必须对智能体对世界的感知产生因果影响。这是必须的，只有这样智能体才能够评估表征对其所嵌入世界的建模水平。这反过来又允许智能体评估其预测的行动，并决定它们是否正确。对预测行动的评估与我们将在下文第 5.8 节讨论的内部模拟概念有关。我们将暂时继续讨论具身化，尤其是具身化附带的必要条件。

125

我们已经确定具身化的最简单形式要求充分的交互，智能体的行动要能带来智能体本身能感受到的环境变化。这是一个好的开始。那能否更进一步呢？可以。至少有六种不同类型的具身化是可能的。[39] 它们是：

---

[39] 用于区分不同具身形式——从结构耦合、物理具身化、类生物体具身化到生物体具身化——的框架由汤姆·齐姆克在《厘清具身化的不同见解》(*Disentangling Notions of Embodiment*) [220] 中提出。他在随后的论文《机器人是具身的吗？》(*Are Robots Embodied?*) [221] 中增加了历史具身化，并在后来的论文《什么是具身化？》(*What's that Thing Called Embodiment?*) [222] 中加入了社会具身化。

（1）智能体与环境之间，从系统可以被环境扰动并反过来扰动其环境的意义而言的结构耦合；

（2）结构耦合历史产生的历史具身化（historical embodiment）；

（3）在能够采取强有力行动的结构（这排除了软件智能体）中的物理具身化（physical embodiment）；

（4）类生物体具身化（organismoid embodiment），即类似生物体的身体形式（例如，类人机器人）；

（5）自创生生命系统（autopoietic living systems）的生物体具身化（organismic embodiment）；

（6）反映智能体身体在社会交互中作用的社会具身化（social embodiment）。

这六种类型的限制越来越多。结构耦合只要求系统能够影响物理世界并被物理世界影响。[40] 历史具身化把结构耦合的历史合并添加到这个物理交互层级中，以便过去的交互对具身化进行塑造。物

---

[40] 克斯廷·道腾汉（Kerstin Dautenhahn）、伯纳德·奥格登（Bernard Ogden）与汤姆·奎克（Tom Quick）[223] 将具身化的最简单形式，结构耦合，作为具身化操作定义的基础。他们的定义在几个方面都有重要意义。例如，首先，正如道腾汉等人指出的，它不要求具身系统是认知的、有意识的、有意图的、由分子构成的或者是有生命的。其次，它基于系统与环境之间相互扰动的某种函数，为量化具身化——"将具身化视为程度问题"——提供了依据。他们认为，具身化程度与认知行为的可能程度之间也许存在可测量的相关性，而且重要的是，"认知作为一种现象，源于具身化"。最后，有点矛盾的是，具身化"摆脱了物质的约束"，这保留了在软件领域中具身化的可能性。

理具身化与传统机器人系统的关系最为密切，类生物体具身化增加了使机器人形态基于特定自然物种或自然物种的某个特征建模的限制。生物体具身化则对应于生物，即自创生系统。[41] 最后是社会具身化，这个术语用于表达具身化在智能体之间的社会交互中的作用。从这个意义上说，它并没有延伸从结构耦合到生物体具身化的连续性，而是关注身体状态与认知和情感（即情绪）状态之间的相互关系。这与我们在 5.6 节中讨论的知觉与行动之间的相互依赖相呼应，在本节中我们提到了身体状态（例如姿势、手臂动作和面部表情）与认知和情感状态之间依赖性的传递。

在社会交互中，身体状态与认知 / 情感状态之间有四个方面的关系。第一，一个事实是对社会刺激的感知会引发或触发感知智能体的身体状态。第二，对其他智能体身体状态的感知经常引起模仿这些状态的倾向。第三，智能体自己的身体状态（body state），如姿势，是智能体情感状态的强有力触发。前面三个方面共同作用产生了第四个方面：智能体的身体状态与认知状态的兼容性从几个角度影响智能体的物理和认知表现的效率，包括运动控制（motor control）、记忆、面部表情判断、推理以及执行任务的效率。[42]

---

[41] 自创生是关于什么是生命实体的组织特征。请参阅第 4 章 4.3.6 节和页下注 30。

[42] 如前所述，劳伦斯·巴萨卢及其同事 [207] 的文章《社会具身化》就社会交互中身体状态与认知 / 情感状态之间四个方面的关系提供了许多具体且往往令人惊奇的例子。

物理具身化与生物体具身化这两种类型提供了对比两种极端具身认知的方式，其中一个是与我们上文提到的替代假说相关的机械具身化（mechanistic embodiment）；另一个是现象具身化（phenomenal embodiment），一般与生成系统，尤其是自创生系统相关。[43] 机械具身化意味着认知具身于物理实体本身，特别是具身于物理控制机制中。认知活动所需的一切都存在于物理机制中，并且不需要调用心理状态、表征、符号，也不需要将这些符号植入智能体的交互经验中。这种机械具身智能体的认知行为和智能体与其世界的交互密切相关，实际上，它取决于环境中发生了什么以及环境对它做了什么。显而易见，这与替代假说相似。另一方面，现象具身化认为，具身认知是存在于某个环境生态位[44]并对该环境具有主观或现象经验的生命实体所独有的。对于认知智能体而言，解读——理解——环境的形式因智能体而异，它取决于智能体的知觉和运动能力，智能体与环境是互为定义的一对。很明显，与生成和结构耦合类似。

127

---

[43] 这两种类型的具身化——机械具身化和现象具身化——在诺埃尔·夏基（Noel Sharkey）和汤姆·齐姆克的两篇论文中都有讨论 [224, 225]。在这两篇论文中，他们也把这两种类型的具身化称为洛布型具身化（Loebian embodiment）和于克斯屈尔型具身化（Uexküllian embodiment），分别是以两位生物学家雅克·洛布（Jacques Loeb，1859—1924）和雅各布·冯·于克斯考尔（Jakob Von Uexküll，1864—1944）的名字命名的。

[44] 这种表现出现象具身化的智能体的主观世界或现象世界通常被称为智能体的环世界（Umwelt），生物学家雅各布·冯·于克斯屈尔 [226, 227] 使用了这个术语。

智能体对其环境的理解因智能体而异，并不是现象具身化独有的，一般的具身化也是如此。如果一个系统是具身的，它并不一定能保证依赖于行动的知觉所产生的认知概念与人类对认知行为的构想一致。只要系统能够完成我们想要它做的事情，这可能就是可以接受的。然而，如果我们想确保其与人类认知的兼容性，特别是人类与人工认知系统之间的交互兼容的话，那么我们可能就必须持与人类具身方式一致的更强版本的具身观：这包含以人类形式进行的身体运动、强制操纵和探索。这是我们在上文第 5.5 节中讨论的概念化假说的结果："要把世界想象成一个人，就需要有一个像人一样的身体。"[45] 为什么？因为当两个认知系统发生交互或耦合时，只有当两个系统的具身经验兼容时，共享的理解才会具有相似的意义。

很重要的一点是要弄清楚我们所说的交互是什么意思。对于认知的涌现立场而言，交互是一种共享活动。在这种活动中，每个智能体的行动会影响参与相同交互活动的其他智能体的行动，从而产生一种相互建构的共享行为模式。[46] 联合行动（joint action）的概念中也强调了这种相互建构的互补行为模式：两个人或更多人的个体

128

---

45 引自劳伦斯·夏皮罗的《具身认知》[83] 一书并对概念化假说进行了概述；请参阅第 5.5 节和页下注 18。

46 有关交互作为共享活动的更多细节，请参阅伯纳德·奥格登、克斯廷·道腾汉、彭妮·斯特里布林（Penny Stribling）[228] 的文章。

行动的协调。[47] 因此，在交互中交流的任何东西不一定要有明确的意义，重要的是智能体相互参与到一系列的行动中。意义从由交互作为中介的共享、一致的经验中涌现。

最后，我们注意到，从结构耦合到生物体具身化的变化范围里，只有物理具身化、类生物体具身化和生物体具身化足以支持我们在第 5.4 节中讨论的具身化论点以及我们在第 5.5 节中讨论的概念化假说、构成假说和替代假说。历史具身化可能包括、也可能不包括这三种类型的具身化，而结构耦合尽管对于其他四种类型的具身化来说是必需的，但是并不一定要涉及类似身体的物理实体（这是具身化论点和三个假说的基石）。这就是为什么具身化会令人困惑，以及文献中为什么会有诸多论述试图去厘清不同的具身概念。[48] 我们将在第 5.10 节概述属于具身化和具身认知的含义以及相关术语，例如情境认知、嵌入式认知、扎根认知、延展认知和分布式认知。在此之前，我们暂且先思考具身化的其他两个内在方面。

47　我们将在第 9 章 9.5.1 节对联合行动进行更详细的讨论。

48　汤姆·齐姆克 [229] 讨论了具身化的其他见解，包括拉斐尔·努涅斯 [230] 区分的平凡具身化（trivial embodiment）、物质具身化（material embodiment）和完全具身化（full embodiment）（分别为：认知直接与生物结构相关，认知取决于具身智能体与其环境的实时身体交互，以及身体参与包括概念活动在内的所有形式的认知）；安迪·克拉克 [231] 区分的简单具身化（simple embodiment）和激进具身化（radical embodiment）（分别为：具身化制约认知活动，以及具身化从根本上改变了认知科学这门学科）。

5.8 离线具身认知

我们已经讨论了认知与行动相关的主要观点。[49] 这种以行动为中心的认知本质是具身认知的基础。但是，认知系统显然不仅只有行动：它们还会思考（或者说为行动做准备）。这种非行动的认知有时被称为离线（off-line）认知或内部模拟。我们继续研究这个在第 5.6 节中被搁置的议题，只是为了暂时强调它与具身化的相关性，我们将在第 7 章 7.5 节中对其进行更详细的讨论。

就像大脑在预测事件时所做的那样，内部模拟是通过离线准备和执行运动程序来实现的。它可以模拟多种可能性，根据当前的知觉流，在内部注意过程的基础上选择一种行动。因此，认知系统作为一个整体就像模拟器（simulator）一样工作。例如，HAMMER 架构的设计就以此为基础。[50] HAMMER 使用正向和反向模型（inverse model）实现内部模拟。这些模型对内部的感觉运动模型进行编码，智能体如果要执行该行动就会利用这些模型。反向模型接收系统

129

49　认知以行动为中心的观点是具身认知的核心原则。例如，温贝托·马图拉纳与弗朗西斯科·瓦雷拉的著名论断"认知是有效的行动"[14]（请参阅第 1 章页下注 16）。玛格丽特·威尔逊的说法略有不同："认知是为了行动而存在的"[205]。

50　扬尼斯·德米里斯和巴萨姆·卡迪尔（Bassam Khadhouri）在一篇同名论文中描述了 HAMMER（hierarchical attentive multiple models for execution and recognition）架构 [232]。还有一篇文章在镜像神经元系统的背景下讨论了 HAMMER[233]。

当前状态和期望的一个或多个目标作为输入信息，并输出所需的控制或运动命令以实现或维护这些目标。正向模型（forward model）有预测的功能，如果要执行反向模型提供的控制命令，就会依据系统当前的状态输出预测的系统状态。[51] 这种操作模式反映了认知作为一个多时间尺度和多结果预测器的重要作用，具有促成有效行动和学习有效行动的功能。因此，从这个角度来看，将内部模拟看作是一种（离线）认知模式更合适，而不是，作为认知架构的一个组件。

对于具身认知而言，即使是离线认知也仍然是基于身体的，即认知活动仍然是建立在感觉加工和运动控制的基础之上。[52] 这种对基于身体的内部模拟的关注是扎根认知的基础，我们将在下一节对其进行讨论。

---

[51] HAMMER 的内部模型实际上是以层级方式排列的，低层模型通常使用亚符号技术在轨迹描述层工作，而高层模型则使用符号技术。

[52] 关于离线认知，迈克尔·安德森解释说，从具身认知的角度看，尽管离线认知在时间和空间上与环境解耦，这种认知活动仍然是基于身体的 [234]。亨里克·斯文松、杰茜卡·林德布卢姆和汤姆·齐姆克在他们的文章《理解具身认知：感觉运动与认知过程共享神经机制的模拟理论》（*Making Sense of Embodied Cognition: Simulation Theories of Shared Neural Mechanisms for Sensorimotor and Cognitive Processes*）中强调了这一点，他们认为，"就算不是全部，也还是有许多高级认知过程是基于身体的，因为它们通过重新激活同样活跃在身体知觉和行动中的神经回路来利用感觉运动过程的（部分）模拟或仿真"[218]。

5.9 内部交互

我们将在本章结束时讨论环境以及具身智能体与该环境的交互影响智能体认知能力的各种变化方式。在此之前，我们还需要讨论具身化的另一种变化形式。到目前为止，我们主要关注的是智能体与其外部环境之间的交互。但是，身体有内部环境，这就增加了智能体与自己内部身体——而不是外部世界——交互的可能性。我们在第 4 章 4.4 节讨论自治过程时提到过类似的主题。

130

虽然一些认知架构限制了中枢神经系统的内部感知——或称内感受，但其他的认知架构扩展了内感受，以处理认知系统包含代谢调节在内的情感或情绪。[53] 这一转变反映了认知科学一个日益增长的趋势，即意识到认知是一种加工过程，并不局限于传统的对记忆、注意和推理的关注，也不局限于行动与知觉的相互依赖，以及迄今为止我们所讨论的具身认知方法。它还包含了具身智能体的内部构成，例如我们在第 4 章中讨论的内稳态过程和提供了影响自治认知

---

[53] 翁巨扬的 SASE 认知架构 [126, 138] 关注的是中枢神经系统，而罗布·洛、安东尼·莫尔斯和汤姆·齐姆克开发的认知－情感认知架构示意图 [134, 135] 明确处理认知的情感和情绪方面。但要注意的是，这两种视角是有联系的，尤其是在发展认知架构中，例如 SASE。我们将在第 6 章 6.1.1 节中发现，发展取决于动机和相关的价值系统，SASE 建立在将强化学习（reinforcement learning）与基于新颖性的价值系统相结合的工作之上 [235, 236]。

智能体目标的内部价值系统的情感过程。[54] 这里的关键是，在具身化的完整构想中可能还必须包括一处神经系统(也可能包括内分泌系统，endocrine system）与自身交互的地方。[55]

5.10 从情境认知到分布认知

认知系统——生物的或人工的——的活动在真实世界环境的背景下发生，并在连续的知觉、行动和调整的预测—适应循环中包含了与该环境的反复实时交互，这是具身认知的基础之一。人们经常用各种术语来表达环境对于认知的重要性。正如我们在本章开头所指出的，这些认知包括情境认知、嵌入认知、扎根认知、延展认知和分布认知。这可能让人难以理解，因为尽管这些术语是相关的，但它们的意思并不一定相同。我们将在本节解释其不同之处。

正如我们所见，支持具身认知的一个主要论点是，认知智能体存在于某个生态位中，而大脑－身体的系统进化是为了利用其环境的特性。从具身认知的角度，以及更广泛地从涌现和生成系统的角度看，认知是一个在系统的环境生态位中支持系统生存，维持系统

131

---

[54] 多梅尼科·帕里西（Domenico Parisi）在他的论文《内部机器人学》（*Internal Robotics*）[237] 中讨论了神经系统与内部身体之间交互的重要性。他指出了内部交互区别于外部交互的七个方面。

[55] 莫格·斯特普尔顿（Mog Stapleton）将之称为"恰当的具身化"（proper embodiment）[238]，并提出这要求具身认知包含内感受以及能促进智能体认知能力发展的过程（包括情感、情绪）的更全面的看法。

作为一个自治实体持续存在的过程。因此，我们有时谈到具身认知的大脑－身体－环境特征，意思是环境在某种程度上是认知过程的一部分。不幸的是，环境在多大程度上参与认知以及如何参与其中并不总是很明确。这是问题的症结所在，也是一些困惑的根源。另一个困惑的根源是，一些具身化的形式居然不需要身体！对于这些具身认知而言，实时结构耦合就足够了。我们在上文提到过，这种具身化虽然是必需的，但并不足以支持具身论点以及我们在前面几节中讨论的概念化假说、构成假说和替代假说。

当我们说具身认知系统是情境的，[56] 意思是希望人们注意到具身认知系统参与到了与环境的持续、实时交互这个事实——它与环境是结构耦合的。情境认知反映了认知智能体与环境之间的这种相互作用，尽管环境可能有不稳定的情况，系统仍努力维护其自治。为了做到这一点自治，认知系统有时会利用环境的不稳定。

情境具身认知系统可以通过以下几种方式利用环境：[57] 例如，由于认知系统是物理实例化的系统，它们在诸如记忆和注意力方面的能力是有限的。为了克服与这些局限性相关的问题，它们可能会

56 这方面的经典之作是威廉·克兰西（William Clancey）的《情境认知：论人类知识与计算机表征》(*Cognition: On Human Knowledge and Computer Representation*) [239]。另一个权威的参考是菲利普·罗宾斯（Philip Robbins）和穆拉特·艾迪德（Murat Aydede）合著的《剑桥情境认知手册》(*Cambridge Handbook of Situated Cognition*) [240]。

57 关于环境在认知中运用方式的概述，请参阅玛格丽特·威尔逊的文章《六种具身认知观》[205]。

132 将认知工作的负荷卸载到环境中并加以利用，以便通过简化任务来减少认知工作负荷。比如一些简单的事，借助地标记住回家的路；也可以是一些复杂的事，如借助鹅卵石计数。[58] 认知智能体也会调整环境来辅助它们的认知行动，这被称为外部脚手架（external scaffolding）。[59] 我们创造记号来辅助导航和传递信息，设计并使用工具来辅助完成体力活和认知任务。这种利用环境辅助认知活动的能力正是嵌入认知的含义所在。因此，嵌入认知较少关注智能体身体的作用，而更多关注物理环境、社会环境和文化环境在认知活动中的作用，使智能体能够将认知负荷卸载到环境中。[60]

扎根认知，[61] 听起来像是情境认知或嵌入认知的同义词，但实际上意思略有不同。与其说扎根认知关注的是具身化（从身体在认知

---

58 使用环境中的元素来协助完成心理加工称为符号性负荷卸载（symbolic off-loading），请参阅安迪·克拉克的《此在：重新汇聚大脑、身体和世界》[23] 一书。

59 安迪·克拉克在书 [23] 中第 2.5 节讨论了外部脚手架。他引用更早的一本书 [241]，提出了 "007 原则"："一般来说，当它们可以利用环境的结构以及它们对环境的操作作为相关信息加工操作的方便替代品时，进化了的生物既不会以昂贵的方式存储信息，也不会以昂贵的方式加工信息。"

60 嵌入认知关注的是认知活动中的社会和文化环境，有时被称为社会情境性。更多细节，请参阅杰西卡·林德布卢姆和汤姆·齐姆克 [242] 的文章。

61 有关扎根认知的权威概述，请参阅劳伦斯·巴萨卢的《扎根认知》（*Grounded Cognition*）[243] 和《扎根认知：过去、现在与未来》（*Grounded Cognition: Past, Present, and Future*）[244] 两篇文章。第二篇文章简要回顾了扎根认知在过去 30 年的进步，并预测了未来 30 年一些可能的进展。其中包括利用大脑的模态化表征机制对经典符号（认知主义）的认知架构、统计与动力学方法，以及扎根认知的不断整合。

过程中发挥积极作用的意义上而言），不如说它侧重于认知系统使用的表征的本质。扎根认知反对我们在第 2 章讨论过的认知主义范式的符号操作特征，尤其反对认为这些符号，以及由此而来的表征是非模态的主张（即认为它们不直接与任何特定的模态如视觉、听觉或触觉联系在一起）。扎根认知认为认知系统使用的表征是模态的，即它们与认知系统的感觉运动经验存在内在联系。从这个角度看，我们就可以理解为什么扎根认知与具身认知联系到一起了。但我们需要小心，正如讨论过的那样，不要把扎根认知曲解为具身认知。尽管扎根认知认同情境行动是认知的关键方面，而且确实利用了身体状态和感觉运动经验，但是它并不坚持诸如替代假说之类的观点。相反，扎根认知确实利用了符号表征，只不过这些表征是模态的。此外，扎根认知的一个关键方面是，认知涉及内部模拟，特别是模态——感觉运动——模拟。因此，扎根认知不仅在与环境的实时接触中运行，也能独立于身体离线运行。这并不是说情境和嵌入具身认知系统不利用内部模拟——它们可以，而且确实利用了内部模拟——但扎根认知让这种模态的内部模拟（modal internal simulation）成为认知的焦点，而不是像构成假说中概述的那样，身体直接参与到认知中。总体而言，可以将扎根认知描述为认同概念化假说，对构成假说持中立态度以及明确排斥替代假说。在认同概念化假说的同时，扎根认知也主张模态表征可以基于内省的内部模拟，并不一定包含对具身经验的忠实重建。这对于扎根认知论点至关重要，因为它明确允许将没有直接植入特定感觉运动经验的抽象概念纳入其中。

133

在嵌入认知中，环境会借用物体和其他认知智能体的属性与行为来支持认知活动。不过，就某种更强的意义而言，具身认知系统还可以包含周围的世界。环境不仅仅是某种认知系统与之交互、预测、适应，甚至利用协助或增强其认知活动的事物，环境的某些部分可以是认知过程本身的直接组成部分。这种具身认知观被称为延展认知。[62]

延展认知认为环境不仅是具身认知系统所处或嵌入的物理背景，并且（甚至以协助认知过程的方式）与之交互，它也是更大的大脑－身体－环境认知系统中的一个组成部分——以及一个合作者。延展认知不仅仅指通过吸纳环境中的物体或其他智能体来延伸智能体的认知能力，也指延伸认知系统本身实际的范围以便将环境纳入其中。具身认知迈出了关键的一步，主张认知延伸到大脑以外，也包括了身体。延展认知则更进一步，提出认知在身体之外、更大的环境中发生。在一些人看来，这一步有点过分。[63]

134

[62] 延展认知的开创性著述是安迪·克拉克和戴维·查默斯（David Chalmers）的《延展心智》（*The Extended Mind*）[245] 一文。安迪·克拉克还撰写了一本关于这个主题的书：《扩大心智容量：具身化、行动与认知延展》（*Supersizing the Mind: Embodiment, Action, and Cognitive Extension*）[246]。可以在 [247] 找到本书的摘要。值得一读的还有杰里·福多尔（Jerry Fodor）对《我的心智在哪？》（*Where is My Mind?*）一书的书评以及克拉克的回应 [248]。

[63] 与延展认知立场相关的主张是有争议的。玛格丽特·威尔逊的《六种具身认知观》[205] 一文与迈克尔·安德森的《如何研究心智：具身认知导论》（*How to Study the Mind: an Introduction to Embodied Cognition*）对这些主张提出了有益的批评。

　　但我们甚至可以更进一步。分布认知[64]这个术语指的是认知不仅发生在个体中，也发生在任何涉及环境中人与资源之间交互的系统里。因此，认知系统被描述成为了完成某一组功能而对子系统进行动态的自我配置和协调，而不是认为其只负责认知的物理或机制上的范围。所以，一个过程不会仅仅因为在个体的大脑或大脑和身体里发生，就被认为是认知的。相反，认知过程不是由过程中各元素的空间位置决定，而是由这些元素之间的功能关系决定。关键是，这种对认知的概括不应把我们上文描述的具身认知系统排除在外。反之，具身认知系统应被包含其中，而且事实上分布认知要求认知是具身的，但不仅只是个体的具身认知。认知过程可以分布在社会群体中的一群个体中，而且它可以包含这些个体与其环境元素之间的协调交互。认知也可以在时间上分布，这样事件就可以以一种依赖于早先交互的方式展开。从这个角度看，可以把一个社会组织看

64　分布认知的经典著作是埃德温·哈钦斯（Edwin Hutchins）1995 年的《荒野中的认知》（*Cognition in the Wild*）[249]。詹姆斯·霍兰（James Hollan）、埃德温·哈钦斯和戴维·基尔希（David Kirsh）[250] 在论文《分布认知：迈向人机交互研究的新基础》（*Distributed Cognition: Toward a New Foundation for Human-Computer Interaction Research*）对分布认知进行了概述。哈钦斯的文章《驾驶舱如何记住其速度》（*How a Cockpit Remembers Its Speed*）[251] 描述了一个社会技术系统（具体而言就是由飞行员、仪器和物理对象组成的商业客机驾驶舱）如何被视为分布认知系统的例子。这篇文章还包含了符号性负荷卸载的例子，即驾驶舱环境的某些结构特征（如空速表游标）使得一项概念性认知任务可以更简单地通过知觉过程来完成。

作是一个认知架构[65]。此外，认知在智能体个体中的发展和运行关键取决于这个智能体与包括其他智能体在内的周围物质世界所进行的物理具身化交互。由于社会组织在历史文化情境（建立在交互基础上的情境）中运行，因此分布认知受文化因素的影响，又反过来影响了文化因素。分布认知系统嵌入的这种文化情境为认知活动提供了一种类似于共同记忆的重要资源。通过这种共同记忆，过去的集体经验成果可以在分布式认知系统中的个体元素——智能体——之间共享。

5.11 总结

综上可见，存在着许多不同类型的具身化——从结构耦合，到历史具身化、物理具身化、类生物体具身化和生物体具身化，到社会具身化——以及具身认知的各种可以考虑的方面。它们体现了身体在认知加工中的直接参与，认知概念对认知系统身体特定形式的依赖，认知系统与环境的实时情境性耦合，去除符号（或任何）表征的需要，为了促进认知活动、卸载认知工作负荷并为增强的能力提供支持，认知系统对环境进行嵌入式和植入式的利用，在分布式认知活动中与环境尤其是其他认知系统的交互，延展认知系统从而

---

65 要回顾认知架构的含义，请回到第 3 章。

将环境不仅作为工具而且作为认知加工的构成成分纳入其中。之所以说"可以考虑的"方面，是因为具身化可能包含它们中的一些或全部。这取决于提出论点的是谁，而且就具身认知包含和不包含什么并没有达成共识——这是认知系统中反复出现的一个主题。[66] 但是，至少每个不同术语的含义——情境认知、扎根认知、嵌入认知、生成认知、延展认知和分布认知——现在应该是清楚的，表 5.1 对它们进行了概括。

136

表 5.1　各种具身认知

类型	必要的构成	典型特征
具身的	取决于如何理解	大脑与身体都是认知过程的组成部分
情境的	大脑	与环境进行实时的交互
嵌入的	大脑、身体	利用环境与其他智能体辅助认知活动
扎根的	大脑、身体	与经验相关的模态表征和内部模拟
延展的	大脑、身体、环境	环境是认知系统的一部分
分布的	大脑、身体、环境	认知系统包含环境系统

注：对不同类型具身认知的描述。容易混淆的是，具身认知常常被用于指代其中的一些或所有不同的类型。它们都包含以某种方式与环境进行结构耦合。

---

[66]　帕科·卡尔沃和托妮·戈米拉的《具身认知科学的方向：迈向综合的方法》（ *Directions for an Embodied Cognitive Science: Towards an Integrated Approach* ）[252] 阐述了具身认知的各种观点，举例说明了几个被认可的不同分类方法，其中有许多我们已经提到过（例如，玛格丽特·威尔逊的六种具身认知观 [205] 和汤姆·齐姆克的具身分类 [222]）。

我们在第 2 章结束时指出，无论是支持还是反对认知系统的认知主义和涌现范式及其长远前景的主张，认知主义系统目前的能力实际上是更先进的。这体现在具身认知有时被称为一个研究项目[67]而不是一门成熟学科这一点上。在许多人看来，它是一个貌似合理且非常令人信服的假说，尽管具身认知现在已被视为认知主义的主流替代品，但是要将其确立为一门具有易于理解的工程学原理的公认学科，仍有许多工作要做。

5.12 结语：对具身认知的回顾

我们一开始就提到，致力于具身认知的文献丰富多样，有时令人困惑不解。这里给出一些关于从哪里开始阅读的建议。

迈克尔·安德森的工作指南 [194] 是该主题最具权威性的研究之一，而他的《如何研究心智：具身认知导论》（*How to Study the Mind: An Introduction to Embodied Cognition*）[234] 一文提供了简明易读的概述。

劳伦斯·夏皮罗的《具身认知》[83] 一书对这一主题进行了均衡、详细的解释，涉及本章中讨论的许多问题。

---

[67] 劳伦斯·夏皮罗的文章《具身认知研究项目》（*The Embodied Cognition Research Programme*）[253] 是对具身认知面临的研究挑战的总结，也是对该领域的简要概述。

我们发现，具身认知提出了许多主张，这些在玛格丽特·威尔逊的文章《六种具身认知观》[205] 中讲得非常清楚。

由弗朗西斯科·瓦雷拉、埃文·汤普森和埃莉诺·罗施 [98] 撰写的《具身心智》一书影响深远，从涌现系统（请参见第 2 章 2.2.3 节）的生成方法视角阐释了具身认知，是一本不可错过的读物。

帕科·卡尔沃（Paco Calvo）和托妮·戈米拉（Toni Gomila）的《认知科学手册：具身方法》（*Handbook of Cognitive Science: An Embodied Approach*）[252] 一书对这一主题进行了全面论述，收集了该领域许多知名研究者的观点。

安迪·克拉克的《此在：重新汇聚大脑、身体与世界》[23] 是最早一批对具身、嵌入和以活动为中心的认知观进行全面综合论证的书籍。这种认知观消除了知觉、认知与行动之间的明确界限并强调了它们之间的相互依赖。

《认知系统研究》（*Cognitive Systems Research*）的特刊简要介绍了情境认知和具身认知研究的挑战 [254]。尽管是 2002 年出版的，但它所提出的所有问题今天仍然存在。

最后，在欧洲人工认知系统、交互和机器人学发展网络（European Network for the Advancement of Artificial Cognitive Systems, Interaction, and Robotics）的网站上，有一个关于具身认知的综合教程，还有视频讲座 [255]。

137

138

发展与学习

6.1 发展

　　我们在第 2 章中看到，发展是认知系统[1]涌现范式的一个关键方面，我们都知道人类会随着成长而发展，尤其是在婴儿期，发展的速度常常令人吃惊。表6.1只列出了婴儿发展过程中的一些重要阶段，[2]侧重的是儿童获得注意到有人可能需要帮助这一能力时所必需的能力。这只是儿童获得主动帮助他人并最终与他人合作的能力（这是我们在第 1 章中提到的认知的一个方面；请参见图 1.5）这一发展过程中的一部分。总的来说，发展是人工认知系统中一个日益重要的

---

[1] 我们在第 1 章页下注 22 中指出过，学习与发展被纳入了马尔的理解三层次体系的修正版中（在原来的最高层——计算理论层之上，在新的最高层——进化层之下）[19]，反映了这两个因素的重要性。

[2] 在发展心理学文献中，婴儿常常被称为新生儿（neonates）。

方面，对机器人系统尤为如此。[3]

　　既然发展是认知的一个重要组成部分，那么是什么推动着发展过程，促进发展的因素又有哪些呢？用更正规的术语来说，先天机制是如何促成发展，使越来越丰富的认知能力得以涌现、巩固和结合，从而产生能够进行灵活的预测性交互的具身化智能体呢？促进发展又需要什么类型的系统发育（或认知架构）呢？要对发展必需的系统发育、个体发育过程、两者之间的平衡以及推动发展的因素有所了解，我们得先探讨一下发展心理学。[4]首先，让我们来进一步讨论发展这个概念。

　　智能体与环境的动态交互导致了中枢神经系统的变化，发展便由此产生。

表 6.1　人类婴儿发展过程中的重要阶段

新生儿
新生儿在被人直视时，注视的时间会更长 [256]。
新生儿会被人（即脸和声音）吸引 [257]。
新生儿更喜欢生物性运动（biological motion）[258]。
新生儿更喜欢面向人脸 [259,260]。
新生儿喜欢人的声音胜过其他声音 [261]。

3　关于机器人发展方法的概述，请参阅马克思·伦加雷拉（Max Lungarella）及其同事 [276] 以及浅田稔（Minoru Asada）及其同事 [277] 的研究。

4　请参阅朱利奥·桑迪尼及其同事 [278] 的《人类感觉运动的发展与人工系统》（*Human Sensori-Motor Development and Artificial Systems*）一文，该文简明地概述了对人类发展的理解如何启发了机器人的人工发展。

续表

早期发展
2.5 个月：婴儿能从面前呈现的多模态表情中区分出熟悉成人的表情 [262]。
3 个月：婴儿能与成人相互注视，即两者同时看向对方的眼睛 [263]。
3—4 个月：婴儿有能力区分一些拍摄的静态面部表情 [264]。
4 个月：婴儿能从面前呈现的多模态表情中区分出一些成人的表情 [265, 266]。
5 个月：婴儿能依靠听觉判断一个人表达的情绪情感 [266]。
6 个月：婴儿能感知他人注意的大致方向（即向左或向右）[267]。
9 个月：婴儿能准确地察觉成人注视的方向 [263]。
10—12 个月：婴儿第一次表现出理解他人感受的迹象。
12 个月：婴儿注视成人注视的物体 [268]。
12 个月：婴儿开始对眼睛朝向而不是头部朝向感兴趣 [269]。
12 个月：婴儿开始把指向理解为一种面向对象的行动 [270]。
12 个月：婴儿通过注视喂养行动的目标进行预测 [271]。
后期发展
18 个月：儿童开始跟随成人的目光看向自己的视野之外 [263]。
18 个月：儿童从情感上感知到一个人想要某物 [272]。
18 个月：儿童可以推断出另一个人想要尝试做什么（即使尝试不成功）[273, 274]。
18 个月：当成人在实现目标方面遇到困难时，儿童会无私地（工具型地，instrumentally）帮助他们 [275]。

注：从人类婴儿发展过程中节选的重要阶段，突出了一些涉及交互，尤其是会促成协作能力的重要发展阶段。新生儿的先天技能为其提供了对外部世界特征的敏感度，从而最大化了婴儿与他人互动的机会 [257]。本表内容系由意大利技术研究院的亚历山德拉·休蒂（Alessandra Sciutti）编制。

发展使智能体产生了新的行动形式，并习得了对这些行动的预测控制。预测能力很重要：为了有效地控制行动，认知智能体不但要能够预测这些行动的结果，还要在第一时间预测是否需要采取这些行动。认知似乎就是智能体设法将这两种关于其与所嵌入环境交互的前瞻性观点结合起来的方式。为了有效地行动，智能体必须能够推断即将发生的事件，我们称之为前瞻（prospection）。例如，当一个认知智能体（尤其是人类）重复练习某个新的行动时，重点并不是像我们以为的那样在于建立固定的动作模式——有时被称为肌肉记忆（muscle memory），而是以该行动的目标为背景，建立对这些动作的前瞻性控制范围。[5] 因此，早期习得的感觉运动技能是逐渐发展起来的。先天技能或早期习得技能的逐步发展有时被称为"搭建脚手架"。这种发展（尤其是前瞻性的一面）通过内部模拟得到加速，即对执行行动进行有意识或无意识的心理复述（mental rehearsal）并推断这些行动可能产生的结果。因此，认知本身可以被看作是一个发展的过程。通过这个过程，系统的技能变得越来越熟练，并获得了理解事件、背景和行动的能力，最初是应对眼前的情况，之后则越来越多地获得预测能力，也就是前瞻性能力（请参见图 6.1）。

和认知一样，发展是涉及整个系统的过程：随着智能体获得了越来越复杂且越来越具有前瞻性（即面向未来）的行动能力，行动

---

5 埃德·里德（Ed Reed）在他的著作《面对世界：生态心理学探索》（*Encountering the World: Toward an Ecological Psychology*）[279] 里阐述了前瞻（即预测）在运动控制中（尤其是在执行目标导向行动的背景下）的重要性。另见加万·林特恩（Gavan Lintern）[280] 的述评。

与知觉的发展、神经系统的发展以及身体的发展与成长这三者之间会相互影响。[6]

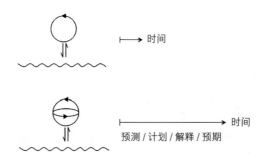

图 6.1　认知系统的时间跨度随着发展而扩大。本图的上半部分描绘的是一个没有中枢神经系统的系统（请参见第 2 章，图 2.3）；该系统几乎或完全没有前瞻性能力。下半部分描绘的是一个具有中枢神经系统的系统，因此是一个能够发展的系统（请参见第 2 章，图 2.4），该系统具有更强的前瞻性能力。

6.1.1　动机

自治智能体的发展主要取决于动机。动机决定了行动的目标，并为实现这些目标提供驱动力。我们在第 3 章 3.2.5 节中指出过，

6　克莱斯·冯·霍夫斯滕的《发展中的行动》（*Action in Development*）一文对前瞻性目标导向行动在认知发展中的重要性以及探索性动机和社会动机在发展过程中的作用进行了简明的概述 [281]。他的《婴儿期的行动：认知发展的基础》（*Action in Infancy: A Foundation for Cognitive Development*）[282] 一文对此进行了更深入的阐述。

动机意味着存在一个引导或支配发展的价值体系。[7] 社会动机和探索性动机是最重要的两种驱动行动进而驱动发展的动机。这两种动机在智能体出生时就开始起作用，并为整个生命周期的行动提供驱动力。

社会动机将个体置于由其他人构成的大环境中，为其提供舒适、安全与满足感，个体可以从中学习新的技能，发现新事物，并通过交流来交换信息。社会动机极其重要，因而有人认为，如果没有社会动机，一个人将完全停止发展。从出生起，社会动机就表现出关注社会刺激、模仿基本手势和参与社会交互的倾向。社会动机包括归属感需求、自我保持以及与他人的认知一致性（cognitive consistency）。[8]

探索性动机至少有两种。第一种与发现周围的世界有关：发现世界的新奇性和规律性。第二种探索性动机则与发现自己行动能力的潜力有关。

新鲜、有趣的物体和事件会吸引婴儿的视觉注意，但在婴儿面

---

[7] 有关价值系统在人工认知系统中作用的概述，请参见凯瑟琳·梅里克的论文《机器人自治探索和学习的价值系统比较研究》[127] 以及皮埃尔－伊夫·乌迪耶及其同事的《自治心理发展的内在动机系统》[128]。在发育机器人学中使用价值系统的早期例子可从翁巨扬与黄晓（Xiao Huang，音译）的论文中找到 [235, 236]。

[8] 约瑟夫·福加斯（Joseph Forgas）及其同事在《社会动机》（*Social Motivation*）[283] 一书的引言中精辟地阐述了社会动机及其与认知和情感（即情绪状态）的关系。

前出现几次后就失去了吸引力。婴儿也有强烈的动机去发现他们能用物体做什么，而且对于他们自己的感觉运动能力以及他们具身化的具体特征尤其好奇。用更正规一些的术语来说，婴儿具有强烈的动机去发现周边环境中的物体的可供性（即自己可以用其完成什么新行动）。[9]

婴儿探索新的行为方式的动机极其强烈，以至于常常会推翻通过之前的发展已经确立的实现目标的方式。例如，即便通过爬行已经能很有效地移动，婴儿还是会坚持尝试走路；尽管仅靠眼部运动就足够引导目光，婴儿仍然会坚持转动头部。推动婴儿发展的不一定是成功地实现了特定任务的目标，更可能是婴儿发现了与其所处世界交互的新模式：通过探索习得了新的行为方式。[10]

142

6.1.2 模仿

除了通过探索——伸手、抓握以及操纵周围的事物——来发展技能，认知发展还有另外两种非常重要的方式：模仿（imitation）与社会交互，包括教学。这两种不同的发展驱动力——探索性驱动力和社会驱动力——分别反映了让·皮亚杰（Jean Piaget）和列夫·维

---

[9] 请回溯第 5 章 5.6 节倒数第二段以及第 2 章页下注 52 的内容，以回忆可供性的概念。同时还需要记住，行动的重点是行动的目标，而不是实现该目标的动作。

[10] 认为探索对发展至关重要的观点得到了发展心理学研究结果的支持，可参阅克莱斯·冯·霍夫斯滕的文章《论知觉与行动的发展》（*On the Development of Perception and Action*）[284] 和《运动发展的行动视角》[215]。

果茨基（Lev Vygotsky）的发展心理学理论。[11]

模仿[12]——通过观察他人行动来学习新行为的能力——是发展的关键机制，也是人类的天性。[13]

与试错探索及相关学习方法（如强化学习，即通过小范围的成功慢慢引导得到完成某项任务的整体策略）相反，模仿提供了一种快速学习的方式。请注意，模仿与无意识的学样(mimicry)是不同的。模仿的重点在于通过观察别人在做什么并努力进行复制来学习新的技能，从而扩充了智能体所掌握的行动储备库。而无意识的学样只是单纯的复制，通常只会用到模仿者已经掌握的某种技能。

尽管婴儿出生时就已经拥有模仿能力，但这种能力要在其后的几年才会发展完备。新生儿会模仿面部表情，但婴儿要到15~18个月大的时候才能模仿各种行动。婴儿模仿能力的发展分为四个阶段：

---

11 克斯廷·道腾汉和奥德·比亚尔（Aude Billard）[285] 的论文简明扼要地介绍了让·皮亚杰以探索为中心的婴儿发展方法和列夫·维果茨基的社会性发展之间的区别。这篇论文强调了社会交互与教学在发展中的重要性，并描述了机器人发展的框架。我们将在第9章9.6节讨论皮亚杰和维果茨基的理论。

12 奥德·比亚尔的《模仿》（*Imitation*）[286] 一文概述了模仿在社会认知（即智能体之间以认知的方式交互）中的作用，并解释了对模仿建模的三种方式（以行为研究为基础的理论建模、以神经机制模型为基础的计算建模、机器人学中允许机器人通过演示学习的综合建模）。安德鲁·梅尔佐夫（Andrew Meltzoff）的文章 [287] 就模仿作为认知发展基本组成部分的重要性进行了深入的概述。

13 安德鲁·梅尔佐夫和基思·穆尔（Keith Moore）证实了新生儿能够模仿面部表情，可参阅 [288, 289]。

（1）身体咿呀语（body babbling）；

（2）模仿身体动作；

（3）模仿对物体所做的行动；

143

（4）基于推断他人意图的模仿。[14]

术语"身体咿呀语"（有时也被称为"运动咿呀语"，motor babbling）源于一个更为常见的短语"咿呀语"（vocal babbling），该词用于描述婴儿在学会说话之前发出的类似成人言语中的音节，重复但不表达意义的一种特殊语声。身体咿呀语的意思大致相同：婴儿并不知道实现与某个特定行动相关的目标需要什么肌肉运动。因此，为了学习这一点，婴儿会进行随机的试错学习。这就使婴儿在动作或运动指令与随之产生的行动之间形成一种映射。紧随其后的是模仿身体动作和姿势的能力的发展。

几个月大的婴儿能够将他们的模仿指向周围的物体，再过一段时间他们还可以延迟模仿：在观察到要模仿的行动很久之后再进行模仿。

模仿发展的顶峰是推断他人意图的能力。在此，模仿为不同的发展观，特别是认知神经科学和发展心理学，以及人类如何发展出

---

[14] 安德鲁·梅尔佐夫和基思·穆尔在他们被广为引用的文章中提出了模仿发展的四个阶段 [289]。拉杰什·拉奥（Rajesh Rao）、阿龙·肖恩（Aaron Shon）和安德鲁·梅尔佐夫在随后的一篇论文中对此进行了解释和应用 [290]。

理解他人意图并与他人产生共情的能力提供了一座桥梁。[15]这被称为心理理论（theory of mind），一个经常被误解的术语，意味着智能体能够就他人的情况形成一个观点（或采取一个视角），并不是关于认知如何运作的理论，即心智如何运作的理论。拥有一套心理理论指的是有能力推断别人在想什么以及想做什么。我们将在第9章9.3节再对心理理论和意图推断问题进行讨论。

6.1.3 发展与学习

发展与学习相互关联，但二者又有所不同。我们在本章中已经提到发展不同于学习，因为它涉及对现有能力的抑制，而且它必须能够应对智能体形态或结构的变化。我们在第3章中也指出过，发展的系统是模型生成器而不是模型适配器。现在我们要对这些说法进行解释和阐述。

首先，发展是智能体为扩充行动储备库并延展其前瞻性能力（即预测事件和是否需要采取行动的能力）的时间跨度所经历的过程。

学习与发展都与建构世界如何运行的模型以及智能体如何适应该模型有关，但学习通常立足于改造或调整另一个智能体提供的模型，而发展则通常需要智能体自己生成模型。因此，学习的重点在

---

[15] 安德鲁·梅尔佐夫和让·德塞蒂（Jean Decety）具有里程碑意义的论文[291]描述了人类先天模仿能力的重要性，以及镜像神经元系统中模仿的神经基础（请参见第5章5.6节），为心理理论的发展提供了一种机制。用他们的话来说，"在个体发育中，婴儿的模仿是种子，而成人的心理理论则是果实"。

于确定他人提供的模型的参数，例如改进观测值之间的对应关系。而发展关注的是首先生成一个模型：找出一种新的方法来做某事，或提出一种新的解释来说明为什么某事以某种方式运行。这个模型并不一定要完全正确：只需要对认知智能体来说是有意义的即可。[16] 学习往往涉及获得对世界如何运行的理解，而与智能体自身对问题的看法无关；发展总是在世界如何运行的背景下关注智能体能力之间的关系。因此，发展需要智能体与其环境之间存在双向交互：用第 5 章中的术语来说，它涉及结构耦合。认知智能体理解的发展过程必然蕴含几分探索与评估、假设与检验的元素。此外，智能体的行为必然会对其感官知觉产生一些因果影响。而学习常常只通过观察就可以完成。

发展常常包含在开始改进之前的性能降低：性能曲线通常在再次上升之前会出现下降。我们称之为非单调过程。相反，单调过程或单调曲线不会下降，总是呈上升趋势。学习技巧通常是单调的：它们通常呈现持续改进。问题是，学到的技巧可能是一个好的解决方案，但并不能保证是最好的：它可能不是全局最优解。就知识学习而言，一个单调学习（monotonic learning）的智能体只能学习与已有知识不矛盾的新知识。

另一方面，非单调学习（non-monotonic learning）使智能体能够

145

---

16 关于模型的正确性，统计学家乔治·博克斯（George Box）有一句名言："本质上，所有的模型都是错误的，但有些模型是有用的。"[292]

学到与当前所知不一致的新知识。如果新知识更有意义，则允许智能体替换或推翻现有的知识。[17] 我们在前面提到过，为了便于探索新的做事方式，智能体有时必须暂停当前的技能。因此，发展与学习的不同之处在于：①发展必须抑制现有的能力；②发展必须能够适应（或许还要引起）智能体在形态或结构上的变化。这种抑制并不意味着失去已经习得的控制能力，而是抑制了特定感官刺激和相应运动反应之间的联系。

尽管学习与发展存在差异，但是两者确实是齐头并进的。如果智能体没有一定的学习能力，发展也就无从谈起。因此，让我们再简要地讨论一下学习。[18]

总的来说，我们可以将学习分为三种类型：监督学习（supervised learning）、强化学习和无监督学习。[19]

在监督学习中，正在学习的智能体会获得他人提供的自己需要学习的内容的示例，并且能够确定正确答案与其估计的正确答案之

---

[17] 美国密歇根大学的认知与智能体架构网站上有从认知系统的视角对单调学习和非单调学习进行的概述 [293]。

[18] 有关学习中涉及的不同技巧的介绍，请参见汤姆·米歇尔（Tom Mitchell）的《机器学习》（*Machine Learning*）[294] 一书。

[19] 铜谷贤治（Kenji Doya）的《小脑、基底神经节和大脑皮层的计算是什么？》（*What are the Computations of the Cerebellum, the Basal Ganglia and the Cerebral Cortex?*）[295] 一文对监督学习、强化学习和无监督学习这三种基本的学习范式进行了简要的解释。作者后来的一篇论文又对这一主题进行了更简明的介绍 [296]。

间的误差值。这些误差是向量值：它们显示了估值的差距大小——误差的幅度——以及为了下次估值时减少误差，智能体需要调整的估值方向。例如，如果一个认知智能体正在学习伸手去拿物体时的运动控制值与该物体在其视野中的位置之间的关系，那么它会得到一个包含两个数据集之间正确对应关系的训练集。此外，当智能体试图伸手去拿物体而没有成功时，不仅能够估计它的尝试离正确位置有多远，还能估计方向上所需的调整。因此，在监督学习中，教学（或训练）信号是方向性的误差。

强化学习[20]也是监督学习的一种形式，因为学习过程中的每一步都会收到奖励信号。在这种情况下，教学信号不包含任何方向性的信息，而仅仅是被称为奖励或强化信号的标量值。在强化学习范式中，智能体执行某个引起环境（包括智能体本身）状态改变的行动，然后接收到一个强化信号或奖励。另一个行动会导致另一种可能不同的奖励。学习的目标就是随着时间的推移收获最大化奖励总和。通过这种方式，成功的行为得到强化，而不成功的行为受到惩罚。

无监督学习[21]没有教学信号，只有输入数据流。学习的目标是揭

146

---

20 关于强化学习的概述，请参见曼斯·哈蒙（Mance Harmon）和斯蒂芬妮·哈蒙（Stephanie Harmon）的《强化学习教程》（*Reinforcement Learning: A Tutorial*）[297]。

21 关于这个主题的入门介绍，请参阅佐宾·加拉马尼（Zoubin Ghahramani）的《无监督学习》（*Unsupervised Learning*）[298] 一文。

示这个输入流中的统计规律，特别是在输入数据和反映输入数据潜在顺序的习得输出之间找到某种映射。例如，数据流可能反映了许多不同的聚类（clusters）；无监督学习提供了一种识别和描述这些聚类的方法。

你可能会想到，不同类型的发展需要不同的学习机制。人脑擅长这三种类型的学习，大脑有不同的区域专门负责不同类型的学习。[22] 先天行为通过不断的无知识强化式学习磨炼获得，而新技能则通过一种不同的学习形式得以发展，这种学习形式由自发无监督的游戏和探索驱动，而不是被直接强化。另一方面，模仿学习和指导性学习利用的则是监督学习。[23]

总之，智能体通过探索、操纵、模仿和社会交互学会理解自己的世界，随着智能体的发展，认知技能逐步涌现。特里·威诺格拉德和费尔南多·弗洛雷斯在他们的经典著作《理解计算机与认知》[87]一书中，至少从涌现视角抓住了发展性学习的本质。

---

[22] 例如，铜谷贤治认为，小脑（cerebellum）专门负责监督学习，基底神经节负责强化学习，大脑皮层负责无监督学习 [295]。这些区域与学习过程相互依赖：詹姆斯·麦克莱兰及其同事认为海马结构与新皮层（neo-cotex）形成了一个互补的学习系统 [299]。海马体（hippocampus）会促进对事件之间联系的快速学习——联想学习——这被用于在新皮层中逐步恢复与巩固所学的记忆。

[23] 关于包括模仿在内的机器人监督学习的不同方法的全面概述，请参见布伦娜·阿高尔（Brenna Argall）及其同事的《机器人从演示中学习的综述》（*A Survey of Robot Learning from Demonstration*）[300] 一文。

学习并不是对环境表征的积累过程；它是通过神经系统合成行为能力的不断变化而不断转变行为的过程。回忆并不依赖于无限期地保留表征一个实体（一个想法、图像或符号）的结构不变量，而是依赖于系统的功能能力，在给定某些重现条件时，创建的行为能够满足重现命令，或是被观察者归类为对之前行为的重演。

147

6.2　系统发育与个体发育

我们在第 2 章和第 3 章中遇到了在任何关于发展与学习的讨论中都很重要的两个术语：系统发育和个体发育。系统发育指的是智能体代际间的进化过程，而个体发育指的是系统在其生命周期内适应和学习的过程。因此，个体发育不过是发展的另一种说法而已。

发展必须有一个起点，这个起点就是决定智能体初始感觉运动能力及其先天行为的系统发育。这些能力及行为嵌入智能体的认知架构中，且在生物认知智能体出生时就已经存在。个体发育(即发展)之后会产生我们所寻求的认知能力。

并不是所有的动物都有显著的认知发展。在自然界中，智能体的初始能力（系统发育配置）与其发展的能力（个体发育潜能）之间存在一种权衡。一般物种可以分为两种类型：早熟性物种（precocial species）和晚成性物种（altricial species）。早熟性物种生来就具有成熟的行为、技能和能力。这些是其遗传构成（即系统发育配置）的直接结果。因此，早熟性物种在出生时就相当独立了。另一方面，晚成性物种出生时的行为和技能不发达，高度依赖父母的支持。然而，与早熟性物种相反，晚成性物种在一生中（即通过个体发育）发展复杂认知技能的能力要强得多。[24]

在人工认知系统的背景下，我们面临的挑战是在认知系统的设计，特别是在认知架构的设计中，取得早熟与晚成之间的恰当平衡。实际上，存在两个方面的问题：一是要确定先天的系统发育所赋予的技能（这些技能不一定是完美的，可以通过某种形式的学习加以调整），二是确定这些能力如何发展。尽管我们在第3章关于认知架构的讨论中已经涉及了这些问题，但我们还是要借机利用发展心理学和神经科学为这些问题提供更深入的见解，尤其想了解的是，如果智能体要具备发展能力，那么其系统发育配置（即其认知架构）应该包括哪些必要的——核心的——技能、能力以及知识。

---

24 阿龙·斯洛曼和杰基·查普尔（Jackie Chappell）认为，我们不应把早熟与晚成之间的区别视为系统发育配置和个体发育潜能的简单二分，而应该把早熟与晚成看作是一系列可能配置范围的两端："早熟技能可以在出生时提供复杂的能力，而晚成能力具有潜力以适应不断变化的需求和机会。因此，许多物种二者兼而有之也就不足为奇了。"[301]

6.3　心理学视角的发展

6.3.1　行动的目标导向性和前瞻性

　　来自包括心理学和神经科学等许多不同研究领域的证据表明，生物有机体的动作是作为行动而不是反应组织起来的。反应由更早的事件引起，而行动则由具有动机的主体发起，通过目标来定义，且得到了前瞻性信息引导。[25] 本质上，行动是通过目标而不是通过它们的轨迹或构成的运动来组织的，尽管这些因素也很重要。

　　例如，在执行操纵任务或观察其他人执行操纵任务时，受试者关注的是动作的目标和子目标而不是（手之类的）身体部位或物体。[26]但这只是暗含（目标导向的）行动时的情况。在没有智能体的背景下显示同样的动作时，受试者关注的是移动的物体而不是目标。

　　同样，来自神经科学的证据表明，即使在神经反应的层面上，大脑也是以行动的形式表征动作的。例如，我们在第 5 章 5.6 节中提

---

[25]　行动具有预期性和以目标为导向的本质是《类人机器人认知发展路线图》一书的主旨，该书由克莱斯·冯·霍夫斯滕和卢西亚诺·法迪加 [12] 合著。

[26]　罗兰·约翰松（Roland Johansson）及其同事 [302] 的一篇论文描述了一项实验。该实验表明，人们会关注一些关键的标志性位置，如物体被抓住的点、物体的目标位置与支撑面等，但不会关注自己的手或移动的物体。这表明注视支持操纵中的预测性运动控制，并为我们在本章中强调的行动具有前瞻性和目标导向性提供了证据。兰德尔·弗拉纳根（Randal Flanagan）和罗兰·约翰松 [303] 的一篇相关论文显示，人们在观察物体操纵任务时，也会表现出同样的行为。

到过，一组特定的神经元——镜像神经元——在感知和执行行动时被激活。[27] 这些神经元特定作用于行动的目标，而不是执行这些行动的机制：与行动相关的动作如果没有明确或隐含的目标，这些神经元就不会被激活。

正如我们多次强调的那样，行动是由前瞻性信息而不是即时反馈的数据引导的。其中一部分原因是，事件可能先于它们的反馈信号，因为在生物系统中，控制通路可能会有很大程度的延迟。如果不能依靠反馈，那么解决问题的唯一办法就是预测下一步会发生什么，并利用该信息来控制自己的行为。

6.3.2 婴儿的核心认知能力

认知系统的系统发育配置为发展提供了起步的核心要素。婴幼儿有两个核心知识系统（core knowledge systems），为表征物体（包括人和地点）和数的概念（数量，numerosities）提供了基础。[28] 尽管这些核心系统奠定了认知灵活性的基础，其本身也存在许多局限：具有领域特定性与任务特定性，并且是封装的（即彼此独立地运行）。

---

27 贾科莫·里佐拉蒂和莱拉·克拉伊盖罗 [214] 的综述文章对镜像神经元系统进行了精辟的概述。

28 伊丽莎白·史培基（Elizabeth Spelke）的《核心知识》(*Core Knowledge*) [304] 一文对核心知识系统及其通过发展促进灵活认知技能的方式进行了通俗易懂的概述。

　　婴儿会构建起物体的表征，但前提是这些物体要表现出某些特征。具体地说，被当成轮廓线的实体是完整、相连的固体，可以持久地保持自身的同一性，并且在被其他物体遮蔽时，可以不受遮挡（occlusion）的影响而继续存在。婴儿可以同时跟踪多个物体，但数量限制在三个左右，而且这种能力可以包容物体属性的变化，如颜色、精确形状和空间位置等。

　　婴儿有两个与数量有关的核心系统：一个处理少量精确数量的物体，另一个处理集合中的近似数量。婴儿能够可靠地辨别一个物体和两个物体，以及两个物体和三个物体，但无法辨别更多数目。[29] 不需要有意识地计数就能够量化少量物体数量的能力被称为感数（subitization）。这种能力不依赖于形式，婴儿对声音也可以做同样的事情。婴儿还能够把这些小数字相加。另一方面，近似数字系统使婴儿能够区分更大的实体集。

150

　　核心知识的一个重要部分与人有关，具体来说，与婴儿及其照顾者之间的交互以及婴儿与其他人交互的倾向有关。婴儿会受到他人的吸引，天生具有识别其他人及其表情以及与他们交流的能力。我们在本章开头的表 6.1 中可以看到，婴儿会相当迅速地发展出感知他人行动目标导向性的能力。类似地，和其他的运动相比，婴儿偏

29　莉萨·费根森（Lisa Feigenson）、斯坦尼斯劳斯·德阿纳（Stanislaus Dehaene）和伊丽莎白·史培基的《核心计数系统》（*Core Systems of Number*）[305] 对这两种计数核心系统进行了简要总结：数量值的近似表征与不同个体的精确区分。

好移动中的人产生的运动，即所谓的生物运动（biological motion）。[30]

意图与情绪通过对知觉和控制都很重要的复杂而具体的动作、手势和声音来表现。其中一些能力在新生儿身上就已经存在，可见他们已经准备好进行社会交互了。婴幼儿非常容易被人，尤其是人的声音、动作和面部特征吸引。他们对眼睛直视自己的脸的注视时间要比对眼睛看向旁边的脸的注视时间更长。[31] 他们还会进行一些社会交互和话轮转换（turn-taking），通过模仿面部表情来进行表达。[32]

空间重定向和导航能力，通常被视为一种典型的认知能力，也是逐步发展的。成人通过将非几何信息（如颜色）和几何信息相结合来解决重新定向的任务，而幼儿仅依赖几何信息。[33] 同样，有证据表明，导航建立在短暂而非持久的、以自我为中心而非以地球为中

30　4~6 个月大的婴儿对生物运动的偏好于 1982 年提出，用于证明这是人类视觉系统的固有能力的假设 [306]。2008 年，弗兰切斯卡·西米翁（Francesca Simion）及其同事指出，新生儿确实对生物运动很敏感 [258]。

31　特雷莎·法罗尼（Teresa Farroni）及其同事 [256] 在一篇论文中描述了一项实验。该实验表明，婴儿从出生开始就更喜欢看那些与他们相互注视的面孔，也就是说，更喜欢与有直接眼神接触的人交互。

32　探讨新生儿面部特征模仿以及广义上的模仿的两篇经典论文是安德鲁·梅尔佐夫和基思·穆尔的研究成果 [288, 289]。

33　琳达·赫尔默（Linda Hermer）与伊丽莎白·史培基 [307] 的论文讨论了幼童与成人在空间重定向方式上的差异。与成人不同的是，即使有非几何信息，儿童也仅仅依靠几何信息来重新定向。

心的表征基础之上，且受限于其捕获的环境信息。[34] 导航时，儿童和成人的转向决策建立在局部的、依赖于视野且基于几何图形的表征的基础之上。他们通过形成和更新自身与环境的关系的动态表征来导航。人们发现，这种智能体从一个点导航到另一个点，并在前一步的基础上逐渐形成下一步的路径整合能力是昆虫、鸟类和哺乳动物的主要导航形式之一。与其他动物一样，人类可以回到路径的原点并沿着新的路径到达熟悉的地点，其间通过识别标志性位置而不是形成场景的全局表征来重新定向。

151

6.3.3　个体发育

如果认知系统的系统发育配置为发展提供了核心基础，那么个体发育则是在搭建这些能力以生成预测性的、受前瞻性控制的、目标导向的可能行动储备库时所采取的路径。

认知系统的个体发育始于拥有最小前瞻性的即时行动，接着逐步发展为更复杂的行动，从而带来了前瞻性越来越强的认知能力。这涉及知觉－行动协调的发展，最初是头－眼－手协调，接着是单手和双手操纵，然后拓展到包括智能体交互、模仿以及手势和语言交流的前瞻性更强的耦合（请再次参阅本章开头的表 6.1）。这种发

34　王然晓（Ranxiao Wang，音译）和伊丽莎白·史培基 [308] 的一篇文章讨论了人类在空间表征中对短暂的、以自我为中心且信息有限的线索的特征依赖，并将其与基于持久的、以地球为中心的"认知地图"这一更广泛认可和更直观的假设进行了对比。

展既出现在系统发育为系统配备的先天技能中，也出现在系统个体发育期间所习得的新技能里。

6.4　结论

现在，我们来看一下具有发展能力的认知系统的本质。

也许最重要的一点是认识到具有发展能力的认知系统的行动是由预测引导、由目标导向，并由情感动机（affective motives）触发的。因此，发展是系统逐步拓展其前瞻性的时间跨度并扩充其行动储备库的过程。所以，认知系统需要专注于行动目标的注意力系统。为了预测、解释和想象事件，认知系统还需要某种机制来通过内部模拟预演假设场景，也需要有机制利用这个模拟的结果来调节系统的行为，并通过建构生成模型搭建新的知识。我们将在下一章探讨记忆时回到这个问题。

一个能发展的认知系统具有适应和自我修正的能力，既可以通过学习来调整系统发育技能的参数，也可以通过修正系统本身的结构和组织，根据经验改变系统动态。[35] 这又使得系统有能力扩充其行

---

[35] 罗斯·阿什比的经典著作《为大脑设计》[29, 30, 31] 尽管写于 60 多年前，但是对这种通过内稳态、超稳定性（ultrastability）和多稳定性（multistability）来实现自组织适应行为的机制进行了非常有启发性的分析。（转下页）

动储备库，适应新的情况，并增强其前瞻性能力。

　一个能发展的认知系统需要有合适的包含先天——核心——能力的系统发育配置，封装在它的认知架构中。还需要有发展的机会：个体发育阶段。在这个阶段，发展受到探索性动机和社会动机的共同驱动，前一种动机涉及发现世界上的新规律和系统自身行动的潜能，后一种动机涉及智能体间的交互，共享的活动和相互建构的共享行为模式。我们将在最后一章探讨社会认知时再回到这个问题。

153

（接上页）需要注意的是，这本书有两个版本，二者有显著区别。两个版本都值得一读，以了解阿什比的思想在第一版和第二版之间的八年里发生了怎样的变化。笔者的一篇开放性同行评论文章对这两个版本之间的差异做了简要的选择性概述，可供参阅。

记忆与预测

7.1 引言

我们对人工认知系统的研究从第 1 章对认知的本质进行概述开始，强调了认知系统的基本特征，侧重论述了认知智能体预测行动需求以及扩充其行动储备库的能力。我们看到认知系统会发展与学习，并在此过程中适应不断变化的环境。在第 2 章，我们探讨了认知科学的不同范式以及人们对认知做出的不同假设。正如我们所见，这对认知系统的建模方式有着显著影响。接着，在第 3 章，我们在认知架构的章标题下研究了这些模型的各个方面。在我们研究的所有认知架构中，其中一个核心问题是认知系统知道什么，以及如何获得、保留和使用它的知识和技能，也就是它的认知技能。这就引出了我们这一章的主题：记忆。

记忆在认知中起着至关重要的、令人意想不到的作用。在本章中，我们将会探讨认知系统记住了什么、为什么它能记住这些东西以及它如何使用记住的东西。我们将分别以第 4 章、第 5 章和第 6 章讲到的有关自治性、具身化以及发展和学习的内容为基础，对这些问题进行解答。

155

记忆与知识之间有很强的相似性，接下来我们将考察二者之间的关系。人们很容易把记忆看成是一种存储知识的被动机制，并把注意力完全集中在知识上。就像我们在第 2 章和第 3 章中看到的，知识是认知主义认知系统的核心，为认知架构提供补充内容。它们一起构成了完整的认知模型。通常情况下，由于认知主义与经典人工智能，尤其是物理符号系统假说（请参见第 2.1.2 节）之间密切相关，这就自然而然地导致人们假设知识是符号性的。但是，这种假设可能并不总是成立。因此，为了避免对知识本质的无意误解，这一章我们将从记忆的角度来处理这个问题，突出记忆与知识之间的相似性以及经常出现的二元性。我们不会把知识简单地看作是记忆的内容，而是把记忆与知识看作在某种意义上等同的东西，因为它们都包含了与世界交互过程中产生的经验。

我们的论述思路是这样的。我们将从最简单的任务开始：区分不同类型的记忆。我们将区分几种记忆类型，包括陈述性记忆、程序性记忆、语义记忆、情景记忆、长时记忆、短时记忆、工作记忆、模态记忆（modal memory）、非模态记忆（amodal memory）、符号记忆（symbolic memory）、亚符号记忆（sub-symbolic memory）、异联想记忆和自联想记忆。我们在第 3 章讨论认知架构时已经遇到了许多这样的区分，现在的目标就是要解释这些差异。

在了解不同类型的记忆之后，我们将讨论记忆的作用。我们很快就会明白，记忆与过去密切相关，与未来也同样密切相关。记忆有助于知识的持久化，并形成经验的宝库。没有记忆，系统就不可能学习、发展、适应、识别、规划、思考和推理。记忆的功能是保存通过学习与发展获得的成果，确保当认知系统适应新环境时，不会失去其在之前已经适应的环境中有效行动的能力。除了保存过去的经验之外，记忆还有另一个作用：预测未来。在此背景下，我们将讨论认知能力的核心支柱之一：有能力在内部模拟可能行动的结果并选择一个最适合当前情况的行动。从这个角度来看，记忆可以看作是一种让认知智能体能够为行动做准备的机制，通过预测克服其知觉能力固有的"只关注眼前"的局限性。

156

7.2　记忆的类型

7.2.1　概述

我们首先要区分不同类型的记忆。[1] 我们在前一节中指出过，需

---

[1] 有关自然和人工认知系统中记忆的概述，请参见雷切尔·伍德（Rachel Wood）、保罗·巴克斯特（Paul Baxter）和托尼·贝尔帕米（Tony Belpaeme）[309] 的评述。拉里·斯夸尔（Larry Squire）的文章《大脑的记忆系统：发展简史与当前视角》（*Memory Systems of the Brain: A Brief History and Current Perspective*）[310] 从神经科学的视角进行了简明扼要且通俗易懂的概述。

要进行多种区分，包括以下内容：

- 短时记忆和长时记忆；

- 陈述性记忆和程序性记忆；

- 语义记忆和情景记忆；

- 符号记忆和亚符号记忆；

- 模态记忆和非模态记忆；

- 异联想记忆和自联想记忆。

但这还不是故事的结尾。陈述性记忆有时被称为命题性记忆（propositional memory）或描述性记忆（descriptive memory）。短时记忆有时被称为工作记忆，但两者还有一些细微的区别。为了区分这些记忆，我们首先考虑一下什么是记忆。在很大程度上，我们可以把记忆看作是过去经验产生的"东西"，可供回忆以支持有效的、正在进行的和未来的行为。这里我们用"东西"来指代它，显得有点含糊其辞。这种含糊是有原因的，它可以（再次）追溯到认知的认知主义方法与涌现方法之间的差异。

如果你坚持认知主义范式，那你会把这个"东西"称为知识。如果你坚持涌现范式，你就不太愿意用这个术语，因为"东西"这个词可能会被误解为是对认知智能体所经历过的世界的一种精心编码的（可能体现为符号的）描述——或表征。坚持涌现范式的人更倾向于把记忆看作是认知系统的某种状态，可以在为当前、即将发生或未来的行动服务时被回忆起来。我们在上文把这种行动称为有效行动，并且我们应当重温一下在第 1 章和第 2 章中学到的内容：

所谓有效，指的是有自适应性和预测力，这样认知系统就不会仅在其现有感官数据的基础上运行，而是会为自己预期中的情况做好准备，并适应预料之外的情况。

还有一点：与大多数计算机人工系统不同，我们人类的记忆不是局部的，也不是被动的。而是分布式的和主动的，所以记忆不应被视为认知架构中的"存储位置"，而是在完整认知系统中普遍存在的特征，完全融入认知架构的各个方面。从这个意义上说，记忆是一个主动的过程——认知的一个主要机制——而不是一个被动的信息存储库。人工认知系统越来越多地采用了这一观点。[2]

7.2.2 短时记忆和长时记忆

现在让我们来探讨一下不同类型的记忆（阅读本节时请参阅图7.1）。[3] 第一个要区分的是短时记忆与长时记忆。这二者的区别显然是基于记忆内容保持的时间，不过还有其他与维持记忆的过程有关的区别。在短时记忆中，记忆通过短暂的神经元放电活动来维持，

158

---

[2] 关于认知系统中普遍存在的记忆观，华金·菲斯特（Joaquín Fuster）评论道："我们的焦点正从'记忆的系统'转向系统的记忆。帮助我们感知世界并在其中活动的大脑皮层也会帮助我们记住这个世界。"[311] 要了解这种观点如何应用于人工认知系统设计，可以参见保罗·巴克斯特和威尔·布朗（Will Browne）的基于记忆的认知框架（memory-based cognitive framework，MBCF）[312]。

[3] 对不同类型记忆的概述严格依照雷切尔·伍德、保罗·巴克斯特和托尼·贝尔帕米在《自然和合成系统中的长时记忆述评》（*A Review of Long-term Memory in Natural and Synthetic System*）[309] 中的论述。

而长时记忆则基于神经系统中更持久的化学变化。[4] 短时记忆也被称为工作记忆，是一种暂时性记忆形式，用于支持当前认知加工，例如目标导向行动的实现。[5] 我们在第 3 章讨论 Soar 和 ISAC 认知架构时已经遇到过这个问题（请参见第 3.4.1 和第 3.4.3 节）。

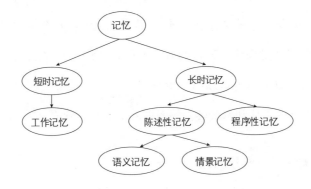

图 7.1　记忆分类简图。更完整的分类图，请参见 [310]。

4　雷切尔·伍德及其同事 [309] 指出，短时记忆和长时记忆的区分最早是由唐纳德·赫布于 1949 年在他的《行为的组织》[61] 一书中提出的。另一方面，纳尔逊·考恩（Nelson Cowan）[313] 主张短时记忆是长时记忆中被激活的部分。华金·菲斯特支持这一主张，认为工作记忆是短时和长时知觉及运动记忆（motor memory）的暂时性激活 [311]。

5　有关工作记忆的神经计算模型的概述，请参见 [314]。丹尼尔·德斯特维茨（Daniel Durstewitz）、杰里米·西曼斯（Jeremy Seamans）和特伦斯·谢诺夫斯基（Terrence Sejnowski）等人将工作记忆称为短时记忆的一种形式，再次指出短时记忆依赖于在缺乏外部线索的情况下维持神经元亚群的高活性（即触发率）。这与长时记忆典型的神经突触中更持久的化学变化形成对比。文章回顾了维持这种高活性的不同方法。

7.2.3 陈述性记忆和程序性记忆

我们也可以依据记忆的性质和我们对记忆的提取类型来区分记忆。具体地说，依据记忆的是事物的知识——事实，还是行动——技能，可以把记忆分为陈述性记忆和程序性记忆，有时也被称为知识记忆和诀窍记忆，即"知道是什么"(knowing that)和"知道怎么做"(knowing how)。[6]这种区别主要适用于长时记忆，但短时记忆也有陈述性的一面。陈述性记忆有时被称为命题性记忆，因为它指的是关于智能体所在世界的、可以用命题的形式表达出来的信息。这一点很重要，因为命题要么为真、要么为假。因此，陈述性记忆一般处理事实性的信息。但以技能为导向的程序性记忆则不是这样。因此，以知识形式存在的陈述性记忆可以通过语言等方式从一个智能体传递到另一个智能体，而程序性记忆只能进行演示。

陈述性记忆和程序性记忆还有其他方面的区别。陈述性记忆可以通过单一的知觉或认知行为获得，而程序性记忆则是逐步获得的，可能需要实践。陈述性记忆可以通过有意识的回忆成功提取，而程序性记忆则不行。人们可以对陈述性记忆进行内省，但不能用这种方式思考技能和运动能力。因此，智能体可以有意识地获取对事实的陈述性记忆，但技能和运动能力是无意识地获取的。基于这一原因，陈述性记忆和程序性记忆有时被分别称为外显记忆（explicit

159

---

6 吉尔伯特·赖尔（Gilbert Ryle）在 1949 年出版的《心智的概念》(*The Concept of Mind*) [315] 一书中提出了"知道是什么"和"知道怎么做"的区分。

memory）和内隐记忆（implicit memory）。

术语非陈述性记忆（non-declarative memory）有时也被用于程序性记忆。不过，这个词一般还包含无意识记忆的其他形式。[7]

7.2.4 情景记忆和语义记忆

陈述性记忆可以分为两种类型，即情景记忆和语义记忆。[8]

情景记忆指的是智能体经验中的具体事件，而语义记忆指的是关于智能体所在世界的一般知识，可能独立于智能体的具体经验。从这个意义上说，情景记忆是自传性的。因为情景记忆本质上就是将某些特定事件封装在智能体的经验中，因此具有明确的时空背景：发生了什么，在哪里发生，以及何时发生。这种时间顺序是情

---

[7] 非陈述性的程序性记忆可以再细分为四种类型：技能和习惯、启动效应、经典条件反射和非联想学习。更多细节，请参见拉里·斯夸尔的文章《大脑的记忆系统》[310]。

[8] 恩德尔·托尔文（Endel Tulving）在 1972 年发表的一篇题为《情景记忆和语义记忆》（*Episodic and Semantic Memory*）[316] 的文章中提出了术语情景记忆。他在 1983 年出版的《情景记忆要素》（*Elements of Episodic Memory*）是一本权威著作，他对这本书的概述《情景记忆要素概论》（*Précis of Elements of Episodic Memory*）[317] 一书是必读书目，因为该书不仅清楚地解释了情景记忆和语义记忆之间的许多不同之处，还对陈述性（命题性）记忆和程序性记忆进行了描述。我们在后文会发现，情景记忆在认知中（尤其是认知的预测性方面）起着关键作用。

景记忆中唯一的结构成分。情景记忆是一种基本的建构过程。[9] 每一个事件被同化到情景记忆中时，过去的情景就会被重构。但是，每次重构都略有不同。这一建构特征与情景记忆在内部模拟过程中所起的作用有关，而前瞻性，即认知的关键预测功能，正是以内部模拟为基础（请参见下文第 7.4 节）。

与此相反，语义记忆"是运用语言所必需的记忆。是一个心理术语词库，是一个人掌握的关于字词和其他语言符号、其意义和指称对象、它们之间的联系，以及操纵这些符号、概念和关系的规则、公式和算法的有组织的知识"。[10] 尽管语义记忆的这一定义可追溯到 1972 年，但现在仍然适用，尤其是在认知科学的认知主义范式中。这一定义还包含了该术语的语言学起源。

160

情景记忆与语义记忆在许多方面存在差异。一般来说，语义记忆与我们如何利用事实、观点和概念去理解（或建模）我们周围的世界有关。情景记忆则与经验（知觉和感官刺激）密切相关。情景记忆除了时间序列之外没有其他结构，而语义记忆则高度结构化，以反映其蕴含的概念、观点与事实之间的关系。此外，语义记忆的有效性（或真实性：语义记忆是命题陈述性记忆的子集）建立在社

---

9   马丁·塞利格曼（Martin Seligman）及其同事在他们关于前瞻性的论文《迈向未来或被过去驱动》（*Navigating into the Future or Driven by the Past*）[318] 中强调了情景记忆的建构特征。

10   这段解释语义记忆特征的引文出自恩德尔·托尔文 1972 年的文章 [316] 中的第 386 页，并在他的《概论》[317] 中得到引用。

会共识而不是个人信念的基础上，这一点与情景记忆一样。[11]

语义记忆可以通过一个概括与巩固的过程从情景记忆中生成。情景记忆可以是短时记忆，也可以是长时记忆，而语义记忆和程序性记忆则是长时记忆。

在人工认知系统中，陈述性记忆通常基于符号信息，而情景记忆和程序性记忆往往利用非符号信息，有时被称为亚符号记忆。

7.2.5 模态记忆和非模态记忆

我们在第 5.10 节讨论扎根认知时接触到了模态表征和非模态表征的区别。模态记忆直接与视觉、听觉或触觉等特定的感官模态联系在一起；非模态记忆与感觉运动经历没有必然的联系。语义陈述性事实以符号的形式进行表征，通常是非模态的，尤其是从认知主义范式的视角来考虑的话。但情景记忆更有可能是模态记忆，因为它与智能体的具体经验密切相关。

7.2.6 自联想记忆和异联想记忆

我们在第 2.2.1 节中讨论了联想记忆，提到有两种变体：异联想记忆和自联想记忆。联想记忆的主要思想是信息的某个元素，或者

161

---

[11] 语义记忆和情景记忆还可以从许多方面进行对比：[319] 第 35 页列出了 27 个不同之处。有趣的是，这篇文章指出了语义记忆在人工智能中的明显适用性，但对情景记忆与人工智能的相关性则提出了质疑。如今，情景记忆的重要性已被广泛接受，甚至在认知主义学界也是如此，情景记忆近来被纳入 Soar 认知架构便是证明（请参见 [113]）。

更宽泛地说，某个模式，与另一个信息的元素或模式相关联。第一
个元素或模式通过关联被用于回忆第二个元素或模式。异联想记忆
唤起的是与输入信息性质不同的记忆。例如，一种特定的气味或声
音可能唤起对某个过去事件的视觉记忆。自联想记忆则会则涉及与
唤起记忆模态相同的记忆：一个最喜欢的物体的图片可能会唤起对
该物体生动具体的心理意象。

7.3　记忆的作用

为什么我们要记住事物？一个答案是，这样我们就能认出我
们以前遇到过的物体、事件和人，并以某种适当的方式采取行动：
避开我们已经发现有危险的事物，而不是对我们有益的事物。换句
话说，记忆使学习和发展所产生的变化得以持久。这一点显然非常
重要，不过记忆在认知系统中还有另一个可能更为重要的作用：
不是为了记住过去，而是为了预测未来。[12]刘易斯·卡罗尔（Lewis
Carroll）的经典小说《爱丽丝镜中奇遇记》（*Through the Looking*

---

[12]　阿兰·贝尔托（Alain Berthoz）这样总结记忆的目的："记忆主要是通过回
　　　忆过去行动的结果来预测未来行动的结果。"[320] 丹尼尔·沙克特（Daniel
　　　Schacter）和唐娜·阿迪斯（Donna Addis）在《自然》（*Nature*）杂志上发
　　　表的论文《建构性记忆——过去与未来的幽灵》（*Constructive Memory: the
　　　Ghosts of Past and Future*）解释了记忆灵活重组以预测未来的方式 [321]。

Glass）中的白皇后和爱丽丝说的"只会重温过去的记忆是糟糕的记忆"。[13] 这句话很好地表达了这一点。这是一个重要的结论，呼应了我们前文论述的观点：记忆不仅仅是过去经验和习得知识的储备库，也是一种主动且无处不在的认知机制。人们甚至可以把记忆看作是驱动认知的引擎，尤其当我们把它看作是一种前瞻式而不是回顾式的思维方式时。[14]

记忆的这种前瞻性视角有多种含义。[15] 首先，如我们上文所述，记忆是一个主动的过程，而且在本质上是关联的。记忆可以通过相关的触发因素唤起，当然，触发因素也可以是其他记忆。如果有了一个联想记忆网，就可以在这个网中向后或向前运行。向前运行提供了记忆的预测性元素，暗示了可能通往预期目标的事件序列。向后运行则提供了一种方式来解释某个事件或其他事件是如何发生的[16]或想象出了一些方式使其可能会有不同结果[17]。第二个含义是，认知

---

13 请参见刘易斯·卡罗尔的《爱丽丝镜中奇遇记》[322] 中的第 5 章。

14 大脑具有预测的能力。基思·唐宁（Keith Downing）的《大脑中的预测模型》（*Predictive Models in the Brain*）[323] 强调了大脑不同区域：小脑、基底神经节、海马体、新皮层和丘脑皮质系统（thalamocortical system）五种不同预测结构。按照我们前面对陈述性记忆和程序性记忆的区分，前两个系统处理程序性预测，后三个系统更多地与陈述性预测有关。

15 保罗·巴克斯特和威尔·布朗在《记忆作为认知的基础：发育机器人学的视角》（*Memory as the Substrate of Cognition: A Developmental Robotics Perspective*）[312] 一文中讨论了主动的、基于记忆的认知的联想与发展含义。

16 解释的过程有时被称为溯因（abduction）或溯因推理（abduction inference）。

17 想象不同的结果被称为反事实思维（counterfactual thinking），字面意思就是指与事实相反。

本质上是一个发展过程。记忆，各种记忆，既是与世界交互的过程，也是产物，并且反映了认知智能体以一种有助于这些交互的姿态去理解世界的方式。这种联想的、前瞻－回顾的记忆观更符合认知系统的涌现范式，而不是认知主义范式。

7.4　自我投射、前瞻和内部模拟

记忆在认知中至少有四个方面的作用：它让我们记住过去的事件，预测未来的事件，想象他人的观点以及在我们的世界中导航。这四个方面都涉及自我投射（self-projection）：智能体将视角从"此时此刻"的自身转移，而采取另一种视角的能力。这是通过内部模拟（即对想象中另一种视角的心理建构）实现的。[18] 因此，内部模拟有四种形式：[19]

（1）情景记忆（记住过去）；

---

[18] 有关认知心理学与神经科学中模拟概念的概述，可阅读丹尼尔·沙克特、唐娜·阿迪斯和兰迪·巴克纳（Randy Buckner）[324] 的《对未来事件的情景模拟——概念、数据和应用》（*Episodic Simulation of Future Events: Concepts, Data, and Applications*）。

[19] 通过心理模拟（mental simulation）进行自我投射的四种类型——情景记忆、导航、心理理论与前瞻——是由兰迪·巴克纳和丹尼尔·卡罗尔（Daniel Carroll）在他们的文章《自我投射与大脑》（*Self-projection and the Brain*）[325] 中提出的。

（2）导航（确定自己的地理位置，即与周围环境的关系）；

（3）心理理论（从别人的视角看问题）；

（4）前瞻（预测未来可能发生的事件）。

每一种形式的模拟都有不同的导向（过去、现在或者未来），并且都涉及第一人称（即智能体本身）的视角或另一个人的视角。

我们已经在第 6 章 6.1.2 节接触到了心理理论，并将在第 9 章 9.3 节再次讨论这个主题。我们在第 6 章 6.3.2 节描述为学习与发展提供基础的核心能力时已经简要讨论了导航。下一节，我们将着重讨论与情景记忆相关的预测。[20]

近来的证据表明，内部模拟的四种形式都涉及一个与所谓的默认模式网络（default-mode network）相重叠的单一核心大脑网络，这个默认模式网络是大脑中的一组相互连接的区域，当智能体没有被

163

---

[20] 有关前瞻的本质——对未来可能性的心理模拟——以及它在组织知觉、认知、情感、记忆、动机和行动中所起作用的概述，应当阅读马丁·塞利格曼、彼得·雷尔顿（Peter Railton）、罗伊·鲍迈斯特（Roy Baumeister）、与钱德拉·斯里帕达（Chandra Sripada）[318] 的《迈向未来或被过去驱动》。兰迪·巴克纳和丹尼尔·卡罗尔指出，前瞻和相关的概念会以各种不同的方式被提及，如情景式未来思维（episodic future thinking）、对未来的记忆（memory of the future）、预先体验、展望式时空之旅（proscopic chronesthesia）、心理时间之旅（mental time travel）以及简单直白的想象（imagination）。他们还指出前瞻可以包含概念性的内容和情感——情绪——状态。我们将在第 7.4.2 节就此进行详细讨论。

某些注意任务占用时，这些区域是活跃的。[21]

值得注意的是，这四种形式的模拟都是建构性的，即它们都涉及某种形式的想象。这在前瞻、心理理论，甚至是导航中都不足为奇，但在回忆过去的情境中确实显得有点奇怪。但是，当我们进行回顾（retrospection）时，我们并不只是试图回忆事件，而是经常重构事件，看看它们可能会有什么不同的结局。在本章的后面部分，我们将进一步解释为什么人们会相信记忆是建构性的，特别是情景记忆，而不只是完美回忆的储存。

现在我们来进一步考察情景记忆与前瞻之间的联系，以及情感和情绪在前瞻中的作用。第 7.5.8 节会讨论行动和运动控制背景下的内部模拟问题。

7.4.1　前瞻与情景记忆

我们自始至终都在强调，预测是认知的核心特征之一。回顾指重新体验过去的能力，而前瞻指的是大脑通过模拟未来可能出现的情形来体验未来的能力。在很大程度上，认知是我们为采取行动做准备的机制，如果没有这种机制，我们——或者是人工认知系统——就无法应付不确定、不断变化且往往不稳定的环境条件。

---

[21] 于尔娃·奥斯特比（Ylva Østby）及其同事在《发展中的大脑的心理时间之旅和默认模式网络的功能性连接》（*Mental Time Travel and Default-mode Network Functional Connectivity in the Developing Brain*）[326] 中提到了回忆过去与预想未来（即前瞻）时涉及默认模式网络的证据。

了解未来与把我们自己投射到未来是有区别的。后者是体验式的，前者则不是。因此，你可能会猜测，情景记忆（对经验的记忆）和语义记忆（对事实的记忆）有助于不同类型的前瞻。情景记忆让你重新体验过去，预先体验未来。有证据表明，当你制定目标时，在时间上将自己向前投射是很重要的，即产生一个自己将事件付诸行动的心理意象，并情景式地预先体验为实现这个目标而开展计划。[22]

我们已经提到过，情景记忆本质上是建构性的：每当一个新的情景记忆被同化或记住时，旧的情景记忆就会以略微不同的方式被重构。为什么会这样呢？尽管情景记忆需要某种建构能力才能把单个细节整合到一个给定情景的连贯记忆中，但是建构性情景模拟假说[23]表明，其在前瞻中的作用涉及对多种可能的未来进行模拟，需要超越过去的经验进行推断，因此对建构能力的需求更大。换句话说，模拟多个有待经验的未来要求情景记忆具备灵活性。这种灵活

---

[22] 情景记忆在前瞻中的这种运用被称为情景式未来思维，这是克里斯蒂娜·阿坦塞（Cristina Atance）和丹尼尔·奥尼尔（Daniel O'Neill）提出的术语，指在时间上将自己向前投射以预先体验事件的能力。他们的文章[327]解释了情景记忆在前瞻中的作用及其与语义记忆的关系。有关概述，请参见卡尔·什普纳尔（Karl Szpunar）的述评《情景式未来思维：一个新兴的概念》（*Episodic Future Thought: An Emerging Concept*）[328]。

[23] 建构性情景模拟假说（constructive episodic simulation hypothesis）是由丹尼尔·沙克特、唐娜·阿迪斯及其同事提出的：更多细节请参阅他们的开山之作[324, 329]，另请参见[328]中的述评。

性是可能存在的，因为情景记忆不是对经验的完美记录，而是传递了事件的本质，并且可以重新组合。

值得注意的是，预先体验未来的能力在儿童的整体发展中出现得非常晚，要到三岁或四岁时才出现，比其他认知能力要晚得多。[24]

7.4.2 前瞻与情感

当人类想象未来的时候，不仅会预测事件，还会预测自己对该事件的感受。这样做有一个很好的理由：知道自己对某件事的感受是判断这件事是安全还是危险的一种很好的方式。我们把这些感受称为事件的愉悦结果：我们对事件的感觉是好还是坏，事件是与快乐还是痛苦、冷漠还是恐惧相关。因此，前瞻的预先体验也包含"预先感受"（pre-feeling）。大脑通过模拟事件及其相关的愉悦体验（hedonic experience）来完成前瞻。[25] 但是，预先感受并不总是可靠的，因为情境因素也在愉悦体验中起着作用。

165

---

[24] 克里斯蒂娜·阿坦塞和丹尼尔·奥尼尔证实，情景式未来思维能力在三到四岁期间出现；请参见他们的《人类情景式未来思维的出现》（*The Emergence of Episodic Future Thinking in Humans*）[330] 一文。

[25] 有关愉悦体验在前瞻中的重要性及其不足的概述，请参阅丹尼尔·吉尔伯特（Daniel Gilbert）和蒂莫西·道森（Timothy Dawson）[331] 的《前瞻：对未来的体验》（*Prospection: Experiencing the Future*）一文。该文解释了"预先感受"的观点，即模拟过程中的愉悦体验，并解释了为什么预先感受并不总是能够可靠地预测随后的愉悦体验：最终你对未来事件的感受并不总是和你之前想象的一样。

一般而言，只有当①事件模拟对我们当前愉悦体验产生的影响与该事件的最终知觉对我们未来愉悦体验产生的影响相同，并且②当前的情境因素与未来的情境因素相同时，预先感受才能很好地预测随后的愉悦体验。只要这两个条件中有一个不满足，前瞻就会出错。许多错误都是因为模拟中的不足造成的。

人类的模拟有四个问题。首先，模拟可能不具有代表性。我们并不总是用最合适的记忆去想象未来的事件，而是经常用对过去事件（好或坏）的极端记忆去想象未来的同种事件。其次，模拟基于的记忆只保留了事件的本质，但是非本质元素常常会对随后的愉悦体验产生重大影响。因此，人们倾向于预测好的事件在未来会更好，坏的事件会更坏。再次，模拟是简略的，并且只注重事件的早期方面：它们过分强调事件开始的时刻。因此，这些模拟低估了我们的适应速度，因而并不代表我们将来对事件的真实感受。

模拟的这三个问题会影响上述的条件①，使得模拟对预先感受的影响与最终知觉对最终感受的影响不一致。模拟的第四个问题是，它们被去情境化了：没有反映出会对愉悦体验产生重要影响的情境条件。这就妨碍了条件②，并导致人们对未来愉悦体验的预测不准确。

为什么我们要在一本关于认知的书里花这么多时间讨论感受？原因在于，感受——情感或情绪——在认知行为中起着关键性的作用，会影响我们做出的决定和我们选择的行动。[26] 认知并不仅仅是理性的分析。就像我们之前指出的，认知同样与有效地行动有关。前面关于愉悦体验与前瞻之间关系的讨论表明了，感受会影响人们对未来形势的评估（有时是错误的），进而影响人们的行动方式。我们在本书中已经多次提到情感与认知之间的关系，在第 4 章 4.3.3 节讨论了内稳态的情感方面，在第 5 章 5.6 节和 5.7 节讨论了情感与具身化之间的关系。正如我们在第 5 章 5.9 节和第 6 章 6.1.1 节中发现的，在探讨为学习与发展提供驱动力和动机的内部价值系统时，情感也是一个重要的因素。

166

---

26 从心理学、神经生理学和计算学等多个视角对情感和行动之间联系的详细述评，请参见 [332]。其作者罗布·洛和汤姆·齐姆克也提出了情绪感受能够预测行动倾向（即智能体准备采取的行动）的观点。在他们的模型中，这些预测会增加或减少与来自身体的（以及来自社会、环境等知觉的）反馈相关的行动倾向。因此，情绪感受与行动以一种类似于内稳态（请参见第 4.3.4 节）的方式结合成一个预测调节和反馈的单一系统。有关情感与认知的相关性的概述，请参阅罗莎琳德·皮卡德（Rosalind Picard）的文章《情感计算》（Affective Computing）[333] 或她的同名著作 [334]。"情感计算"这一术语由皮卡德于 1995 年提出，既指情绪在调节行为和决策过程中的作用，也指通过解读视觉和听觉线索来推断一个人的情绪状态。更宽泛地说，情感计算包括设计出能够检测、响应和模拟人类情感状态的计算机（请参见 [335] 等文献）。这是人工认知系统推断人类意图并预测人类会如何行动的能力的重要组成部分，我们将在第 9 章详细讨论这一主题。

7.5 内部模拟与行动

到目前为止，我们探讨的内部模拟完全是根据基于记忆的自我投射，即利用情景记忆的重新组合来预先体验可能的未来，重新体验（也可能是调整过去的经验），以及把自己投射到他人的经验中。但是，我们从第 5 章了解到行动在我们的知觉中起着重要的作用，因此问题来了：行动是否在内部模拟中发挥着作用？答案是明确的：是。[27] 内部模拟不仅包括情景记忆，还包括模拟交互，特别是具身化的交互。尽管人们广泛使用模拟、内部模拟和心理模拟这三个术语，但也会用到"仿真"（emulation）一词，它通常出现在试图对生成模拟的确切机制建模的方法中。[28]

7.5.1 模拟假说

模拟理论有很多，最有影响力的应该是模拟假说（the simulation hypothesis）。[29] 这一假说提出了三个核心假设：

---

[27] 关于具身化的内部模拟（即将知觉与行动结合在一起的内部模拟）的文献非常多。可以先阅读耶蒙德·赫斯洛夫（Germund Hesslow）关于模拟假说的文章 [100, 336]。接着再阅读亨里克·斯文松、杰茜卡·林德布卢姆和汤姆·齐姆克的论文 [218]，以获得各种模拟方法的详细概述。

[28] 例如，里克·格鲁什（Rick Grush）在描述与本节概述的类似过程时，用"仿真"一词来区分他的理论和其他模拟理论（这些模拟理论没有包含离线运动命令会对智能体知觉产生影响的模型 [99]）。

[29] 模拟假说最早由耶蒙德·赫斯洛夫于 2002 年提出 [100]。他最近的述评 [336] 重新审视了这个假说，提供了额外的神经科学证据，并考虑了它的含义。

（1）大脑中负责运动控制的区域可以在不引起身体动作的情况 167
下被激活。

（2）知觉可以由大脑的内部活动而不仅仅是外部刺激引起。

（3）大脑有容许运动行为或知觉活动诱发其他知觉活动的关
联机制。

第一个假设考虑的是对行动的模拟，通常被称为隐蔽行动
（covert action）或隐蔽行为（covert behaviour）。第二个假设考虑的是
对知觉的模拟。第三个假设认为模拟行动可以引起与实际执行这一
行动所产生的知觉类似的知觉。这三个假设得到了越来越多神经生
理学证据的支持。[30]

如果把这些假设联系起来，我们会发现，模拟假说展示了大脑
如何通过让模拟的知觉引发模拟的行动，模拟的行动反过来又引发
模拟的知觉，以此类推，从而模拟出长串的知觉－行动－知觉序列。 168
图 7.2 总结了模拟假说，展示了三种情况：第一种情况是没有内部
模拟；第二种情况是针对输入刺激的运动反应引起了一个关联知觉
的内部模拟；最后一种情况是这种内部模拟的知觉诱发了隐蔽行动，
这个隐蔽行动又反过来诱发了模拟的知觉和由此产生的隐蔽行动，
以此类推。

---

[30] 有关支持模拟假说的神经科学证据的概述，请参阅亨里克·斯文松及其同
事探讨内部模拟发展中类似于梦的活动的文章 [337]。

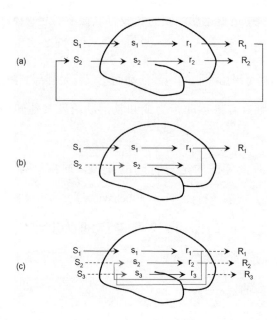

图 7.2　内部模拟。（a）刺激 S_1 引发感觉皮层的活动 s_1，这导致了运动命令 r_1 的准备和外显反应 R_1；这改变了外部情况，引起 S_2，进而引起新的知觉活动，依此类推。这里没有内部模拟。（b）运动命令 r_1 引起对一个关联知觉（如对执行该运动命令的结果的知觉）的内部模拟。（c）内部模拟的知觉诱发新的运动命令 r_2（即隐蔽行动）的准备，而这个隐蔽行动又反过来诱发一个新的知觉 S_3 的内部模拟和由此产生的隐蔽行动 r_3，依此类推。摘自 [100]。

7.5.2　运动、视觉和心理意象

　　行动导向的内部模拟包含三种不同类型的预测：内隐预测（implicit anticipation）、内部预测（internal anticipation）和外部预测（external anticipation）。[31] 内隐预测涉及从知觉（可能在前一阶段的

---

[31]　亨里克·斯文松及其同事在《作为内部模拟的表征：一个极简机器人模型》（*Representation as Internal Simulation: A Minimalistic Robotic Model*）[338] 一文中描述了模拟过程的三个功能性成分（内隐预测、内部预测和外部预测）。

内部模拟中已经模拟过）预测运动的命令。内部预测涉及对执行一个行动的本体知觉结果（即行动对智能体自身身体的影响）的预测。外部预测涉及对外部对象和其他智能体执行一个行动的结果进行预测。[32] 内隐预测基于刺激与行动之间的关联来选择要执行的某个运动（可能是隐蔽的，也即模拟的）；内部和外部预测接着再对这一行动的结果进行预测。三种预测共同模拟了行动以及行动的效果。

隐蔽行动包含所谓的运动意象，而知觉模拟通常被称为视觉意象。知觉意象（perceptual imagery）可能是个更合适的术语，因为有证据表明人类会利用来自所有感官的意象。在某种程度上，从运动意象涉及与身体动作相关联的本体知觉和肌肉运动感觉的意义上而言，运动意象也是知觉意象的一种形式。但是，隐蔽行动反映了知觉与行动的相互依赖，通常同时包含了运动和视觉意象的成分，反之亦然，知觉模拟通常也包含了运动意象的成分。视觉意象和运动意象有时被统称为心理意象。[33] 因此，可以把心理意象视为内部模

32　"内部预测"和"外部预测"这两个术语也被称为"身体预测"（bodily anticipation）和"环境预测"（environmental anticipation）[337]。

33　从心理学角度对心理意象的概述，请参见塞缪尔·莫尔顿（Samuel Moulton）和斯蒂芬·科斯林（Stephen Kosslyn）的文章 [339]。他们提出了几种不同类型的知觉意象，并区分了两种不同类型的模拟：工具型模拟（instrumental simulation）和仿真模拟（emulative simulation）。前者只关注模拟的内容，而后者还复制在模拟事件本身中创建内容的过程。他们把后者称为二阶模拟（second-order simulation）。有关心理意象（特别是在认知架构背景下）的计算视角，请参见塞缪尔·温特穆特（Samuel Wintermute）的研究 [340]。

拟的同义词。[34]

7.5.3 人工认知系统的内部模拟

尽管内部模拟是人类认知中一个极为重要的方面,但就像我们在第 3 章 3.4.3 节 ISAC 认知架构中看到的那样,它也成为人工认知系统中越来越重要的一部分。我们在第 5 章 5.8 节探讨离线具身认知(尤其是 HAMMER 架构)时也讨论了内部模拟。[35] 现在我们将进一步了解 HAMMER 架构是如何有效地建立在模拟假说之上的。

回顾一下,在 HAMMER 中,内部模拟是通过使用对智能体执行行动时会采用的内部感觉运动模型进行编码的正向和反向模型来实现的(请参见图 7.3)。

反向模型接收关于系统当前状态以及期望目标的信息作为输入,然后输出实现这个目标所需的运动命令。

正向模型充当预测器,接收运动命令作为输入,并按照模拟假说的设想,模拟在执行该运动命令时会产生的知觉。但是,HAMMER 架构通过提供反向模型的输出作为正向模型的输入,从而将内部模拟向前推进了一步。这使得目标状态(如另一个智能体演示出来的状态,或者可能从情景记忆中回忆起来的状态)诱发出实

---

[34] 塞缪尔·莫尔顿和斯蒂芬·科斯林是这样说的:"所有的意象都是心理仿真([339],第 1276 页)。"

[35] HAMMER 是由扬尼斯·德米里斯和巴萨姆·卡迪尔研发的内部模拟架构[232,233]。我们在第 5 章 5.8 节和页下注 50 中对其进行了简要的讨论。

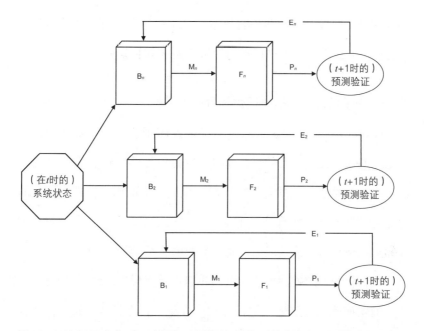

图7.3 HAMMER架构，显示多层级反向模型（B_1到B_n）接收系统的当前状态作为输入，其中包含了一个暗示运动命令（M_1到M_n）的预期目标，这些运动命令和相应的正向模型（F_1到F_n）一起形成了对系统下一个状态（P_1到P_n）的预测。这些预测在下一个时间状态得到验证，产生一组误差信号集（E_1到E_n）。摘自 [232]。对 HAMMER 架构的另一种表述，另请参见 [233]。

现它所需的模拟行动。接着利用这个模拟行动与正向模型一起生成一个模拟的结果，即如果执行运动命令将会出现的结果。然后将模拟的感知结果与期望的目标知觉进行对比，并将结果反馈到反向模型，使其能够调整行动的参数。

HAMMER 架构的一个显著特征是，并行运行多对反向和正向模型，每一对都代表着对如何实现目标行动的一个模拟——假设。内部注意过程根据预测结果与期望结果的接近程度做出正向－反向模型对的选择。此外，它还为将基本行动层级组合成更复杂的序列提供条件，并已在机器人模拟和物理机器人平台上实现。

7.5.4 内部模拟中的情景记忆和程序性记忆

HAMMER 架构的正向和反向模型反映了我们在本章开头提到的记忆的双向性。重要的是，通过诱发行动与行为来实现内部模拟，已经超越了情景记忆的范畴。正向和反向模型的内部模拟中涉及的感觉运动联想同时需要情景记忆和程序性记忆。视觉意象（包括本体知觉意象）需要情景记忆，而运动意象需要程序性记忆。

对记忆的传统处理方法，例如我们在前面第 7.2 节中所描述的方法，通常明确区分陈述性记忆和程序性记忆，尤其是情景记忆和程序性记忆。但是，现在的研究采取略微不同的视角，将二者结合得更紧密。我们已经在探讨行动与知觉的相互依赖（尤其是镜像神经元系统）的第 5.6 节中看到过一个这样的例子。尽管要理解这两个记忆系统如何结合在一起仍然是一个很大的挑战，但是，这种耦合是支撑知觉－运动联合表征（joint representation）的基本思想。[36] 我们将在下一章第 8.5 节中进一步探讨这个问题。现在，我们来探讨想象这个主题，以此结束对内部模拟的讨论。

---

[36] 知觉－运动联合技术的例子包括马尔科·亚科博尼（Marco Iacoboni）的观念－运动理论（ideo-motor theory）[341] 以及伯恩哈德·霍梅尔（Bernhard Hommel）及其同事 [342] 的事件编码理论（theory of event coding）。

7.5.5 功能性想象

我们在第 7.4 节开头提到过想象，现在我们要更为系统地理解这个术语。

一般来说，想象是指不直接依赖于智能体感官系统而运行的认知活动。这正是我们这里所讨论的与视觉和运动意象松散关联的内部模拟和想象。但是，如果我们指的是功能性想象（functional imagination）的话，表述还可以更具体一点：[37] 一种使智能体可以模拟自身的行动和行为、预测这些行动与行为的感觉运动结果以获得某种操作优势的机制。这种优势可以是一种奖励，例如找到一种动力源，也可以是与智能体的价值系统、驱动力或情感动机相关的某种系统性变化，比如我们在第 6 章中讨论的那些变化。

要实现具有功能性想象能力的人工认知系统，人们提出了五个条件，具体如下：

（1）智能体必须能够预测运动行动的感觉结果；

（2）智能体必须能够表征模拟行动产生的感觉状态；

（3）智能体必须能够以可以使目标实现的方式行事；

（4）智能体必须能够为内部模拟选择行动；

（5）智能体必须能够评估感觉状态，以评估该行动是否与目标的实现相关。

172

---

[37] 功能性想象的概念及其实现的五个充要条件是由雨果·格拉瓦托·马克斯（Hugo Gravato Marques）和欧文·霍兰（Owen Holland）[343] 提出的。

这些是充要条件，因此，至少在原则上，不需要再满足其他条件。这五个条件都与模拟假说的假设以及正向和反向模型的运行密切相关。尽管每个条件都很重要，但第五个条件与我们将要讨论的表征问题尤其相关，我们将在下一章再讨论这个问题。

7.5.6　内部模拟的基础

我们在讨论内部模拟时有一个重要的问题尚未解答：模拟所基于的内部模型源于什么？换句话说，模拟过程是如何开始又是如何发展的呢？一个可能的答案在于最初的模拟假说[38]。该假说断言，婴幼儿的内部模拟是通过在梦中重现感觉－运动经验而形成的。这些模拟产生的模型在婴幼儿清醒的时候得到验证，并随后得到改进。随着孩子的发展，模拟变得更加准确可靠，需要的调整越来越少，内部模拟可以越来越多地被用于日常的认知活动中。这种模拟模型的建立与调整是一种学习形式，与我们在前一章第 6.1.3 节页下注 22 中简要介绍的观点相似。我们在该页下注中指出，在大脑中，海马结构与新皮层可能形成了一个用于学习的互补系统。海马体有助于快速的自联想和异联想学习，这些学习随后被用于恢复和巩固新皮层中习得的记忆。我们没有提到的是，这种恢复可以是离线的，也

---

[38]　泽格·蒂尔和亨里克·斯文松 [344] 提出了最初的模拟假说。依据该假说，幼儿的梦在内部模拟的形成和完善中发挥着作用。它构成了运用机器人模拟器进行计算实验的基础。这些实验表明，机器人的"梦"可以使其通过清醒时的行为更快地发展出更趋完善的内部模拟 [337]。

可以是在线的，例如可以发生在心理演练、回忆和睡觉的时候。[39]   173

7.5.7 传入与传出

内部模拟中的语言表达可能难以理解。人们频繁使用的两个术语是传入（afference）与传出（efference），传入指的是感觉输入，传出指运动输出。因此，我们用传入信号和传出信号分别指感觉刺激和运动指令。你也会看到"感知副本"（efference copy）一词，这个术语只是意味着运动指令有时会被导向其他子系统，而不仅仅是执行器本身，不管它们是肌肉还是马达。副本可以是单纯的副本，暂时存储于记忆中，也可以只是通过反馈回路的直接连接。在内部模拟中，感知副本通常以这种方式被重定向回负责感觉解释的子系统。

7.5.8 运动控制的内部模型

到目前为止，我们对预测和内部模拟的讨论聚焦在相当长时间跨度的预测上：对于一些行为来说可能是几秒钟或几分钟，甚至更长。但是，不到一秒钟的短时预测也涉及内部模拟和内部模型，尤

---

[39] 更多细节，请参阅詹姆斯·麦克莱兰及其同事 [299] 的述评《海马结构与新皮层为什么存在互补的学习系统：学习与记忆的联结主义模型的成败启示》（ *Why There are Complementary Learning Systems in the Hippocampus and Neocortex: Insights from the Successes and Failures of Connectionist Models of Learning and Memory* ）。

其是在运动控制和轨迹规划领域。[40] 前瞻性控制就是非常令人信服的例子：生物系统获得和处理反馈（即捕获了期望状态和实际状态之间误差的信息）时会存在 150~250 毫秒的延迟。这个延迟太长，以致无法有效地控制智能体的动作。同样地，正向模型和反向模型都发挥了作用。这时，基于正在发出的运动指令的感知副本，正向内部模型会预测被控制的身体部分的未来状态，如伸出去拿某个物体时的手的状态。反向模型会决定实现某个预期状态所需的运动指令。所谓的预测或期望状态可能是被控制的身体部分的位置、速度、加速度（以及相关的力），也可能是一些关联的感觉特征。这两种情况分别被称为动力学模型（因为它们对系统的动力学进行建模）和感觉输出模型（例如提供预测的动作传入结果）。同样，人们一般认为，有多个模型参与其中并同时运行，就像上面所讨论的更长时间跨度的预测和内部模拟一样。[41]

174

40 丹尼尔·沃尔珀特（Daniel Wolpert）及其同事 [345] 的述评《小脑的内部模型》（*Internal Models in the Cerebellum*）总结了运动控制中正向和反向模型的作用，并讨论了在前瞻性地指导智能体行动的过程中，小脑使用运动系统的一个模型，或许是多个模型，以及物理具身化的可能性。作者后来的一篇述评《感觉运动学习原理》（*Principles of Sensorimotor Learning*）[346] 讨论了这些模型是如何习得的。

41 川户三男（Mitsuo Kawato）的《运动控制和轨迹规划的内部模型》（*Internal Models for Motor Control and Trajectory Planning*）[347] 一文对正向和反向的内部模型（特别是多对正向和反向模型）的情况进行了概述。

7.6 遗忘

本章是关于记忆、前瞻与内部模拟的，因此在结束之际简要讨论一下遗忘（forgetting）这个认知智能体最显著的特征之一也算顺理成章。在动物大脑中，记忆在没有被反复刺激（有时被称为复述或重新巩固）的情况下就会消退。另一方面，为了方便起见，人们往往假定人工认知系统的记忆是持久的，[42] 通常将重点放在如何有效地学习记忆的内容上，也就是说，强调需要学习什么，怎样才能最有效地学习这些内容，以及如何最好地对其进行表征。尽管简单地认为记忆是持久的确实很省事，但可想而知，记忆与认知的一个重要方面也在这种简化中丢失了。如果我们认识到记忆痕迹会消退这一事实，就不得不解决如何延缓这种消退以及这种机制在整体认知过程中可能起什么作用等问题。遗憾的是，人们对导致这种遗忘过程——以及记忆保持的双重过程——的原因还没有很好的了解。[43]此外，似乎不同的记忆保持机制适用于不同形式的记忆。

---

[42] 人们认为人工认知系统的记忆并不总是持久的。例如，由于情景记忆反映了一个认知智能体的经验，因此会持续地增加。鉴于这个原因，人们有时会使用遗忘算法。安德鲁·努肖尔（Andrew Nuxoll）及其同事在 [348] 中对比了三个情景记忆系统中的情景记忆的遗忘算法，并得出结论：基于激活的算法在选择效用较低的、应该被删除的记忆时更有效。

[43] 有关人类为什么会遗忘和如何遗忘的概述，以及过去三十年里人们对遗忘的理解是如何演变的总结，请参阅约翰·维克斯特德（John Wixted）的《遗忘的心理学和神经科学》（*The Psychology and Neuroscience of Forgetting*）[349] 一文。

在短时记忆中，遗忘是一种内在属性，正因为短时记忆是一种短暂的现象。正如我们前面提到的，短时记忆在缺乏外部线索的情况下依赖于局部神经元亚群的持续高触发率。当这些神经元的活性降低时，遗忘自然而然就发生了。

在长时陈述性情景记忆中，影响遗忘的因素是什么还不是很明确。可能的原因包括衰退、记忆之间的干扰，以及心理活动和记忆形成的干扰。非陈述性程序记忆的遗忘机制是什么就更不明确了。但可以确定的是，长时记忆本身在认知智能体的正常事件过程中并不是持久的。在人工认知系统对长时记忆的遗忘进行建模时，常常使用取决于时间的衰减函数，而不是记忆之间的干扰；长时记忆中的记忆衰退或衰减的程度是以时间的对数、幂或指数函数来建模的。[44]

---

[44] 长时记忆的巩固和衰退可以利用所谓的泄漏积分器（leaky integrator）模型来实现（请参见 [350]）。约翰·斯塔登（John Staddon）证明了串联的泄漏积分器提供了一个衰退模型，和简单的指数式衰退比起来，该模型更符合乔斯特法则（Jost's law）——记忆的一般原则，即新记忆的衰退速度快于旧记忆的衰退速度 [351]。

知识与表征

8.1 引言

记忆与知识密切相关。我们在上一章重点讨论了记忆，介绍了许多与知识相关的概念。本章将以此为基础，讨论如何直接运用上一章所学的原则来理解知识。

可以说，知识需要以某种方式进行表征。知识是否需要表征以及表征采取的形式是认知科学中争论不休的问题。我们会花一些时间讨论一下争论双方论及的各种问题。在这个过程中，我们会介绍符号植入问题：符号知识如何植入到经验中并为特定的认知智能体获得意义的问题。

随后，我们会探讨智能体如何获得知识以及如何共享知识的问题。我们在第 6 章关于发展与学习的讨论中已经遇到了与这些问题相关的问题。我们将在本章重新讨论和扩展这些问题。这两个问题——获得知识和共享知识——显然是相关的，在多个智能体彼此交互的情境中尤为如此。这便自然地引出了本书的下一章也是最后一章的主题——社会认知。

8.2 记忆与知识的二元性

我们在上一章中很少提到知识，这样做的具体原因是不想过早地使问题过于复杂。不过，现在我们必须直面这个问题，确定其复杂性，并解释如何通过在讨论知识时提出清楚明确的假设来避免这些复杂性。

首先，我们强调记忆与知识之间有着明确的联系。我们可以像区分记忆一样，也对不同类型的知识进行界定。因此，我们可以将知识区分为陈述性知识（declarative knolwledge）、程序性知识（procedural knowledge）、情景知识（episodic knowledge）和语义知识（semantic knowledge）。依据是知识的性质：分别是事实的知识、基于技能的知识（技术诀窍）、具体故事和事件的知识和抽象概念的知识。分类倒是简单，难的是探究知识的性质所隐含的假设。

与我们在研究认知系统时遇到的许多复杂主题相似的是，使记忆与知识问题难以理解的绝大多数问题都可以追溯到支撑我们假设的认知科学范式，不管是认知主义范式还是涌现（因而在一定程度上是具身化的）范式。

在认知主义范式中，情况非常明了。正如我们在第 2 章和第 3 章中所述，知识是认知架构的补充内容，与认知架构一起共同提供了完整的认知模型。通常，由于认知主义与经典人工智能尤其是物理符号系统假说（请参见 2.1.2 节）密切相关，自然人们会假定知识，即便是程序性知识，都是符号性的。从认知主义的视角可以为这两种默认假设——知识是内容和知识是符号——赋予有效性。但是，当从涌现范式的视角来看待知识时，这两个假设就有问题了，因为它们都是无效的。在前面几节中，我们把记忆看作是内容和过程：作为一种预测和回忆的机制。从这个角度看，知识就是该过程的体现：是记忆有效工作时涌现的内容。把知识和记忆看成是二元的——同一事物互补的两个方面——使得知识作为过程的方面成为关注的重点，而不必预先判断该知识的表征的性质，无论其是符号性的还是非符号性的（或者有时被称为亚符号性的）。

178

8.3　表征与反表征

我们在本章的引言部分说过，知识是需要表征的。事实证明，在认知科学中争论最激烈的话题之一就是认知系统是否使用表征，如果使用表征的话，那么这些表征的本质是什么。我们先解决表征与反表征[1]的问题，然后再关注表征本身的各个方面。

我们在第 5 章 5.5 节讨论具身化的替代假说时，首次遇到了表征与反表征的争论（另请参见第 5 章，页下注 20）。依据这一假说，认知系统不需要表征任何东西，因为认知系统所需要的所有信息都可以立即获得，这是它与周围世界不间断地进行实时感觉运动交互的结果。正如我们在第 5 章 5.5 节中指出的，反对这种反表征立场的其中一个主张认为，这一立场所列举的例子没有一个是"表征饥饿"的[2]，因为这些例子涉及认知智能体必须基于目前无法获取的知识来采取行动的情况。

现在，如果我们承认知识在认知系统中以某种方式被表征，也仍然存在一些细微的区别，这些区别源于认知主义和涌现范式在关于什么被表征以及如何表征上持不同的观点。

8.3.1　表征与共享知识

认知主义方法认为，认知系统对世界的表征是内部状态（通常以符号形式封装）与其在现实世界中的对应物之间的直接的一对一

179

1　有关认知科学中表征与反表征之争的概述以及反对反表征案例的扩展论点，请参见安迪·克拉克和约瑟法·托里维奥的文章《没有表征也行？》[206]。亨里克·斯文松和汤姆·齐姆克的论文《具身表征：问题是什么？》（*Embodied Representation: What are the Issues?*）[352] 从具身认知的角度简明扼要地概述了这场争论。

2　正如我们之前指出的，"表征饥饿"概念是由安迪·克拉克和约瑟法·托里维奥在论文《没有表征也行？》[206] 的第 418—420 页中提出的，并在安迪·克拉克的《智库》[33] 一书中得到了进一步的讨论。

映射。这种映射由知觉过程建立，它假定我们在世界上感知的事物和我们感知到的刚好一样。所有具有感知能力的认知系统都以同样的方式感知世界。因此，对世界上存在事物的表征是世界的忠实模型。因为真实世界与任何认知观察者都不相关——世界就是它呈现出来的样子——因此，所有恰当建构的模型都必须是兼容的。基于这一原因，一个认知智能体有可能假定其模型与另一个认知智能体的模型完全一致。

因此，在认知系统之间共享知识原则上不存在问题：所有的知识表征都是一致的，因为它们都来自一个独一无二、绝对真实的世界。这一观点的一个重要结果是，人类设计者可以直接将知识植入到人工认知系统，因为根据定义，设计者的模型与其他认知系统的模型都是兼容的。例如，这是在 Soar 认知架构中表征和嵌入知识的基础（请参见 3.4.1 节）。

与此观点相反的是涌现系统研究者提倡的观点。尽管他们承认所有的认知系统都嵌入并处于一个共享的现实中，但他们认为人们不能自动假定他们对该现实的知觉和理解必然与所有其他认知智能体相同。相反，涌现立场——以及具身认知立场——认为我们的知觉与理解从根本上与我们和该现实交互的方式（或者用我们在第 2 章和第 5 章介绍的术语来说，我们与该现实进行结构耦合的方式）有关。人们的知觉，以及因此产生的对正在感知内容的表征，是由人们的行动以及人们可能执行的行动范围决定的。

从这个角度而言，任何可能存在于某个认知系统的知识都与该

180

系统的情境性及其交互历史相关。因为总有可能改变交互或结构耦合的空间，因此以不同的方式看待世界也是可能的。这一观点产生的一个重要结果是，人类设计者不可能将知识直接植入人工认知系统，因为设计者的模型是他个人与世界的交互历史的结果，并取决于他的行动空间。这个空间从定义上就与他正在设计的认知系统不同。因此，知识必须由具身化的认知智能体通过学习获得。

不幸的是（为了方便起见，先撇开反表征立场不谈[3]），关于涌现认知范式（尤其是具身化认知）的情况，人们还有些莫衷一是，因为首先还没有一种普遍认可的方法来确定什么构成了表征。[4]

8.3.2 什么才算表征

有人可能会说，一个认知系统（尤其是记忆）与世界上的事件相关的任何稳定状态都是一种表征。然而，这个论点可能并不合理。该领域的一些专家认为，仅仅因为认知系统的稳定状态与世界上的事件密切相关，并不一定意味着这些状态就是表征。认知系统的这些状态——这些认知智能体不能立即接触到的世界上事物的"替

---

3 皮姆·哈塞拉格尔（Pim Haselager）及其同事认为表征主义者与反表征主义者之间的争论是无法解决的。请参见他们的论文《表征主义与反表征主义：为了表象的争论》（*Representationalism vs. Anti-representationalism: A Debate for the Sake of Appearance*）[353]。

4 同样，请参阅文献 [352]，该文概述了可以被视为表征候选的具身认知机制类型，以及一个候选机制（至少从具身认知的角度）被视为表征必须达到的标准。

身"——还必须被用于某种目的或功能，并且必须普遍用于此用途，才算得上是表征。[5]

这一观点的另一种说法是，表征必须在生成系统行为时发挥积极的因果作用。读到这里，你应该能看得出来这种表征观是如何反映了我们前文中将记忆系统描述为整体认知架构中普遍存在的活跃组件的观点。这一表征观与认为内部模拟（或仿真）是实现预测前瞻能力（认知的特征之一）的机制这一观点也是一致的。

181

8.3.3 弱表征与强表征

我们可以区分出弱表征和强表征。弱表征对应的是我们的感官当前所能感知到的事件，而强表征则对应于我们的感官当前不能感知到的事件（如我们看不见的物体或之前见过的物体）。[6] 当要表征的事件不在场，甚至不存在，或者可能是反事实的（与呈现的事实

---

[5] 劳伦斯·夏皮罗在他的《具身认知》[83] 一书，以及安迪·克拉克在他的《动力学挑战》[196] 一文中强调了一个大脑状态如果要被视为对某物的表征，必须满足一个额外条件：这一状态不仅必须与某物相关，而且必须被认知系统用于某个目的或功能。

[6] 安迪·克拉克在他的《动力学挑战》一文中解释了弱表征与强表征之间的区别 [196]。劳伦斯·夏皮罗在其关于具身认知的书中引用了他的话 [83]："弱的内部表征是那些……功能仅仅是传递与感觉器官接触的某个物体信息的表征。与地图或图片不同的是，只有当其与世界之间的联系没有中断时，这些表征才会继续存在……这些弱表征对于'仅为了控制即时的环境交互而运行的内部系统'来说是理想的（[23]，第 464 页）。"

相反）时，就需要强表征。[7] 这些情况需要强内部表征，通常是为了让认知智能体能够前瞻性地发挥作用。

还有一种形式的"表征"介于表征主义和反表征主义之间，源于我们在第 2 章 2.2.3 节中讨论的涌现认知系统的生成方法。

回顾一下，由于智能体和它所处并嵌入的世界之间的相互结构耦合，生成系统建构自己关于世界的模型。我们把这一过程称为"意义建构"（sense-making），并且还指出，由此产生的知识完全没有说明环境中真正存在的是什么，也不需要这么做：它所要做的就是使认知系统的持续存在和自治变得有意义。由于生成系统是组织闭合的这一原则性因素[8]，不能说这种自我生成的知识是对智能体世界的"再现"，尽管如此，内部状态确实在智能体的认知过程、内部模拟和前瞻中起到了"替身"的作用。因此，它们是另一种意义上的表征，不是指对外部任何事物的再现，而是智能体对其世界的自我建构理解的再现，这种理解源于其作为一个自治组织闭合实体的经验，这种建构在实现自适应的预测行为中发挥着作用。

---

[7] 安迪·克拉克和约瑟法·托里维奥认为，需要强内部表征的情况一般出现在他们称之为表征饥饿的问题中：这些问题涉及对不在场的、不存在的或是反事实的事件进行推理 [206]。

[8] 有关组织闭合和相关的操作闭合概念的解释，请参见第 4 章 4.3.6 节和页下注 32 。

8.3.4　激进建构主义

生成主义的建构性方面被称为建构主义（constructivism）[9]，偶尔也被称为激进建构主义。[10] 用激进来形容建构主义，是为了强调建构主义的原则必须应用于我们描述认知系统所选择的每一个层面。严格地说，（激进）建构主义反对表征主义，但反对的只是表征主义假定存在一个外部世界—— 一个现实世界——是认知智能体可以直接接触和表征的这一点。建构主义确实允许知识的存在，它只是简单地规定了知识是主动建构的结果，在这个过程中认知智能体通过与其环境的结构耦合来决定对其生存而言什么重要、什么不重要。[11] 用生成的术语来表述，这是"意义建构"，用计算建模的术语来表述，这是模型生成。

在结束这个主题之前，我们再讨论一下符号表征。虽然显性符号表征是认知主义系统的生命线，而且还有其他隐性的非符号形式表征，但只有当我们需要用某种语言形式封装某个知识，从而向外部另一个智能体就该知识进行表征和交流时，知识符号编码才是必

---

[9]　有关建构主义的介绍，请参见亚历山大·里格勒尔在《建构主义基础》（*Constructivist Foundations*）[354] 创刊号中的编者按。

[10]　厄恩斯特·冯·格拉泽费尔德（ Ernst Von Glaserfeld ）的著作《激进建构主义》（ *Radical Constructivism* ）[46] 是激进建构主义的权威著作。他还发表了一篇题为《激进建构主义的几个方面》（*Aspects of Radical Constructivism* ）[355] 的论文，对这个领域进行了简要概述。

[11]　激进建构主义的两个基本原则是 [355]：①知识不是通过感官或交流的方式被动接受的，而是通过认知智能体主动建构的；②认知的功能是自适应的，服务于智能体对经验世界的组织，而不是客观个体发育现实的发现。

要的。这种语言交流可以是书面的、图形的或口头的。因此，在一些专家看来，符号知识表征可以作为意义交流的机制存在，而不是产生意义的认知过程的机制："符号知识表征的意义就在于其在认知智能体之间传递和共享意义的功用和能力。"[12]

8.4 符号植入问题

如果一个认知系统对它周围的世界有某种形式的符号表征——一组表示智能体所在世界中的物体的符号——问题就出现了：这种表征如何获得意义？纯符号表征如何获得语义内容？这些问题貌似简单，但我们在第 2.1.2 节中描述的符号系统由纯粹的句法过程控制这一事实使问题又变得困难了。也就是说，原子符号、符号串以及定义符号和符号串的操纵和重组的基于符号的规则在定义时都没有涉及这些符号的含义。另一方面，这些符号又都是"语义可解释的"：也就是说，可以为句法分配语义含义，使得符号和符号串可以

---

[12] 该引文摘自乔治·拉克夫（George Lakoff）和拉斐尔·努涅斯关于数学起源的著作，数学也许是符号交流最精妙的表现形式。他们认为数学源于人类的认知，而不是某种超然的柏拉图式的存在。这并不影响它的效用或意义："（数学）是精确、一致的，具有跨越时间和人类社群的稳定性，可以用符号表示，可计算、可概括，普遍可用，每一个主题内都是一致的，作为一种通用工具可以在大量的日常活动中进行有效的描述、解释和预测 [356]。"

表征物体、事件或概念，并描述它们或代表它们。问题是如何赋予这个含义，这就是符号植入问题。[13] 关键是，符号表征必须自下而上地植入到两种非符号表征中：

（1）图象表征（iconic representation），直接源于感官数据；

（2）范畴表征（categorical representation），基于来自能从这些感官数据中检测物体和事件类别的不变特征的习得与先天过程。

接着可以从这些基本符号中派生出高阶符号表征。图象表征让你可以区分不同的物体，范畴表征让你可以将被其图象表征封装的物体识别归属到一个特定的物体类别或范畴（这就是为什么特征必须是不变的：它们在给定范畴内不会发生显著变化）。图象表征和范畴表征都是非符号性的，因此需要一个非符号的过程来学习物体的不变特征，从而形成范畴。通常，我们会采用某种形式的联结主义方法（见第 2 章 2.2.1 节）来完成这种映射并形成范畴表征。因此，依据这一主张，植入符号系统是一个混合型系统，是符号方法和涌现方法的结合。我们在第 2 章 2.3 节介绍了混合型系统，并在第 3 章 3.4.3 节中给出了一个混合型认知架构的例子。

并不是每个人都认同这种对符号植入问题的描述。另一种观点

184

---

13 符号植入问题由斯特万·哈纳德于 1990 年在一篇经典的论文 [40] 中提出。一种狭义的符号植入形式是锚定问题（anchoring problem）[357]，它与广义的符号植入问题在许多方面存在差异。锚定问题只涉及人工系统，着重在指称某物体的符号标签和对该物体的感官知觉之间建立关系，并长时间维持这种关系，甚至当对象已经看不见的情况下还继续维持。此外，锚定问题只涉及物体的植入，不涉及抽象概念（如战争或和平）的植入。

认为，内部符号表征是个体发育的结果，通过感官知觉与世界系留，而不是被植入世界。[14] 这个区别很重要。符号植入意味着符号的含义是自下而上地从感官经验中抽象而得的。对这个意义上的符号植入的需求是采用认知主义认知方法的直接结果。符号系留则完全不同，它通过与世界的结构耦合这一过程产生，符号不是直接源于感官数据，而是源于发展，即发展新知识的过程，这些知识特定于所讨论智能体的具身化。因此，只有采用认知主义方法时，才需要符号植入；符号系留不强烈主张世界与表征之间的关系，也不要求表征必须具有唯一性，从这个意义上来说，符号系留更为中立。

符号植入和符号系留之间的区别与我们在第 2 章 2.2.2 节中讨论的直接指称对象的表征和含蓄指称对象的表征之间的区别非常相似。

8.5 联合知觉 - 运动表征

我们在第 7.5 节中提到了这样一个事实：心理意象被视为表达内部模拟过程的另一种方式，同时包含了视觉意象（称为知觉意象或许更恰当）和运动意象。但更重要的是，我们还指出这两种意象

---

14 符号系留（symbol terthering）的概念由艾伦·斯洛曼 [301] 提出。他关于符号植入和符号系留的发言 [358] 是了解这两个观点之间区别的入门文献。符号系留有时被称为符号附着。

是紧密交织的：它们互相补充，知觉和隐蔽行动的模拟都涉及视觉意象和运动意象元素。我们随后讨论了这样一个观点：陈述性记忆和程序性记忆，特别是情景记忆和程序性记忆的传统区分正在消解，以反映知觉与行动的相互依赖。这给了我们机会提及联合知觉－运动表征（joint perceptuo-motor representations）的概念：将运动和感觉方面的经验集合在一个框架中的表征。因为当时正在讨论复杂的表征问题，这条线索被暂时搁置，现在是时候回来接着探讨联合知觉－运动表征了。这里我们考虑两种不同的方法：事件编码理论（theory of event coding）和对象－行动复合体（object-action complexes）。我们首先必须解释一下感觉－运动理论（sensory-motor theory）和观念－运动理论（ideo-motor theory）之间的区别，才能为讨论这两种方法做好铺垫。

8.5.1　感觉－运动理论和观念－运动理论

大体而言，规划行动有两种不同的方法：感觉－运动行动规划（sensory-motor action planning）和观念－运动行动规划（ideo-motor action planning）。[15] 感觉－运动行动规划将行动视为对感官刺激的反应性响应，并假定知觉与行动使用不同且独立的表征框架。感觉－

---

[15] 有关观念－运动理论的精彩概述，请参阅阿明·斯托克（Armin Stock）和克劳迪娅·斯托克（Claudia Stock）的《观念－运动行动简史》（*A Short History of Ideo-Motor Action*）[359]。感觉－运动和观念－运动有两种英文表述：sensory-motor 和 ideo-motor，或者 sensorymotor 和 ideomotor，这两种表述都是正确的。

运动观基于知觉单向数据驱动的经典信息加工方法，从刺激到感知，再到响应，一步一步进行。它是单向的，不允许后面处理的结果影响前面的处理。特别是它不允许产生的（或预期的）行动影响相关的感官知觉。

另一方面，观念－运动行动规划则将行动视为内部产生的目标的结果。认知智能体行为的核心是实现某个行动结果的想法，而不是某个外部刺激。这反映了第 6 章 6.3 节所述的行动观，即行动由一个有动机的智能体发起，由目标定义，并由前瞻性引导。观念－运动原则的关键点在于，特定目标导向的动作的选择和控制取决于对完成预期行动的感觉结果的预测：智能体会（如通过内部模拟）想象期望的结果并选择合适的行动来实现这一结果。

然而，构成行动的具体动作和行动的高阶目标之间有一个重要的区别。一般情况下，行动者不会主动预先选择实现一个期望目标所需的确切动作。相反，它们会选择由预期引导的、有意图导向的、以目标为焦点的行动，在行动执行时自适应地控制特定的动作。因此，应当把观念－运动理论看成既是一种以预期想法为中心的行动选择方式，又是一种将意图和目标[16]的更高阶概念表征与执行该行动

---

16 迈克尔·托马塞洛（Michael Tomasello）及其同事认为意图与目标之间的区别并不总是很明确。他们借鉴了迈克尔·布拉特曼（Michael Bratman）[360]的思想，把意图定义为智能体在追求某个目标时选择并恪守的行动计划。因此，意图同时包含手段（即行动计划）和目标 [361]。

时对动作的具体自适应控制联系起来的方式。[17]

与感觉－运动模型相反，观念－运动理论假定知觉与行动共享一个表征框架。由于观念－运动模型的重点在于目标，而且使用了一种包含知觉与行动的公共联合表征，因此它们提供了一个直观的解释，说明为什么认知智能体（尤其是人）如此擅长且倾向于模仿。[18]其基本思想是，当智能体看到别人的行动（记住，行动是以目标为导向的）以及这些行动的结果时，智能体自身会产生相同结果的行动表征也被激活了。

乍一看，观念－运动理论似乎提出了一个难题：需要通过行动才能实现的目标如何首先引发行动？换句话说，后面的结果如何影响前面的行动？这似乎是一个逆因果关系（backward causation）的例子，即时间反转的因果关系。[19]解决这个难题的方法是预测。对相关规划行动产生影响的是预期的目标状态，而不是已经实现的目标状

17　有关更高阶概念目标背景下的观念－运动原则的述评，请参见萨莎·翁多巴卡（Sasha Ondobaka）和哈罗德·贝克林（Harold Bekkering）[362] 的《观念指导的行动和知觉指导的动作的层级结构》（*Hierarchy of Idea-Guided Action and Perception-Guided Movement*）一书。

18　有关观念－运动理论、模仿和镜像神经元系统之间关联的解释，请参见马尔科·亚科博尼的文章《模仿、共情和镜像神经元》（*Imitation, Empathy, and Mirror Neurons*）[341]。同时，也请分别回阅第 6 章 6.1.2 节和第 5 章 5.6 节中对模仿与镜像神经元的讨论。

19　逆因果关系——后发生的事件影响先发生的事件——与我们在第 4 章 4.3.5 节中遇到的向下因果关系不同。在向下因果关系中，全局系统活动影响系统组件的局部活动。

态。因此，观念－运动理论的核心是目标导向的行动（goal-directed action），这也被称为目标触发假说（goal trigger hypothesis）。[20]

8.5.2 事件编码理论

事件编码理论[21]是一种将知觉与行动规划结合起来的表征框架，侧重于知觉的后期阶段和行动的早期阶段。因此，它关注的是知觉特征，而不是这些特征如何被提取或计算。同样，它关注的是行动准备——行动规划——而不是这些行动的最后执行以及智能体身体不同部位的自适应性控制。这个理论的主要思想是：知觉、注意、意图和行动都与一个公共表征共同工作，而且行动同时取决于外部和内部原因。

事件编码理论旨在为感觉－运动行动规划和观念－运动行动规划的结合提供基础：成为一种同时服务于感官－刺激行动和前瞻性目标导向行动的联合表征。事件编码理论的核心概念是事件编码（event code）。这实际上是智能体所在世界中事件远端特征（即智能体从一定距离观察到的特征）的结构化聚合。在事件编码理论中，这些特征被称为特征编码（feature codes）。它们可以相对简单（例如

---

[20] 伯恩哈德·霍梅尔及其同事在他们关于事件编码理论的文章中将观念－运动理论称为"目标触发假说"[342]。

[21] 事件编码理论由伯恩哈德·霍梅尔及其同事于2001年提出[342]。他们的论文不仅阐述了这一理论的主要原则，也对行动规划的两种不同方法（感觉－运动行动规划和观念－运动行动规划）进行了精辟的概述。

颜色、形状、向左移动、下降），也可以很复杂，如可供性。[22] 同样，事件编码理论的特征编码可以从智能体的经验中涌现，不一定要预先指定。请记住，事件编码理论是一个框架，它本身并不关注这些特征是如何外化或计算的。

一个给定的事件编码理论的特征编码（这样的编码有很多）同时与感觉系统和运动系统相关联（请参见图8.1）。一般而言，一个

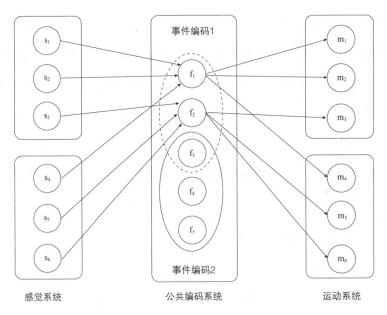

图8.1　事件编码理论的特征结合了来自各种感觉模态的感觉信息。在这个例子中，感觉信息 s_1, s_2, s_3 和 s_4, s_5, s_6 来自两个感觉系统，并收敛在一个公共编码系统中的两个抽象特征编码 f_1 和 f_2 上。这些特征激活扩散到了属于两个不同运动系统的编码中：分别为 m_1, m_2, m_3 和 m_4, m_5, m_6。可以通过外部刺激或内部过程激活的特征编码集成到单独的事件编码中。特征（如 f_1）可以在事件编码间共享。改编自 [342]。

---

[22]　要重温可供性概念，请回阅第5章5.6节倒数第二段以及第2章页下注52。

特征编码源于多个近端感觉源（感觉编码），并作用于多个近端运动执行器（运动编码）。它们是近端的，因为它们是智能体身体的一部分，不像远端的那样与智能体的身体分离。因此，感觉编码和运动编码捕获近端信息，而在公共联合事件编码理论表征中的特征编码（无论如何计算）捕获的是关于世界上事件的远端信息。

188　　每一个事件编码都由若干表征某个事件的特征编码组成，无论这是感知到的还是规划中的事件。在感知事件和规划事件时，和该事件相关的特征编码都会被激活。当然，由于特征可以是许多事件编码的成分，因此激活一个给定特征实际上是使具备该特征的所有其他事件也进入就绪状态，即有可能发生的状态。但是，仅仅激活特征编码并不代表事情结束。构成一个事件的特征被绑定在一起：集成到某个事件编码中。事件编码理论没有指明绑定的性质，但是绑定的效果以一种事件编码抑制的形式呈现，即一个事件会干扰和抑制与其共享部分主要事件编码特征的其他事件。

8.5.3　对象 – 行动复合体

行动与知觉联合表征的第二个例子来自机器人领域。这种表征被称为行动 – 对象复合体，简称 OAC（发音为"欧克"）。[23] 一个对

23　在《对象 – 行动复合体：植入感觉 – 运动过程的抽象概念》（*Object-Action Complexes: Grounded Abstractions of Sensory-Motor Processes*）[363] 一文中，诺贝特·克吕格尔（Nobert Krüger）及其同事解释了对象 – 行动复合体如何提供感觉 – 运动经验和预测行为的符号表征。这篇文章还列举了一些例子，说明人工认知系统（在这种情况下是类人机器人）如何将对象 – 行动复合体用于学习简单物体的可供性。

象－行动复合体是一个三元组，即包含三个成分的单元：(E, T, M)，

其中

　　• E 是"执行规格说明"，可以认为它是一个行动。

　　• T：$S \rightarrow S$ 是一个函数，用于预测执行规格说明被执行时描述智能体世界当前状态的属性将如何变化。可以认为 T 是对智能体的知觉会因为执行了 E 给定的行动而如何变化的预测。S 则是包含智能体所有可能知觉的空间。

　　• M 是对对象－行动复合体过去预测成功的统计度量。

　　因此，一个对象－行动复合体将联合表征的基本要素——知觉和行动——与一个预测器结合起来，该预测器将当前感知到的状态与未来执行该行动后可能产生的预期状态连接到了一起。在很大程度上，在智能体执行某个运动程序（在有关对象－行动复合体的文献中，这被称为低层级控制程序 CP）时，对象－行动复合体会对智能体与世界的交互进行建模。例如，对象－行动复合体可能会编码如何抓取对象或将对象推到给定的位置和方向（通常称为对象姿态）。对象－行动复合体可以被习得与执行，可以被结合到行动及其知觉结果的更复杂的表征中。

8.6　获得知识与共享知识

　　在上文第 8.3 节中，我们强调了认知的认知主义和涌现方法在

对待知识方面的一个重要区别：原则上可以在认知主义系统之间
直接共享知识，但在涌现系统中这是不可能的。涌现系统的知识
必须通过学习获得。当然，认知主义系统也可以习得知识：问题
在于是否能够直接共享知识。在本节中，我们将研究认知主义智能
体——尤其是机器人——如何直接与人类和其他机器人共享知识。
我们还将研究涌现智能体——同样是认知机器人——如何通过观察
其他智能体习得知识和技能，即通过演示学习。这种认知智能体之
间间接地共享知识和技能的方法与我们在第 6 章 6.1.2 节中讨论的模
拟主题相关。

8.6.1　直接知识传递——认知主义视角

认知主义范式最大的优势之一，同时也是它潜在的弱点之一，
是假定所有认知智能体都对它们周围的世界有着相同的理解。这一
立场的优势在于，它意味着一个智能体所拥有的知识与另一个智能
体的理解机制——知觉、推理和沟通的能力——是内在兼容的。所
有的认知主义系统都利用了这一优势，使人类能够将他们的知识表
征嵌入到认知系统中，通常表征为基于符号的规则，正如我们在第
3 章 3.1.1 节关于认知主义的认知架构中所看到的那样。这一假定的
弱点在于，程序员的知识局限于他所知道并认为足够重要到需要编
码并嵌入认知智能体的东西。当然，认知主义认知智能体也可以
自己学习，但它的理解——推理能力——常常受程序员初始知识的
限制。

不过，近来出现了一些旨在克服这一缺点的发展，使机器人可以共享知识和经验，并自主挖掘其他知识来源。因此，当一个机器人学习如何解决给定任务时，它可以将这一知识提供给其他机器人。这就是机器人地球（RoboEarth）的基本原理，[24] 机器人地球是一个快速发展的全球开源框架，允许机器人生成、共享和重用知识和数据。机器人地球架构提供各种类型的知识：物体、环境和行动的全局世界模型，所有这些都与语义信息关联。这一架构使用了不同的表征：如用于物体的图像、点云和三维模型，用于环境的地图和坐标，以及用于行动和任务描述的人类可读的行动方案。这些信息与基于图形的语义表征相关联，该语义表征使机器人能够理解如何使用不同的知识组件。

机器人地球实际上是一个机器人的万维网：一种基于网络的资源，机器人可以利用它相互交流知识，并从其他机器人的经验中获益，自定义这些知识以适应特定的环境。正是这种自定义能力让机器人地球与众不同。它不仅是物体、环境和任务数据的存储库，还

191

---

24 马库斯·魏贝尔、米夏埃尔·贝茨（Michael Beetz）等人 [34] 在《机器人地球：机器人的万维网》(*RoboEarth: A World-Wide Web for Robots*) 一文中对机器人地球的框架进行了一般性的描述。莫里茨·特诺斯（Moritz Tenorth）、米夏埃尔·贝茨及其同事在后来发表的论文《机器人地球框架中关于行动、物体和环境的知识的表征与交流》(*Representation and Exchange of Knowledge about Actions, Objects, and Environments in the RoboEarth Framework*) 中对所涉及的各种知识表征以及用于推断这些知识的相关知识推理技术提供了更多的技术细节 [364]。

包括语义知识，语义知识依据不同实体间的关系对内容的含义进行编码，从而使机器人可以，比方说，决定一个物体模型是否在某个给定的任务中有用。

该框架的核心是一种允许机器人编码、交流和重用所有相关信息的语言。例如，它提供了描述行动及其参数、物体及其位置和方向（姿态）的方法，以及识别物体的模型。它还提供了一种交流元信息——关于信息的信息（如坐标参考系和度量单位）——的方法。由于与机器人地球连接的机器人在大小、形状和感觉运动能力方面存在显著差异，因此该语言还可以描述机器人配置的模型，以及机器人要利用好每条信息所必备的先决组件规格说明。最后，它还提供了一种把这些规格说明与机器人的能力相匹配的方式，从而使其能够检查是否缺少某些组件。

尽管专门为机器人设计的万维网具有明显的优势，但普通的万维网上供人类使用的许多信息对于机器人来说也是非常有用的。[25]认知机器人可以利用对如何做事提供了逐步指导的网站来制定执行某个任务的计划。购物网站和图像数据库提供的图片可以供机器人在自己的环境中搜索物体。还有网站提供了家居物品的三维计算机辅助设计（CAD）模型，可以用于规划抓取行动。百科全书式的知

---

[25] 莫里茨·特诺斯、米夏埃尔·贝茨及其同事撰写的论文《能上网的机器人》（*Web-Enabled Robots*）描述了万维网用于为机器人提供知识以帮助它们执行日常任务的各种方式 [365]。

识库提供了不同物体之间关系的信息。[26] 常识性知识（common-sense   192
knowledge）很少被形式化，但也可以找到。例如，机器人家务帮手
在做饭时可能需要用到牛奶。它从购物网站获得的关于牛奶的信息
会提供一个牛奶盒的外观，还会指出牛奶易变质。常识性知识提供
了易变质物品要存储在冰箱里的信息，而百科全书式知识库提供了
关于冰箱的信息。通过综合这些信息，机器人可以决定要去哪里寻
找牛奶。我们面临的挑战是，在规划给定任务时，根据需要为认知
机器人提供获取和综合这些知识的能力。[27]

最后再介绍一个术语：机器人在互联网上对知识（包括面向机
器人和面向人类的知识）的共享有时被称为云机器人学。[28]

---

26 百科全书知识（encyclopedic knowledge）常常由本体（ontology）表示，本
    体是从概念、类型、属性和相互关系等方面对知识进行的明确说明。顺便
    提一下，这是 ontology 一词在计算机科学中的定义；在哲学中，它的含义
    不同，指的是对存在与现实的本质的研究。

27 公共知识表征有助于解决把来源于多处的信息综合起来的问题。KnowRob
    知识库就是这种公共表征的一个例子。请参见莫里茨·特诺斯和米夏埃
    尔·贝茨的文章《KnowRob：自治个人机器人的知识加工》（*KnowRob:
    Knowledge Processing for Autonomous Personal Robots*）[366]。

28 云机器人学（cloud robotics）这个术语由詹姆斯·库夫纳（James Kuffner）
    于 2010 年在关于类人机器人学的 IEEE 会议上提出 [367]。肯·戈德堡（Ken
    Goldberg）和巴里·基欧（Barry Kehoe）的技术报告《云机器人学和自动化：
    相关研究考察》（*Cloud Robotics and Automation: A Survey of Related Work*）
    对这个领域进行了简要概述 [368]。

8.6.2 从演示中学习——涌现视角

我们在本书的多个地方指出过，我们无法直接获取一个坚持认知科学涌现范式的认知系统的知识。这种知识因特定智能体而异，通过发展与学习获得。我们在第 6.1.1 节关于发展的内容中讨论了探索与社会交互的重要性，在第 6.1.2 节中强调了人类天生喜欢模仿的倾向。在第 6.1.3 节中，我们提到模仿学习提供了一种主动教授认知机器人的方法，指导它如何完成特定的行动或任务。这种将知识（特别是以程序性和情景知识的形式呈现的技能知识）传授给认知机器人的方法被称为从演示中学习（learning form demonstration）或通过演示编程（programming by demonstration）。[29] 我们将在这里进一步探讨这个主题。

在开始探讨之前，我们要明确一点：从演示中学习在认知主义和涌现范式中都与认知机器人学相关。然而，通用的方法有四种变体，其中只有一种适用于涌现认知机器人。

首先，让我们确切说明一下从演示中学习试图达到的是什么效果，然后我们将研究解决这个问题的不同方法如何产生四种不同的

---

[29] 有关从演示中学习的不同方式的全面概述，请参阅布伦娜·阿高尔及其同事 [300] 的调查研究。奥德·比亚尔及其同事在《施普林格机器人学手册》（*Springer Handbook of Robotics*）中对机器人通过演示编程进行了精辟概述 [369]，吕迪格·迪尔曼（Rüdiger Dillman）及其同事 [370] 的文章也是如此。

变体。[30] 认知机器人需要知道如何在任何给定的情况下行动：在它所处世界的当前状态下，什么行动是合适的。因此，练习的目的是学习从状态到行动的映射。这种映射被称为策略（policy）；在这里，我们将其称为行动策略，便于我们记住该策略是根据机器人世界中正在发生的事情来决定合适行动的。

为了学习行动策略，老师会提供一系列状态与相关行动的例子——演示。这些状态典型地反映了一些需要采取行动的情况：洗衣篮里有一件脏衣服，所以行动可能是把它放进洗衣机。正如我们之前在第 6 章 6.1.3 节中提到的，从演示中学习是监督学习的一种特殊形式。通常情况下，机器人无法直接获取状态，所以它必须依赖于自己的观察。然后习得的行动策略会根据机器人的观察结果来告诉它要采取什么行动。

194

在学习过程中，知识被传递给机器人。这种传递可能是显性的，也可能是隐性的，这取决于机器人是否可以直接获取知识——描述了正在教授的行动的动作和状态信息——或者它是否必须进行推断。这种传递有两个步骤：①记录教师的行动；②确定该数据与机器人具身化之间的对应关系。这两个步骤可以是直接的，也可以是间接的。如果是直接的，那么数据可以被机器人直接使用而不需要修改。如果是间接的，则需要将数据映射到机器人上，即必须推断出机器

---

[30] 通过演示编程以及四种不同类型的学习方法的论述严格遵照布伦娜·阿高尔及其同事在他们的研究中所介绍的方法 [300]。

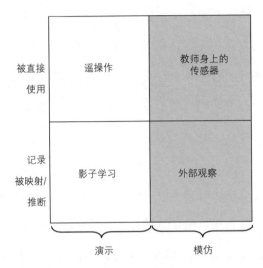

图 8.2 从演示中学习的四种类型。在第一行中，所需要的教学数据被记录并且可以被机器人直接使用；在第二行中，所需要的数据是间接可用的，因此必须由机器人来推断。在左边这一栏——演示栏——教学数据与机器人的身体匹配，并且可以直接使用。右边这一栏——模仿栏——演示者的身体与机器人的身体并不匹配，因此教学数据必须映射到机器人身上。摘自 [300]。

人再现行动所需的信息。由于有两个阶段，每个阶段都有两个选择——直接使用和间接映射——因此从演示中学习有四种类型，请参见图 8.2。

第一种是遥操作（teleoperation）。在这种情况下，演示者直接操作机器人，机器人的传感器会记录所需的行动。因此，记录是直接的。由于演示者与机器人的具身化完全对应（它们实际上是同一个身体，即机器人），因此不需要进一步的映射。

第二种被称为影子学习（shadowing）。在这种情况下，机器人不能直接获取演示者的行动数据。相反，它试图模仿演示者的行动（例如，通过跟踪演示者的行动）并通过传感器记录自己的动作。因此，记录是间接的。但是，所记录的数据与机器人自己的身体直接对应。

第三种类型被称为演示者身上的传感器。在这种情况下，演示者的动作被直接记录在其身上，机器人学习者可以直接获取这些数据。因此，记录明确、直接。另一方面，由于演示者和机器人学习者的具身化不同，因此数据必须被间接使用并映射到机器人学习者的特定具身化上。

最后，第四种类型是外部观察（external observation）。在这种情况下，记录和具身化对应关系都必须经过推断获得。机器人用演示者外部的传感器观察演示者（与演示者身上的传感器类型相反）。传感器可以在机器人自己身上，也可以是在感知环境中围绕机器人布置。此外，演示者和机器人的具身化不同，比如在人类教授四肢活动范围可达 53 度的类人机器人的情况下，观察到的数据（即演示者的动作）必须映射到机器人的参照系中。

演示一词用于指前两种类型：遥操作和影子学习。模仿指第三种或第四种类型：演示者身上的传感器或外部观察。但是，在我们讨论涌现认知系统时，只有第四种类型——外部观察模仿——是适用的，因为直接的知识传递在知识传递过程的两个步骤中都是不可能的。

还有最后一点也很重要，即演示——环境状态或对环境状态的观察与相关行动的匹配对——是如何呈现给正在学习的机器人的。

195

有两种选择，第一种是批量学习（batch learning），行动策略是在所有数据呈现之后习得的。第二种是交互式学习（interactive learning），行动策略是随着训练数据逐步呈现给机器人学习者而不断更新的。交互式学习给演示者提供了纠正已习得的行动策略或提出策略改进方法的机会，即演示者不仅演示所需行动策略的范例，而且还要指导机器人，对其行为进行微调。[31]

196

---

31 关于机器人指导训练（robot coaching）的例子，请参见马西娅·赖利（Marcia Riley）及其同事的研究，他们使用从演示方法中交互学习来训练类人机器人 [371]。他们的方法的关键特征是使用口头训练词汇，提炼行为特定部分的能力，以及通过对话澄清指令或解决歧义的能力。

社会认知

9.1 引言

到目前为止，在本书中我们一直将认知描述为一种以智能体为中心且相对孤独的活动：认知系统探索周围的世界并与之交互，不过这种交互的焦点一直是结构耦合，强调适应性与自治性而不是集体社会活动。然而，和我们在第 5 章探讨具身化问题和在第 6 章探讨发展问题时指出的一样，交互并不仅限于嵌入环境，还可以与其他认知智能体一起在认知智能体个体的认知活动中发挥重大作用。在最后一章中，我们将把认知系统置于社会环境当中，探讨智能体个体的认知是如何在社会背景中发生的。这就把社会认知和第 5 章 5.10 节所定义的延展认知和分布认知区分开来。因此，我们在本章中不考虑个体的认知如何直接涉及该智能体的环境（延展认知），也不考虑一群智能体展现出认知能力的集体认知（分布认知），而是重点探讨认知智能体个体在涉及其他认知智能体的社会环境中是如何发展与交互的。[1]

为了在探讨两个或两个以上认知智能体之间的社会交互时有所依据，我们需要描述一下个体认知的本质：单个智能体是如何与其环境交互的。行文至此，我们已经熟知一点：认知聚焦于行动，尤其是目标导向的前瞻性行动。行动和目标是认知交互的两个基本特征。另外还有两个特征：第一个是意图，这一特征体现了行动和目标的前瞻性方面。回顾一下我们在第8章页下注16中提出的目标和意图之间的区别：意图是一个智能体追求某个目标时选择并恪守的行动计划，因此既包括目标，也包括实现目标的手段。因此，智能体可能具有使某种事态存在的目标，也具有为了寻求实现这一事态而做特定事情的意图。意图将行动和目标一起整合到了一个前瞻性框架之中。最后一个特征是知觉：认知的基本感觉方面。不过，在认知交互的背景下，知觉是定向的。它聚焦于目标，受到期望的影响：在注意范围内的。

尽管我们在本书中多次提到过注意，但是实际上从未说过这个词的确切含义。由于注意是认知交互的一个关键特征，因此在继续

---

[1] 本章，我们只探讨认知智能体之间的直接交互。要了解智能体间接交互的社会认知，即按照激发工作原则（principles of stigmergy）通过人工制品进行交互（蚂蚁之类的社会性昆虫就是依照此类原则实现集体协调），请参阅塔里娅·苏西（Tarja Susi）和汤姆·齐姆克撰写的文章 [372]。

讨论后面的内容之前我们要花一些时间来进行介绍。

我们在第 5 章 5.6 节论述了空间注意和选择性注意（大致说的是：我们向何处注视以及什么类型的事物最为显眼），这大概是最接近对注意进行解释的论述了。我们还可以表述得更明确一些，将注意定义为"智能体专注于环境的某些特征而（相对）忽略其他特征的过程"。[2] 我们在第 6 章末尾提到认知系统需要一个聚焦于行动目标的注意系统。这反映了注意的一个重要方面：它与意图密切相关。注意甚至可以被描述为"意图导向的知觉"（intentionally-directed perception）：我们把注意力聚焦在对追求目标来说至关重要的事物上。[3]

总而言之，我们通过行动、目标（或承诺）、意图和注意（从意图导向的知觉这个意义来理解）这四个特征来描述认知智能体个体的交互，这四个特征都含有前瞻性的元素。本章的目标是说明需

198

---

[2] 注意的这一定义引自弗雷德里克·卡普兰和韦雷娜·哈夫纳的文章《联合注意的挑战》（*The Challenges of Joint Attention*）[263]，第 138 页。不过我们必须谨慎地认识到有时会很难明确什么是注意，而严密的定义非常稀缺。约翰·措措斯（John Tsotsos）的著作《视觉注意的计算视角》（*A Computational Perspective on Visual Attention*）[373] 第 1 章和第 1 节的标题巧妙地总结了这一困境："注意——我们都知道它是什么""可我们真的知道它是什么吗？"

[3] 威廉·詹姆斯很早就认识到了注意的选择性，并将其描述如下："每个人都知道注意是什么。注意是心智以清晰生动的形式从脑海中几个看似同时出现的物体或思路中选择占有一个 [60]。"约翰·措措斯以这两句话中的第一句为基础，展开了对定义注意时面临的意外困境的探讨 [373]。

要什么来把这种特征转化为代表社会认知——两个（或多个）认知智能体之间的交互——的特征。这将涉及联合行动、共享目标、共享意图和联合注意（joint attention）等概念。我们在下文会发现，这种转化及其涉及的这四个概念远非对其源自的个体行动、目标、意图性和注意等概念进行简单的叠加。社会认知涉及的东西要多得多。但这有些超过我们所学的范围了，我们需要先做一些准备才能讨论这些问题。为此我们首先简要概述一下社会认知，介绍一下社会交互（尤其是帮助其他智能体）的关键要素。

9.2　社会交互

社会认知涵盖了广泛的主题。[4]成功的社会交互所需的能力包括解读面孔、检测眼睛注视、识别情感表达、感知生物运动、联合注意、检测目标导向的行动、识别智能体、模仿、欺骗和共情等。为了在众多相关主题中找到方向，我们先了解一下本章的目标是什么。我们在本章探讨的是认知智能体相互协作——参与联合行

---

[4] 乌塔·弗里思（Uta Frith）和莎拉－杰恩·布莱克莫尔（Sarah-Jayne Blake-more）为前瞻认知系统项目（Foresight Cognitive Systems Project）撰写的《社会认知》（*Social Cognition*）研究述评 [374] 对这一领域及其范围以及众多组件机制和过程进行了简明易懂的概述，并论述了社会认知如何受病理（如自闭症谱系障碍，ASD）影响。

动——的社会能力，并将着重探讨人类发展相互协作所需机制的方
式。其间我们将论述几个相关问题，包括推断其他智能体的意图、
向它们提供帮助、共享目标和意图以及通过联合注意手头的任务最
终采取联合行动的能力。

社会认知——与其他认知智能体的有效社会交互——取决于智
能体理解各种视觉数据的能力，这些视觉数据传递了有关其他智能
体的活动和意图的信息。正如我们在表 6.1 中所见，新生儿天生就
对生物运动感兴趣，而研究表明处理生物运动的能力是社会认知的
标志，为认知智能体提供了自适应社会行为和非语言交流的能力。[5]
这方面最明显的例子是解读身体语言（body language）的能力，身体
语言包括微妙的身体动作、手势和行动，是认知智能体之间成功交
互的一个重要方面（这里我们假设现在讨论的是第 5 章介绍的具身
认知系统）。一个智能体要与另一个认知智能体进行社会交互，就
必须意识到该智能体的认知状态并能敏锐地感知发生的变化。我们
在第 5.7 节中讨论了智能体的身体状态与其认知和情感状态之间的联
系，特别是在社会交互过程中的联系。回想一下，这一联系包含了
四个方面：

（1）当智能体感知到社会刺激时，这种感知会在感知智能体中

---

[5] 玛丽娜·帕夫洛娃（Marina Pavlova）的文章《作为社会认知标志的生物运
动加工》（*Biological Motion Processing as a Hallmark of Social Cognition*）[375]
详细分析了对生物运动的感知与社会认知能力之间的紧密关系，并指出如果
个体在生物运动的视觉处理方面表现出不足，其社会知觉也会受到影响。

引发身体状态。

（2）对其他智能体身体状态的感知经常会诱发一种模仿这些状态的倾向。

（3）智能体自己的身体状态会触发该智能体的情感状态。

（4）智能体的身体与认知表现的效率会受其身体状态与认知状态之间兼容性的强烈影响。[6]

由于身体状态和认知与情感状态之间存在密切的联系，因此认知智能体的姿势、动作和行动不仅会影响另一个智能体对待它的方式，也传递了大量关于其认知和情感倾向的信息。

虽然社会认知归根结底是关于交互的，但是这种交互不一定要完全对称：比方说，一个智能体可以帮助另一个智能体，或者两个智能体也可以互相帮助。在下文中，我们将这些行为分别称为"帮助"（helping；有时还带有修饰语"工具型帮助"，instrumental helping）和"协作"（collaboration）。目前我们只要明白后者（协作）是从前者（工具型帮助）发展而来的即可。

9.2.1　帮助的前瞻性

一个智能体要想帮助另一个智能体，它必须首先推断另一个智能体的意图。我们有时称其为解读意图。这本身就是一个复杂的问

---

[6]　请再次参阅劳伦斯·巴萨卢及其同事的文章《社会具身化》[207]；该文列举了许多有关社会交互中身体状态与认知和情感状态之间的联系的例子，包括对运动控制、记忆、判断面部表情、推理以及执行任务的总体有效性的影响。

题，可以分两个阶段来解决：解读与动作相关的低层次意图（例如预测某人想要抓取的是什么）和解读与行动相关的高层次意图（例如预测某人为什么要抓取那个对象）。[7] 工具型帮助要求一个智能体通过推断另一个智能体的意图来理解其目标，认识到如果不帮助该智能体就无法实现这一目标，然后采取行动提供必要的帮助（例如为一个双手拿满东西的人捡起某样东西）。

第二种形式的帮助——协作——更加复杂，侧重两个智能体共同努力实现共同的目标。协作要求两个智能体共享他们的意图，就目标达成共识，共享注意并采取联合行动。协作需要复杂的交互，而不仅仅是提供工具型帮助的能力。它涉及建立共享目标和共享意图 [8]，而且当两个智能体进行物理接触时，例如将物品交给对方或共同搬运物品的时候，双方需要能对行动进行细微的调整。

---

[7] 伊丽莎白·帕舍里（Elisabeth Pacherie）认为可以区分三个不同层次的意图：①远端意图（distal intentions），其中有待执行的目标导向行动在认知术语中是参照智能体的环境来体现的；②近端意图（proximal intentions），其中行动体现为身体动作和相关的感知结果；③运动意图（motor intentions），其中行动体现为运动命令和对智能体感官的影响。要了解更多细节，请参阅她的文章《行动现象学：一个概念框架》（*The Phenomenology of Action: A Conceptual Framework*）[376]。

[8] 迈克尔·托马塞洛和马林达·卡彭特（Malinda Carpenter）认为共享意图（shared intentionality）就是使得两个或多个参与协作活动的参与者能够彼此共享心理状态的社会认知与社会动机技能的集合，在人类婴儿的发展中起着至关重要的作用。特别是，共享意图使得人类婴儿可以将追随另一个智能体目光的能力转化为共同注意某个事物的能力，将社会操纵转化为合作交流，将群体活动转化为协作，将社会学习转化为指导学习 [377]。

两种帮助的关键之处是认知的前瞻性。解读意图（无论是低层次还是高层次的意图）就是进行前瞻：你必须预测另一个智能体打算做但还没有做的事情。同样，帮助某人做某事也是前瞻性的，因为你需要设想对方的目标并计划如何帮助对方实现目标。在协作的时候，前瞻也可以让智能体（机器人或人）建立起需要合作实现的某个目标的兼容表征，以及两个智能体共同实现这个目标需要做什么的共享视角。

9.2.2 学习帮助和接受帮助

学习帮助并不像听起来那么容易。我们在有关发展与学习的第 6 章表 6.1 中已经看过，婴儿需要好几年才能发展出必要的能力。

在人生的第一年，运动技能的逐渐习得决定了理解其他智能体意图的能力的发展，从预测简单动作的目标发展到理解更复杂的目标。与此同时，推断另一个智能体正在关注什么的能力以及理解情绪表达的能力开始大幅提升。

14 个月至 18 个月大的儿童开始表现出工具型帮助行为，即当另一个人无法实现其目标时，他们会表现出自发的、无回报的帮助行为。[9] 例如，一个儿童在看到另一个儿童无法够到想要玩的东西时，即使

---

[9] 在《人类利他主义的根源》（*The Roots of Human Altruism*）[275] 中，费利克斯·沃内肯（Felix Warneken）和迈克尔·托马塞洛认为，即使没有得到任何奖励，儿童也是天然的利他主义者，天生就有用工具帮助他人的倾向。见下文第 9.4 节。

没有任何回报，也会将玩具向其移近。这是协作行为能力发展的关键阶段，这一过程将贯穿 3 岁和 4 岁。

大约 2 岁的儿童开始与成年人一起解决简单的合作任务。[10] 在这个发展阶段，共享意图开始出现，儿童和成年人形成一个共享目标并一起参与联合活动。此外，儿童似乎不仅受到目标的驱动，也会受到合作本身的激励，这便是交互的社会方面。

随着社会理解的增加，与同龄人合作并在联合活动中成为社会伙伴的能力在 2~3 岁时得到发展。[11] 需要共享意图并且联合协调行动的更复杂的协作在大约 3 岁时出现，这时儿童掌握了更难的合作任务，例如两个合作伙伴需要发挥互补作用的协作任务。[12]

3 岁的时候，儿童开始发展通过协调两个互补行动进行合作的能力。到了 3 岁半，儿童很快就掌握了这项任务，能够有效地处理任务中的角色互换，甚至可以教授新的合作伙伴。[13]

---

10 费利克斯·沃内肯及其同事对儿童合作活动的研究 [378] 表明，与成人进行非仪式化合作交互的能力在 18~24 个月之间开始出现。

11 西莉亚·布劳内尔（Celia Brownell）及其同事 [379] 描述了 1 岁和 2 岁儿童在实现共享目标时的协调活动程度和合作水平方面的显著差异。

12 马琳·迈耶（Marlene Meyer）及其同事对 2 岁半和 3 岁儿童联合行动协调的研究 [380] 表明，年龄较大的儿童与成年搭档建立协调良好的联合行动的能力显著提高。

13 珍妮弗·阿什利（Jennifer Ashley）和迈克尔·托马塞洛的一项研究 [381] 说明了儿童如何发展通过协调两个互补行动来合作的能力。2 岁的孩子无论如何也无法独立熟练地行动。2 岁半和 3 岁的孩子表现出一定的熟练程度，但主要是作为个体而没有太多的行为协调。而 3 岁半的孩子很快就掌握了设定的任务。

202   驱动工具型帮助的动机比协作行为的动机更加简单：它们基于
希望看到目标达成或希望感知另一个人有能力达成目标时的快乐。
工具型帮助的动机只关注第二个智能体的需求。第一个智能体的需
求不在权衡之列。协作行为背后的动机则更加复杂。在这种情况
下，意图和目标必须是共享的，协作的动机要同时关注两个智能体
的需求。

9.3 解读意图与心理理论

我们在上文多次提及，前瞻是认知行为的本质：预测采取行动
的必要性，预计最合适的行动，以及在行动执行的过程中进行前瞻
性的引导。当行动呈现出社会特征时，又引入了新的复杂性维度，
因为其他认知智能体的行为方式与无生命的物体有质的不同。行动
变成了交互。[14]这时候，认知智能体不仅必须预测无生命物体的行为，
还必须预测其他认知智能体的行为。这一复杂性正是源于认知智能
体的行为具有前瞻性这一事实，因此一个认知智能体必须预测另外
一个原本就在预测自己将要做什么的智能体的行为。换句话说，在
社会认知中，一个智能体必须预测其他智能体的意图：必须预测它

---

[14] 塔里娅·苏西和汤姆·齐姆克简洁地描述了社会背景下的交互："交互是
一种互惠的行动，其中一个个体的行动可能影响与改变另一个个体的行动
[372]。"

们将要做什么，可能还要预测它们为什么要这么做。

18 个月大的婴儿已经能够明白无生命物体和人的行为之间存在差异。他们开始区分身体动作和行动。特别是，他们开始为人的动作赋予更深层的意义，这种意义是从心理学视角去诠释他们的动作，将其视为具有预期目标的行动，并将人置于包含目标和意图的心理框架当中。实际上，长到 18 个月大时，婴儿已经对意图有了一定的理解。[15]

推断意图的能力与所谓的心理理论密切相关。[16] 我们在第 6 章 6.1.2 节和第 7 章 7.4 节谈到过这个概念。在这些章节中，我们将它定义为一个智能体能够以另一个智能体的视角看问题的能力。[17] 这是内部模拟的四种形式之一（请参见第 7.4 节）。拥有心理理论意味着能够推断出别人正在想什么和想要做什么。正如我们在第 6 章 6.1.2 节和页下注 15 中指出的，天生的模仿能力构成了一个人形成心理理

15　推断意图的能力与一个智能体预测另一个智能体正在实施的行动的目标的能力有关。这种能力通常参照镜像神经元系统来解释（请参见第 5 章 5.6 节和第 6 章 6.1.2 节），因为它明确地将对一个行动目标的感知与智能体自己执行该行动的能力联系起来。这一点得到了一项研究的支持，该研究表明，婴儿只有在自己能够执行某个简单行动之后才能发展出预测其他人该简单行动的目标的能力 [382]。

16　请参阅安德鲁·梅尔佐夫的文章《理解他人的意图：18 个月大的儿童重新制定预期行为》(*Understanding the Intentions of Others: Re-Enactment of Intended Acts by 18-Month-Old Children*)，这是一项关于儿童理解他人意图并形成一套心理理论的能力发展的标志性研究之一 [273]。

17　安德鲁·梅尔佐夫将心理理论定义为"将他人理解为具有信仰、欲望、情感和意图等心理状态的心理存在" [273]。

论的能力的发展基础。联系两种能力的纽带就是一个智能体推断另一个智能体意图的能力。在模仿成年人时，年仅 18 个月的婴儿不仅可以复制成功完成任务的成年人的行动（记住，行动的焦点是目标，而不仅仅是身体动作），而且即使在成年人没有成功完成任务的情况下也能够坚持努力去实现该行动的目标。换句话说，婴儿可以解读成年人的意图并推断出不成功的尝试隐含的未看见的目标。[18]

我们从上文可以看出，儿童会区分无生命物体和有生命物体的行为，认为心理状态属于有生命的物体。事实上，这就是生物运动对社会认知的重要性（正如我们在第 9.2 节中看到的），如果一个无生命的物体，甚至是三角形这样的二维形状，呈现出有生命的或生物性的运动——自我推进的、伴随速度突变的非线性路径——人类不可避免地会将意图、情感甚至人格特征赋予这一无生命的物体。[19]

---

18 安德鲁·梅尔佐夫和让·德塞蒂将模仿与心理理论（他们也称之为心理化，mentalizing）之间的联系总结如下："显然，即使我们未能实现目标，儿童也能理解这些目标。他们选择模仿我们原本打算要做的事情，而不是我们做错了的事情。"[291]，第 496 页。正如我们在第 6 章页下注 15 中指出的那样，他们还表示"在个体发育中，婴儿的模仿是种子，而成人的心理理论则是果实"。

19 弗里茨·海德（Fritz Heider）和玛丽安娜·西梅尔（Marianne Simmel）于1944 年发表的一篇经典论文《表面行为的实验研究》（*An Experimental Study of Apparent Behaviour*）[383] 表明人类会将某些类型的动作组合（如伴随瞬时接触的连续动作、伴随长时间接触的同时动作、无接触的同时动作、无接触的连续动作）解释为有生命物体（主要是人）的行为，即使这些动作是通过圆形和三角形之类的简单二维形状来表现的。此外，人类甚至会将动机赋予这些行为。

同样地，人类也会根据自己理解的是动作（较低层次意图）还是行动（较高层次意图）来推断不同类型的意图。动作意图指的是某个特定行动想要达到什么样的物理状态，例如推断观察到的一个特定动作的结束位置——如果一个智能体的手向杯子的方向移动，则该智能体很可能想要抓住那个杯子——而更高概念层次的意图指的是一个智能体为什么执行该特定行动以及该行动背后的动机，例如该智能体可能口渴了想喝点东西。这应该会让我们想起上一章我们讨论观念－运动理论时谈及的构成行动的具体动作和行动的高阶概念目标之间的区别（见第 8 章 8.5.1 节和页下注 17）。

204

那么，人类如何根据他人的行动推断其意图呢？我们在第 7 章 7.4 节和 7.5 节中讨论的内部模拟就是一种可能的机制。[20] 其中蕴含的关键理念在于：一个智能体通过观察另一个智能体的行动来推断其意图的能力实际上可能和这个智能体根据自己的意图预测自己行动的结果是基于相同的机制。我们在第 7 章 7.5 节中发现，认知系统通过采用正向模型的内部模拟来预测自己行动的结果，这些正向模型会输入显性或隐性的运动命令，然后输出执行这些命令可能产生的

---

[20] 莎拉－杰恩·布莱克莫尔和让·德塞蒂撰写的述评《从行动感知到意图理解》（*From the Perception of Action to the Understanding of Intention*）简要介绍了生物运动、模拟理论和意图推断之间的联系 [384]。有关意图识别的计算方法的深入讨论，请参阅叶利舍娃·邦奇克－多科夫（Elisheva Bonchek-Dokow）和加尔·卡明卡（Gal Kaminka）的《关于意图检测与意图预测的计算模型》（*Towards Computational Models of Intention Detection and Intention Prediction*）[385]。

感觉结果。如果内部模拟机制能够将观察到的动作（而不仅仅是自己产生的运动命令）与可能的（即预期的）感觉结果关联起来的话，则当一个认知系统观察到另一个智能体的行动时，就可以运行相同的机制。如前所述，这正是观念－运动原则的含义（第 8 章 8.5.1 节），也是镜像神经元系统的功能（见第 5 章 5.6 节）。在第 6 章 6.1.2 节和页下注 15 中，我们讨论了模仿在发展推断他人意图和共情的能力中的作用，为心理理论的发展提供了一种机制。由于观念－运动模型关注的是目标和意图，而且采用了一个包含知觉与行动的公共联合表征，因此它们为实现模仿提供了一个合理的机制：当一个智能体看到另一个智能体的行动以及这些行动的结果时，其自身会产生相同结果的行动的表征就会激活。通过利用内部模拟，当一个智能体仅仅看到另一个智能体的行动时，不仅激活了内部模拟中的行动，也激活了这些行动的结果，进而可以推断出这些行动的意图。有了适当精细的联合表征和内部模拟机制，低层次的动作意图和高层次的行动意图都可以推断出来。

虽然我们之前主要从儿童发展的角度讨论了意图性和心理理论，但是推断意图的能力对于人工认知系统而言非常重要，特别是对于需要按照人类的习惯与人类自然交互的机器人而言。正如我们刚才所说，内部模拟是推断意图的重要机制。在第 7 章 7.5.3 节和 7.5.4 节中，我们讨论了 HAMMER 架构以及这一架构如何使用正向和反向模型进行内部模拟。事实上，HAMMER 还可以用来让机器人完全按照上一段落所述的方式去解读意图：通过内部模拟形成心理

205

理论，并利用多对反向和正向模型作为与镜像神经元系统的关联和观念－运动理论的实现。[21]

9.4　工具型帮助

　　幼儿——1 岁左右——天生就是利他的，即使在没有回报的情况下也表现出天生的助人倾向。[22] 这种利他行为可以体现为多种形式，例如安慰另一个看起来很痛苦的人，或者帮助某人完成其自身无法做到的事情，如对方腾不出手时帮其捡起掉落的东西。后者被称为工具型帮助，因为这种帮助的焦点是帮助另一个体实现其工具性目标。因此，工具型帮助的主要目标是帮助另一个体实现其目标，即

21　扬尼斯·德米里斯的《机器人和多智能体系统中的意图预测》（*Prediction of Intent in Robotics and Multi-Agent Systems*）[386] 一文除了回顾几种识别行动和意图的计算方法之外，还解释了如何将 HAMMER 架构用于推断意图。他指出，在有多组智能体群体的情况下预测与识别意图特别具有挑战性，因为认知系统必须做的不仅仅是追踪与预测智能体个体的行动，还必须推断出整个群体的共同意图，这可能不仅仅是"智能体个体意图的总和"。认知系统还必须认识到每个智能体在群体社会结构中的地位，而这同样是一项艰巨的挑战，因为智能体可能在该群体中扮演不止一个角色。他的文章《知道何时提供辅助：终身辅助机器人的发展问题》（*Knowing When to Assist: Developmental Issues in Lifelong Assistive Robotics*）[387] 描述了 HAMMER 架构在推断轮椅使用者意图方面的应用。

22　关于工具型帮助的这一节内容是对费利克斯·沃内肯和迈克尔·托马塞洛的《人类利他主义的根源》[275] 一文非常简短的总结。

使这样做没有任何好处，而且有时正是因为这样做没有任何好处才去提供帮助。与反社会行为相反，这种行为有时被称为亲社会行为（prosocial behaviour）[23]，因为它们旨在使另一个人受益。

工具型帮助有两个组成部分：认知成分和动机成分。认知成分涉及识别另一个智能体的目标是什么——他们想要做什么——以及无法实现目标的原因。动机成分是促使提供帮助的智能体采取行动的动力，可能是希望看到另一个智能体实现目标，或者是希望看到另一个智能体实现目标时表现出快乐。

工具型帮助的能力随着时间的推移发展。14 个月大的婴儿可以在任务相对简单的情况下帮助他人，例如帮助他人拿取无法够到的物体，而 18 个月大的婴儿则可以在认知任务更复杂的情况下参与工具型帮助。

如前所述，回报并不是必需的，有回报也不会增加帮助行为的发生率。事实上，回报有时反而会削弱帮助的动机。婴儿愿意提供多次帮助，甚至在帮助成本提高的情况下也会继续提供帮助。

年仅 12 个月大的婴儿会向其他看起来悲伤或痛苦的人提供安慰。这一行为被称为情绪帮助（emotional helping），其动机是希望将另一个智能体的情绪或心理状态变得更好（与提供工具型帮助时希望看到对方实现目标相反）。至于婴儿在提供工具型帮助时是否会将

---

[23]　"亲社会行为"（prosocial behaviour）一词是由劳伦·韦斯佩（Lauren Wispé）于 1972 年提出的术语 [388]。

情感帮助的动机与实现目标的动机结合起来，仍是一个尚未解决的问题。

9.5 协作

协作的情况会更复杂一些。我们现在要探讨的是联合合作行动（joint cooperative action），或简称联合行动，有时也称共享合作活动（shared cooperative activity）。参与联合行动的智能体共享相同的目标，计划共同行动，并协调彼此的行动以通过联合注意实现共享的目标。这个过程听起来简单明了，可是当我们对这些问题——联合行动、共享意图、共享目标和联合注意——进行一一解析时，由于它们之间的相互依赖，情况就变得复杂了。例如，在执行联合行动时，联合行动要求有共享意图、共享目标和联合注意；共享意图包括共享目标；而联合注意实际上是由共享意图引导并由目标导向的知觉。

参加协作活动需要具备解读意图和推断目标的能力（和工具型帮助的情况一样），还需要一个与其他智能体共享心理状态的独特动机。共享意图是指："参与者具有共享目标（共享承诺）的协作行动，以及为追求该共享目标而协调行动的角色。"[24] 有一点很

207

---

24 这句引文摘自迈克尔·托马塞洛及其同事的文章《理解与共享意图：文化认知的起源》(*Understanding and Sharing Intentions: the Origins of Cultural Cognition*)[361]。

重要：协作涉及的每个智能体的目标和意图必须既包括另一个智能体的一些目标和意图，又包括自己的一些目标和意图。换句话说，两个智能体的意图是一个联合意图，而与这一意图相关的行动是联合行动。这一点把协作与工具型帮助区分开来，而且正如刚才所说的，也使协作变得更加复杂。此外，每个智能体都了解交互的两个角色，因此可以在需要时帮助另一个智能体。至关重要的是，两个智能体不仅选择自己的行动计划，还在自己的运动系统中表征另一个智能体的行动计划，以便就谁在什么时候该做什么进行协调。

9.5.1 联合行动

联合行动至少有六个维度。[25] 这六个维度包括参与者的数量，参与者之间关系的性质（如同伴关系或上下级关系），角色是否可以互换，交互是现实的还是虚拟的，参与者之间的联系是暂时的还是长久的，以及交互是否受组织或文化规范的约束。接下来，我们将假设是在两个同伴之间就一个共享目标进行暂时协作的现实联合行动。

---

[25] 联合行动的六个维度（six dimensions）是伊丽莎白·帕舍里在她的文章《联合行动的现象学：自我智能性与联合智能性》（*The Phenomenology of Joint Action: Self-Agency vs. Joint-Agency*）[389] 中提出的。

联合行动（或者说共享合作活动）有三个基本特征：[26]

（1）相互响应；

（2）致力于开展联合活动；

（3）致力于相互支持。

假设有两个智能体参与一项共享合作活动。两个智能体都必须对对方的意图和行动做出响应，并且两个智能体都必须知道对方也会努力做出类似的响应。因此，一个智能体的行为都会在一定程度上受另一个智能体的行为引导。这一点与工具型帮助不同，因为提供工具型帮助的智能体要对需要帮助的智能体的意图做出响应，而对方却无需对其意图有回应。

208

---

[26] 迈克尔·布拉特曼的文章 [390] 详细描述了共享合作活动的三个特征。菲利普·科恩（Philip Cohen）和赫克托·莱韦斯克（Hector Levesque）在他们的团队合作理论（theory of teamwork）[391] 中也探讨了类似的问题。他们在设计可以参与联合行动的人工智能体的背景下探讨了这些问题，规定了要让一群智能体展现联合承诺和联合意图需要满足的条件。布拉特曼对联合行动的描述遭到了一些批评，因为他所描述的联合行动貌似需要复杂的共享意图和一套成人水平的心理理论。然而，正如我们上文所述，幼儿会发展出联合行动的能力。也有学者提出了联合行动的另一种描述，这种描述不需要复杂的共享意图，只需要共享目标和对目标导向行动的理解；参见斯蒂芬·巴特菲尔（Stephen Butterfill）的《联合行动与发展》（*Joint Action and Development*）[392] 和伊丽莎白·帕舍里的《有意图的联合智能性：简化的共享意图》（*Intentional Joint Agency: Shared Intention Lite*）[393]。

每个智能体还必须致力于其参与的活动。这意味着两个智能体具有相同的意图，但他们不需要具有相同的参与活动的理由。其微妙之处在于：两个智能体相互协作的结果对于彼此而言是相同的，但采纳实现这一结果的目标的原因不一定相同。如果一个认知机器人和一位残障人士合作洗衣服，结果——目标——可能是一个装满干净衣服的衣柜，但这位残障人士怀有这一目标的原因是希望早上有干净的衬衫可穿，而机器人怀有这一目标的原因可能只是希望保持房子整洁干净。

最后，每个智能体必须致力于支持对方在联合活动中发挥作用所做的努力。这一特征要求每个智能体要向另一个智能体提供其所需的帮助，因此是对相互响应的一个补充。这一特征表示每个智能体都将这种协作性的相互支持视为优先活动：即使有其他活动在争夺每个智能体的注意，他们仍然会关注彼此都参与的共享合作活动。

共享意图对于联合行动来说至关重要，每个智能体的意图必须相互咬合：一个智能体必须计划好让另一个智能体完成共享活动的一部分，并且让彼此的个体活动——计划中的行动和执行时的实际行动——以相互支持的方式啮合在一起。

9.5.2 共享意图

共享意图——有时称为我们意图（we-intention）、集体意图（collective intention）或联合意图（joint intention）——不仅仅是个体

意图的集合，即使这些个体意图包含了两个参与的智能体共享的信念或知识。共享意图还有其他含义。[27]

一个具有个体意图的智能体表征了其自身实现该目标的整体目标和行动计划，而且这一计划要由该智能体独自执行。然而，两个具有共享意图（并参与联合行动）的智能体虽然表征了双方的整体共享目标，但只表征了它们自己的部分子计划。[28]具有共享意图的智能体不需要知道另一个智能体的部分计划。但是，它们确实需要共享整体目标。在实现共享意图和执行联合行动时，智能体还必须考虑其个体活动的实时协调。在这种情况下，每个智能体还必须表

209

27　迈克尔·托马塞洛和马林达·卡彭特的文章《共享意图性》（*Shared Intentionality*）[377] 很好地总结了共享意图的重要性及其在协作和联合注意等社会认知技能发展中的作用。迈克尔·托马塞洛及其同事的一篇论文《理解与共享意图：文化认知的起源》[361] 讨论了人类共享意图的独特性，并根据人类特有的共享情感、经验和活动的动机以及将他人理解为有生命的、目标导向的、有意图的个体这一更加普遍的动机来解释共享意图的发展。要了解如何在人工认知系统中利用这些思想，可参见彼得·福特·多明尼（Peter Ford Dominey）和费利克斯·沃内肯的论文《人类和机器人认知中的共享意图的基础》（*The Basis of Shared Intentions in Human and Robot Cognition*）。这篇论文基于计算神经科学（如镜像神经元系统）和发展心理学的研究发现，描述了共享意图的表征如何让机器人与人类进行合作 [394]。

28　本节对共享意图的描述是根据伊丽莎白·帕舍里的论述 [389] 改编而成的。她确定了三个层次的共享意图（共享远端意图、共享近端意图和耦合运动意图，coupled motor intention），这是她对上述第 7 条页下注中提到的个体意图 [376] 描述的拓展。本节描述共享意图时省略了这一区别，但仍然先论述了共享远端意图的特征，再考虑与联合行动实时执行期间的活动协调相关的制约因素（即共享近端意图和耦合运动意图引起的制约因素）。

征自己的行动及其预测的结果以及另一个智能体的目标、意图、行动和预测结果（正如我们在上文第 9.3 节中已讨论过的）。此外，智能体必须表征其行动对另一个智能体的影响，必须至少就组件行动如何组合起来实现整体目标有一个部分的表征，必须能够预测联合行动的效果，以便监控实现整体目标的进度，并在必要时调整其行动以帮助另一个智能体（正如我们在上一节中已讨论过的）。

显然，在实施联合意图与执行联合行动时，两个智能体必须建立一个共同的知觉表征。这就是联合注意（共享意图引导下的知觉）的作用。

9.5.3　联合注意

社会认知，尤其是协作行为，有赖于参与的智能体建立起联合注意。[29]

联合注意所涉及的内容远远不止两个智能体看向同一个事物。[30]联合注意的本质在于意图性和注意之间的关系。以此为基础，可以将联合注意定义为：①有意图的智能体之间的协调与协作耦合，其

---

[29] 关于联合注意的全面概述，请参阅弗雷德里克·卡普兰和韦雷娜·哈夫纳的研究 [263]，该研究从发展心理学和计算建模的角度阐述了这一主题。本节涉及了他们对该主题的论述。

[30] 迈克尔·托马塞洛和马林达·卡彭特指出，联合注意"不仅仅是两个人同时经历同样的事情，而是两个人同时经历同样的事情并且都知道他们正在共同经历同样的事情" [377]。

间②每个智能体的目标是关注环境的同一方面。[31] 由此可见，联合注意需要有共享意图。此外，参与的智能体必须从事协作性的有意行动。在协作期间，每个智能体都必须监控、理解和引导另一个智能体的注意行为，并且重要的是，两个智能体都必须意识到双方都在这么做。

210

联合注意是一种持续的活动，贯穿整个协作的过程以监控和引导另一个智能体的注意行为。从某种意义上说，联合注意本身就是一种联合活动。

认知智能体需要发挥至少四种技能才能实现联合注意。第一，智能体必须能够检测与追踪另一智能体的注意行为（我们这里假设只有两个智能体参与联合注意，不过当然还可以有更多）。第二，智能体必须能够影响另一智能体的注意行为，可能通过使用指向之类的手势或使用适当的言语来实现这一点。第三，智能体必须能够参与社会协调来管理双方的交互，例如采用轮流或角色互换等方法。第四，智能体必须意识到另一智能体有自己的意图（如我们上文所述，尽管双方的目标相同，各自的意图却可能不同）。也就是说，智能体必须具备意图理解能力：它必须能够根据达到共享目标所需的行动来解释和预测另一智能体的行为。

---

[31] 联合注意的这一定义引自弗雷德里克·卡普兰和韦雷娜·哈夫纳的文章[263]。

9.6 发展与交互动力学

在关于发展与学习的第 6 章 6.1.2 节和页下注 11 中，我们非常
简要地探讨了两种截然不同的认知发展理论，一种是皮亚杰提出的，
另一种是维果茨基提出的。[32] 我们在本章开篇指出，之前我们一直
将认知表述为一种有点"孤独"的过程，着重探讨智能体个体，而
该智能体或多或少是自治的，在努力理解它的世界：采取行动，预
测是否需要行动，并且前瞻性地选择与引导最适合其自身目标的
行动。接下来我们将本章的剩余篇幅用于论述认知"不孤独"的方
面，着重探讨智能体与其他智能体进行有效交互所需的社会认知元
素——推断意图、工具型帮助、合作，进而论及社会认知的本质：
协作行为及共享意图、联合行动和联合注意等构成协作行为的方面。

211

---

[32] 本节在解释皮亚杰和维果茨基的认知发展理论的区别时遵循克斯廷·道
腾汉和奥德·比亚尔的论文《用发展心理学框架研究机器人的社会认
知》(*Studying Robot Social Cognition withing a Developmental Psychology
Framework*) [285] 中的论述。杰西卡·林德布卢姆和汤姆·齐姆克的《自
然与人工智能的社会情境性：维果茨基及其后继者》(*Social Situatedness of
Natural and Artificial Intelligence: Vygotsky and Beyond*) [242] 总结了维果茨基
的心理学及其与人工认知系统（特别是认知类人机器人）的相关性。有关
皮亚杰和维果茨基发展心理学的更深入的概述，请参阅杰西卡·林德布卢
姆的著作《具身社会认知》(*Embodied Social Cognition*) [395] 的第 2 章。
　　另见皮亚杰和维果茨基的标志性著作，《儿童的现实概念的建构》(*The
Construction of Reality in the Child*) [396] 和《社会中的心智：高级心理过程
的发展》(*Mind in Society: The Development of Higher Psychological Processes*)
[397]。

正如我们在第 6.1.2 节中所述，智能体中心观在很大程度上反映了皮亚杰的认知发展理论，而社会认知观则反映了维果茨基的理论。因此，作为一本入门书，重提这两个理论来结束最后一章是很恰当的：提醒我们发展在认知中的重要性，凸显个体动机与社会动机这两种推动认知发展的动机的互补性，还重述了我们在本书中提出的一些问题——交互的重要性、自治性的作用以及前瞻在认知中的首要地位。

皮亚杰的发展心理学理论侧重于儿童与世界交互时的自发发展。虽然儿童的社会背景可能有助于促进其发展，但是儿童自身的活动是首要的：探索与理解自己的能力，确定自身与周围世界的关系。根据皮亚杰的理论，儿童经历了几个发展阶段：两岁之前的感觉运动阶段（sensorimotor stage），两岁到七岁的前运算阶段（preoperational stage），七岁到十一岁的具体运算阶段（concrete operational stage），最后是十一岁之后的形式运算阶段（formal operational stage）。每个阶段都依赖——就像依赖脚手架那样——儿童在前面几个发展阶段学到的东西。但是，儿童知识的主要构件是以其自身同周围的物体和人类的直接交互经验为基础的。皮亚杰的理论实际上是一种建构主义理论（参见第 8.3.4 节），即儿童通过对世界的直接探索而不是观察其他人做事或听闻其他人讲述事物来建构其自身对世界的理解。

另一方面，维果茨基认为社会环境是发展的基本要素。[33] 教学起着举足轻重的作用，儿童的认知发展受到儿童沉浸其中的文化规范的强烈影响。这些文化和社会模式决定了儿童的发展方式以及儿童学习、理解周围世界的方式。同样，社会动力学是儿童认知发展的一个重要方面。智能体交互时的动作协调在认知技能的发展中发挥着关键作用，这既是因为智能体在合作时需要同步活动，也因为智能体需要将自身的目标和意图与正在与之交互的另一个智能体的目标和意图相协调。维果茨基还引入了"近端发展区"(zone of proximal development) 的概念，用以描述儿童在另一个智能体的帮助下或与另一个智能体合作，发展出刚好超出其现有能力的技能的情况。有学者巧妙地用"近端发展区"来确定人工认知系统应该为轮椅使用者提供的协助程度，以平衡轮椅使用者的当前需求与自适应辅助技术提供的长期康复潜力。[34]

也许最好的做法是将皮亚杰和维果茨基的观点看成是两个互相补充而不是互不相容的选择。毕竟两个理论的观点在整本书中交织穿插。例如，在第 6 章中，我们强调有两种类型的动机促进了儿童的发展：探索性动机和社会动机；在第 2 章中，我们强调努力理解

---

[33] 杰西卡·林德布卢姆指出皮亚杰实际上认识到了社会文化方面对发展的重要性，不过又指出它更侧重于影响发展的速度而不是发展的方向 [395]。

[34] 扬尼斯·德米里斯的文章《知道何时提供辅助：终身辅助机器人的发展问题》[387] 描述了如何利用维果茨基的近端发展区概念来调节认知系统为轮椅使用者提供协助的水平。该认知系统利用第 7 章 7.5.3 节讨论的 HAMMER 架构来推断一位轮椅使用者的意图。

世界是认知科学涌现范式（尤其是认知生成观）的一个关键特征；而在第2章和第5章中我们指出知识的意义是通过交互产生的：它由两个或多个智能体在交互时协商而得，事物的意义就是各个智能体达成的共识。

归根结底，认知发展就是一场发现之旅：确定对于一个智能体而言什么东西重要，什么东西不重要。发现什么是重要的东西使得这个智能体可以前瞻性地采取行动，从而帮助自己并帮助他人，并借此建构对世界的理解，这种理解使之能够在自治性和牺牲部分自治性以保护其赖以生存的社会环境之间进行有效的权衡。皮亚杰的立场反映了孩子的自发探索在发现过程中的作用；维果茨基的立场则认识到社会交互在引导这一发现之旅与确定每个发现行为所揭示内容中的重要作用。最终，这个发现过程，这种认知的发展，赋予了智能体——生物智能体或人工智能体——在旅途中遇到世界抛来的意外事件时预测行动必要性的能力，以及调整适应的灵活性。

213

参考文献

[1] http://www.commsp.ee.ic.ac.uk/~mcpetrou/iron.html.

[2] http://en.wikipedia.org/wiki/Maria_Petrou.

[3] J. Maitin-Shepard, M. Cusumano-Towner, J. Lei, and P. Abbeel. Cloth grasp point detection based on multiple-view geometric cues with application to robotic towel folding. In *International Conference on Robotics and Automation ICRA*, pages 2308–2315, 2010.

[4] Willow Garage. The PR2 robot. http://www.willowgarage.com/pages/pr2/overview, 2013.

[5] A. Morse and T. Ziemke. On the role(s) of modelling in cognitive science. *Pragmatics & Cognition*, 16(1):37–56, 2008.

[6] T. C. Scott-Phillips, T. E. Dickins, and S. A. West. Evolutionary theory and the ultimate-proximate distinction in the human behavioural sciences. *Perspectives on Psychological Science*, 6(1):38–47, 2011.

[7] N. Tinbergen. On the aims and methods of ethology. *Zeitschrift für Tierpsychologie*, 20:410–433, 1963.

[8] E. Mayr. *Animal species and evolution*. Harvard University Press, Cambridge, MA, 1963.

[9] D. Vernon. Cognitive system. In K. Ikeuchi, editor, *Computer Vision: A Reference Guide*, pages 100–106. Springer, 2014.

[10] P. Medawar. *Pluto's Republic*. Oxford University Press, 1984.

[11] http://www.cs.bham.ac.uk/research/projects/cogaff/misc/meta-requirements.html.

[12] D. Vernon, C. von Hofsten, and L. Fadiga. *A Roadmap for Cognitive Development in Humanoid Robots*, volume 11 of *Cognitive Systems Monographs (COSMOS)*. Springer, Berlin, 2010.

[13] M. H. Bickhard. Autonomy, function, and representation. *Artificial Intelligence, Special Issue on Communication and Cognition*, 17(3-4):111–131, 2000.

[14] H. Maturana and F. Varela. *The Tree of Knowledge — The Biological Roots of Human Understanding*. New Science Library, Boston & London, 1987.

[15] R. J. Brachman. Systems that know what they're doing. *IEEE Intelligent Systems*, 17(6):67–71, December 2002.

[16] A. Sloman. Varieties of affect and the cogaff architecture schema. In *Proceedings of the AISB '01 Symposium on Emotion, Cognition, and Affective Computing*, York, UK, 2001.

[17] R. Sun. The importance of cognitive architectures: an analysis based on clarion. *Journal of Experimental & Theoretical Artificial Intelligence*, 19(2):159–193, 2007.

[18] D. Marr. *Vision*. Freeman, San Francisco, 1982.

[19] T. Poggio. The *levels of understanding* framework, revised. *Perception*, 41:1017–1023, 2012.

[20] D. Marr and T. Poggio. From understanding computation to understanding neural circuitry. In E. Poppel, R. Held, and J. E. Dowling, editors, *Neuronal Mechanisms in Visual Perception*, volume 15 of *Neurosciences Research Program Bulletin*, pages 470–488. 1977.

[21] J. A. S. Kelso. *Dynamic Patterns – The Self-Organization of Brain and Behaviour*. MIT Press, Cambridge, MA, 3rd edition, 1995.

[22] R. Pfeifer and J. Bongard. *How the body shapes the way we think: a new view of intelligence*. MIT Press, Cambridge, MA, 2007.

[23] A. Clark. *Being There: Putting Brain, Body, and World Together Again*. MIT Press, Cambridge, MA, 1997.

[24] A. Clark. Time and mind. *Journal of Philosophy*, XCV(7):354–376, 1998.

[25] N. Wiener. *Cybernetics: or the Control and Communication in the Animal and the Machine*. John Wiley and Sons, New York, 1948.

[26] W. Ross Ashby. *An Introduction to Cybernetics*. Chapman and Hall, London, 1957.

[27] W. S. McCulloch and W. Pitts. A logical calculus of ideas immanent in nervous activity. *Bulletin of Mathematical Biophysics*, 5:115–133, 1943.

[28] J. A. Anderson and E. Rosenfeld, editors. *Neurocomputing: Foundations of Research*. MIT Press, Cambridge, MA, 1988.

[29] W. R. Ashby. *Design for a Brain*. John Wiley & Sons, New York, first edition. edition, 1952.

[30] W. R. Ashby. *Design for a Brain*. John Wiley & Sons, New York, first edition. reprinted with corrections. edition, 1954.

[31] W. R. Ashby. *Design for a Brain*. John Wiley & Sons, New York, second edition. edition, 1960.

[32] F. J. Varela. Whence perceptual meaning? A cartography of current ideas. In F. J. Varela and J.-P. Dupuy, editors, *Understanding Origins – Contemporary Views on the Origin of Life, Mind and Society*, Boston Studies in the Philosophy of Science, pages 235–263, Dordrecht, 1992. Kluwer Academic Publishers.

[33] A. Clark. *Mindware – An Introduction to the Philosophy of Cognitive Science*. Oxford University Press, New York, 2001.

[34] M. Waibel, M. Beetz, J. Civera, R. D'Andrea, J. Elfring, D. Gáalvez-Loópez, K. Häussermann, R. Janssen, J. M. M. Montiel, A. Perzylo, B. Schießlele, M. Tenorth, O. Zweigle, and R. van de Molengraft. Roboearth: A world-wide web for robots. *IEEE Robotics and Automation Magazine*, pages 69–82, June 2011.

[35] A. Newell and H. A. Simon. Computer science as empirical inquiry: Symbols and search. *Communications of the Association for Computing Machinery*, 19:113–126, March 1976. Tenth Turing award lecture, ACM, 1975.

[36] W. J. Freeman and R. Núñez. Restoring to cognition the forgotten primacy of action, intention and emotion. *Journal of Consciousness Studies*, 6(11-12):ix–xix, 1999.

[37] http://www.aaai.org/Conferences/AAAI/2012/ aaai12cognitivecall.php.

[38] http://www.agi-society.org.

[39] http://www.agiri.org/wiki/Artificial_General_Intelligence.

[40] S. Harnad. The symbol grounding problem. *Physica D*, 42:335–346, 1990.

[41] A. Newell. The knowledge level. *Artificial Intelligence*, 18(1):87–127, March 1982.

[42] J. E. Laird, A. Newell, and P. S. Rosenbloom. Soar: an architecture for general intelligence. *Artificial Intelligence*, 33(1–64), 1987.

[43] A. Newell. *Unified Theories of Cognition*. Harvard University Press, Cambridge MA, 1990.

[44] J. Anderson. Cognitive architectures in rational analysis. In K. van Lehn, editor, *Architectures for Intelligence*, pages 1–24. Lawrence Erlbaum Associates, Hillsdale, NJ, 1999.

[45] http://ai.eecs.umich.edu/cogarcho.

[46] E. von Glaserfeld. *Radical Constructivism*. Routeledge-Falmer, London, 1995.

[47] W. D. Christensen and C. A. Hooker. An interactivist-constructivist approach to intelligence: self-directed anticipative learning. *Philosophical Psychology*, 13(1):5–45, 2000.

[48] J. Stewart, O. Gapenne, and E. A. Di Paolo. *Enaction: Toward a New Paradigm for Cognitive Science*. MIT Press, 2010.

[49] J. P. Crutchfield. Dynamical embodiment of computation in cognitive processes. *Behavioural and Brain Sciences*, 21(5):635–637, 1998.

[50] D. A. Medler. A brief history of connectionism. *Neural Computing Surveys*, 1:61–101, 1998.

[51] J. A. Anderson and E. Rosenfeld, editors. *Neurocomputing 2: Directions for Research*. MIT Press, Cambridge, MA, 1991.

[52] P. Smolensky. Computational, dynamical, and statistical perspectives on the processing and learning problems in neural network theory. In P. Smolensky, M. C. Mozer, and D. E. Rumelhart, editors, *Mathematical perspectives on neural networks*, pages 1–15. Erlbaum, Mahwah, NJ, 1996.

[53] P. Smolensky. Computational perspectives on neural networks. In P. Smolensky, M. C. Mozer, and D. E. Rumelhart, editors, *Mathematical perspectives on neural networks*, pages 1–15. Erlbaum, 1996.

[54] P. Smolensky. Dynamical perspectives on neural networks. In P. Smolensky, M. C. Mozer, and D. E. Rumelhart, editors, *Mathematical perspectives on neural networks*, pages 245–270. Erlbaum, 1996.

[55] P. Smolensky. Statistical perspectives on neural networks. In P. Smolensky, M. C. Mozer, and D. E. Rumelhart, editors, *Mathematical perspectives on neural networks*, pages 453–496. Erlbaum, 1996.

[56] M. A. Arbib, editor. *The Handbook of Brain Theory and Neural Networks*. MIT Press, Cambridge, MA, 1995.

[57] RJ. A. Feldman and D. H. Ballard. Connectionist models and their properties. *Cognitive Science*, 6:205–254, 1982.

[58] E. L. Thorndike. *The Fundamentals of Learning*. Teachers College, Columbia University, New York, 1932.

[59] E. L. Thorndike. *Selected Writings from a Connectionist Psychology*. Greenwood Press, New York, 1949.

[60] W. James. *The Principles of Psychology*, volume 1. Harvard University Press, Cambridge, MA, 1890.

[61] D. O. Hebb. *The Organization of Behaviour*. John Wiley & Sons, New York, 1949.

[62] F. Rosenblatt. The perceptron: a probabilistic model for information storage and organization in the brain. *Psychological Review*, 65:386–408, 1958.

[63] O. G. Selfridge. Pandemonium: A paradigm for learning. In D. V. Blake and A. M. Uttley, editors, *Proceedings of the Symposium on Mechanization of Thought Processes*, pages 511–529, London, 1959. H. M. Stationery Office.

[64] B. Widrow and M. E. Hoff. Adaptive switching circuits. In *1960 IRE WESCON Convention Record*, pages 96–104, New York, 1960.

[65] M. Minsky and S. Papert. *Perceptrons: An Introduction to Computational Geometry*. MIT Press, Cambridge, MA, 1969.

[66] J. Pollack. No harm intended: Marvin L. Minsky and Seymour A. Papert. Perceptrons: An introduction to computational geometry, expanded edition. *Journal of Mathematical Psychology*, 33(3):358–365, 1989.

[67] G. E. Hinton and J. A. Anderson, editors. *Parallel models of associative memory*. Lawrence Eralbaum Associates, Hillsdale, N.J.:, 1981.

[68] G. A. Carpenter and S. Grossberg. Adaptive resonance theory (ART). In M. A. Arbib, editor, *The Handbook of Brain Theory and Neural Networks*, pages 79–82. MIT Press, Cambridge, MA, 1995.

[69] T. Kohonen. Self-organized formation of topologically correct feature maps. *Biological Cybernetics*, 43:59–69, 1982.

[70] D. E. Rumelhart, J. L. McClelland, and The PDP Research Group, editors. *Parallel Distributed Processing: Explorations in the Microstructure of Cognition.* The MIT Press, Cambridge, 1986.

[71] D. E. Rumelhart, G. E. Hinton, and R. J. Williams. Learning internal representations by error propagation. In D. E. Rumelhart, J. L. McClelland, and The PDP Research Group, editors, *Parallel Distributed Processing: Explorations in the Microstructure of Cognition*, pages 318–362. The MIT Press, Cambridge, 1986.

[72] D. E. Rumelhart, G. E. Hinton, and R. J. Williams. Learning representations by back-propagating erros. *Nature*, 323:533–536, 1986.

[73] P. Werbos. *Beyond regression: new tools for prediction and analysis in the behaviourl sciences.* Masters Thesis. Harvard University, Boston, MA, 1974.

[74] J. J. Hopfield. Neural neural network and physical systems with emergent collective computational abilities. *Proceedings of National Academy of Sciences*, 79(8):2554 – 2588, 1982.

[75] J. Elman. Finding structure in time. *Cognitive Science*, 14:179–211, 1990.

[76] M. I. Jordan. Attractor dynamics and parallelism in a connectionist sequential machine. In *Proceedings of the Eighth Conference of the Cognitive Science Society*, pages 531–546, 1986.

[77] G. E. Hinton and T. J. Sejnowski. Learning and relearning in boltzmann machines. In D. E. Rumelhart, J. L. McClelland, and The PDP Research Group, editors, *Parallel Distributed Processing: Explorations in the Microstructure of Cognition*, pages 282–317, Cambridge, 1986. The MIT Press.

[78] J. Moody and C. J. Darken. Fast learning in networks of locally tuned processing units. *Neural Computation*, 1:281–294, 1989.

[79] J. L. McClelland and T. T. Rogers. The parallel distributed processing approach to semantic cognition. *Nature*, 4:310–322, 2003.

[80] P. Smolensky and G. Legendre. *The Harmonic Mind: From Neural Computation To Optimality-Theoretic Grammar*. MIT Press, 2006.

[81] P. Smolensky. structure and explanation in an integrated connectionist/symbolic cognitive architecture. In C. Macdonald and G. Macdonald, editors, *Connectionism: Debates on psychological explanation*, volume 2, pages 221–290. Basil Blackwell, 1995.

[82] T. van Gelder and R. F. Port. It's about time: An overview of the dynamical approach to cognition. In R. F. Port and T. van Gelder, editors, *Mind as Motion – Explorations in the Dynamics of Cognition*, pages 1–43, Cambridge, Massachusetts, 1995. Bradford Books, MIT Press.

[83] L. Shapiro. *Embodied Cognition*. Routledge, 2011.

[84] E. Thelen and L. B. Smith. *A Dynamic Systems Approach to the Development of Cognition and Action*. MIT Press / Bradford Books Series in Cognitive Psychology. MIT Press, Cambridge, Massachusetts, 1994.

[85] S. Camazine. Self-organizing systems. In *Encyclopedia of Cognitive Science*. Wiley, 2006.

[86] A. Kravchenko. Essential properties of language, or, why language is not a code. *Language Sciences*, 5(29):650–671, 2007.

[87] T. Winograd and F. Flores. *Understanding Computers and Cognition – A New Foundation for Design*. Addison-Wesley Publishing Company, Inc., Reading, Massachusetts, 1986.

[88] J. P. Spencer, M. S. C. Thomas, and J. L. McClelland. *Toward a New Grand Theory of Development? Connectionism and Dynamic Systems Theory Re-Considered.* Oxford University Press, New York, 2009.

[89] G. Schöner. Development as change of dynamic systems: Stability, instability, and emergence. In J. P. Spencer, M. S. C. Thomas, and J. L. McClelland, editors, *Toward a Unified Theory of Development: Connectionism and Dynamic Systems Theory Re-Considered*, New York, 2009. Oxford University Press.

[90] P. Smolensky, M. C. Mozer, and D. E. Rumelhart, editors. *Mathematical perspectives on neural networks.* Erlbaum, 1996.

[91] J. J. Gibson. The theory of affordances. In R. Shaw and J. Bransford, editors, *Perceiving, acting and knowing: toward an ecological psychology*, pages 67–82. Lawrence Erlbaum, 1977.

[92] W. Köhler. *Dynamics in Psychology.* Liveright, New York, 1940.

[93] D. Vernon. Enaction as a conceptual framework for development in cognitive robotics. *Paladyn Journal of Behavioral Robotics*, 1(2):89–98, 2010.

[94] H. Maturana. Biology of cognition. Research Report BCL 9.0, University of Illinois, Urbana, Illinois, 1970.

[95] H. Maturana. The organization of the living: a theory of the living organization. *Int. Journal of Man-Machine Studies*, 7(3):313–332, 1975.

[96] H. R. Maturana and F. J. Varela. *Autopoiesis and Cognition — The Realization of the Living.* Boston Studies on the Philosophy of Science. D. Reidel Publishing Company, Dordrecht, Holland, 1980.

[97] F. Varela. *Principles of Biological Autonomy.* Elsevier North Holland, New York, 1979.

[98] F. Varela, E. Thompson, and E. Rosch. *The Embodied Mind.* MIT Press, Cambridge, MA, 1991.

[99] R. Grush. The emulation theory of representation: motor control, imagery, and perception. *Behavioral and Brain Sciences,* 27:377–442, 2004.

[100] G. Hesslow. Conscious thought as simulation of behaviour and perception. *Trends in Cognitive Sciences,* 6(6):242–247, 2002.

[101] M. P. Shanahan. A cognitive architecture that combines internal simulation with a global workspace. *Consciousness and Cognition,* 15:433–449, 2006.

[102] H. H. Clark. Managing problems in speaking. *Speech Communication,* 15:243–250, 1994.

[103] D. Vernon, G. Metta, and G. Sandini. A survey of artificial cognitive systems: Implications for the autonomous development of mental capabilities in computational agents. *IEEE Transactions on Evolutionary Computation,* 11(2):151–180, 2007.

[104] T. Froese and T. Ziemke. Enactive artificial intelligence: Investigating the systemic organization of life and mind. *Artificial Intelligence,* 173:466–500, 2009.

[105] D. Vernon and D. Furlong. Philosophical foundations of enactive AI. In M. Lungarella, F. Iida, J. C. Bongard, and R. Pfeifer, editors, *50 Years of AI,* volume LNAI 4850, pages 53–62. Springer, Heidelberg, 2007.

[106] W. D. Christensen and C. A. Hooker. Representation and the meaning of life. In H. Clapin, P. Staines, and P. Slezak, editors, *Representation in Mind: New Approaches to Mental Representation,* pages 41–70. Elsevier, Oxford, 2004.

[107] M. P. Shanahan and B. Baars. Applying global workspace theory to the frame problem. *Cognition,* 98(2):157–176, 2005.

[108] G. Granlund. Organization of architectures for cognitive vision systems. In H. I. Christensen and H.-H. Nagel, editors, *Cognitive Vision Systems: Sampling the Spectrum of Approaches*, volume 3948 of *LNCS*, pages 37–56, Heidelberg, 2006. Springer-Verlag.

[109] J. R. Anderson, D. Bothell, M. D. Byrne, S. Douglass, C. Lebiere, and Y. Qin. An integrated theory of the mind. *Psychological Review*, 111(4):1036–1060, 2004.

[110] P. Rosenbloom, J. Laird, and A. Newell, editors. *The Soar Papers: Research on Integrated Intelligence*. MIT Press, Cambridge, Massachusetts, 1993.

[111] J. F. Lehman, J. E. Laird, and P. S. Rosenbloom. A gentle introduction to soar, an architecture for human cognition. In S. Sternberg and D. Scarborough, editors, *Invitation to Cognitive Science, Volume 4: Methods, Models, and Conceptual Issues*. MIT Press, Cambridge, MA, 1998.

[112] J. E. Laird. Extending the soar cognitive architecture. In *Proceedings of the First Conference on Artificial General Intelligence*, pages 224–235, Amsterdam, The Netherlands, 2008. IOS Press.

[113] J. E. Laird. Towards cognitive robotics. In G. R. Gerhart, D. W. Gage, and C. M. Shoemaker, editors, *Proceedings of the SPIE — Unmanned Systems Technology XI*, volume 7332, pages 73320Z–73320Z–11, 2009.

[114] J. E. Laird. *The Soar Cognitive Architecture*. MIT Press, Cambridge, MA, 2012.

[115] J. R. Anderson. Act: A simple theory of complex cognition. *American Psychologist*, 51:355–365, 1996.

[116] R. Sun. A tutorial on CLARION 5.0. In *Cognitive Science Department*. Rensselaer Polytechnic Institute, 2003. http://www.cogsci.rpi.edu/~rsun/sun.tutorial.pdf.

[117] R. Sun. Desiderata for cognitive architectures. *Philosophical Psychology*, 17(3):341–373, 2004.

[118] W. D. Gray, R. M. Young, and S. S. Kirschenbaum. Introduction to this special issue on cognitive architectures and human-computer interaction. *Human-Computer Interaction*, 12:301–309, 1997.

[119] P. Langley. An adaptive architecture for physical agents. In *IEEE/WIC/ACM International Conference on Intelligent Agent Technology*, pages 18–25, Compiegne, France, 2005. IEEE Computer Society Press.

[120] P. Langley, J. E. Laird, and S. Rogers. Cognitive architectures: Research issues and challenges. *Cognitive Systems Research*, 10(2):141–160, 2009.

[121] F. E. Ritter and R. M. Young. Introduction to this special issue on using cognitive models to improve interface design. *International Journal of Human-Computer Studies*, 55:1–14, 2001.

[122] H. von Foerster. *Understanding Understanding: Essays on Cybernetics and Cognition*. Springer, New York, 2003.

[123] J. L. Krichmar and G. M. Edelman. Brain-based devices for the study of nervous systems and the development of intelligent machines. *Artificial Life*, 11:63–77, 2005.

[124] J. L. Krichmar and G. N. Reeke. The Darwin brain-based automata: Synthetic neural models and real-world devices. In G. N. Reeke, R. R. Poznanski, K. A. Lindsay, J. R. Rosenberg, and O. Sporns, editors, *Modelling in the neurosciences: from biological systems to neuromimetic robotics*, pages 613–638, Boca Raton, 2005. Taylor and Francis.

[125] J. L. Krichmar and G. M. Edelman. Principles underlying the construction of brain-based devices. In T. Kovacs and J. A. R. Marshall, editors, *Proceedings of AISB '06 - Adaptation in Artificial and Biological Systems*, volume 2 of *Symposium on Grand Challenge 5: Architecture of Brain and Mind*, pages 37–42, Bristol, 2006. University of Bristol.

[126] J. Weng. Developmental robotics: Theory and experiments. *International Journal of Humanoid Robotics*, 1(2):199–236, 2004.

[127] K. E. Merrick. A comparative study of value systems for self-motivated exploration and learning by robots. *IEEE Transactions on Autonomous Mental Development*, 2(2):119–131, June 2010.

[128] P.-Y. Oudeyer, F. Kaplan, and V. Hafner. Intrinsic motivation systems for autonomous mental development. *IEEE Transactions on Evolutionary Computation*, 11(2):265–286, 2007.

[129] N. Hawes, J. Wyatt, and A. Sloman. An architecture schema for embodied cognitive systems. In *Technical Report CSR-06-12*. University of Birmingham, School of Computer Science, 2006.

[130] N. Hawes and J. Wyatt. Developing intelligent robots with CAST. In *Proc. IROS Workshop on Current Software Frameworks in Cognitive Robotics Integrating Different Computational Paradigms*, 2008.

[131] S. C. Shapiro and J. P. Bona. The GLAIR cognitive architecture. In A. Samsonovich, editor, *Biologically Inspired Cognitive Architectures-II: Papers from the AAAI Fall Symposium, Technical Report FS-09-01*, pages 141–152. AAAI Press, Menlo Park, CA, 2009.

[132] P. Langley. Cognitive architectures and general intelligent systems. *AI Magazine*, 27(2):33–44, 2006.

[133] P. Langley, D. Choi, and S. Rogers. Acquisition of hierarchical reactive skills in a unified cognitive architecture. *Cognitive Systems Research*, 10(4):316–332, 2009.

[134] A. Morse, R. Lowe, and T. Ziemke. Towards an enactive cognitive architecture. In *Proceedings of the First International Conference on Cognitive Systems*, Karlsruhe, Germany, 2008.

[135] T. Ziemke and R. Lowe. On the role of emotion in embodied cognitive architectures: From organisms to robots. *Cognition and Computation*, 1:104–117, 2009.

[136] G. Metta, L. Natale, F. Nori, G. Sandini, D. Vernon, L. Fadiga, C. von Hofsten, J. Santos-Victor, A. Bernardino, and L. Montesano. The iCub Humanoid Robot: An Open-Systems Platform for Research in Cognitive Development. *Neural Networks, special issue on Social Cognition: From Babies to Robots*, 23:1125–1134, 2010.

[137] G. Sandini, G. Metta, and D. Vernon. The icub cognitive humanoid robot: An open-system research platform for enactive cognition. In M. Lungarella, F. Iida, J. C. Bongard, and R. Pfeifer, editors, *50 Years of AI*, volume LNAI 4850, pages 359ñ–370. Springer, Heidelberg, 2007.

[138] J. Weng. A theory of developmental architecture. In *Proceedings of the 3rd International Conference on Development and Learning (ICDL 2004)*, La Jolla, October 2004.

[139] C. Burghart, R. Mikut, R. Stiefelhagen, T. Asfour, H. Holzapfel, P. Steinhaus, and R. Dillman. A cognitive architecture for a humanoid robot: A first approach. In *IEEE-RAS International Conference on Humanoid Robots (Humanoids 2005)*, pages 357–362, 2005.

[140] S. Franklin. A foundational architecture for artificial general intelligence. In B. Goertzel and P. Wang, editors, *Proceeding of the 2007 conference on Advances in Artificial General Intelligence: Concepts, Architectures and Algorithms*, pages 36–54, Amsterdam, 2007. IOS Press.

[141] D. Friedlander and S. Franklin. LIDA and a theory of mind. In *Proceeding of the 2008 conference on Advances in Artificial General Intelligence*, pages 137–148, Amsterdam, 2008. IOS Press.

[142] D. Kraft, E. Başeski, M. Popović, A. M. Batog, A. Kjær-Nielsen, N. Krüger, R. Petrick, C. Geib, N. Pugeault,

M. Steedman, T. Asfour, R. Dillmann, S. Kalkan, F. Wörgötter, B. Hommel, R. Detry, and J. Piater. Exploration and planning in a three-level cognitive architecture. In *Proceedings of the First International Conference on Cognitive Systems*, Karlsruhe, Germany, 2008.

[143] http://bicasociety.org/cogarch/architectures.htm.

[144] W. Duch, R. J. Oentaryo, and M. Pasquier. Cognitive architectures: Where do we go from here? In *Proc. Conf. Artificial General Intelligence*, pages 122–136, 2008.

[145] J. L. Krichmar, D. A. Nitz, J. A. Gally, and G. M. Edelman. Characterizing functional hippocampal pathways in a brain-based device as it solves a spatial memory task. *Proceedings of the National Academy of Science, USA*, 102:2111–2116, 2005.

[146] J. L. Krichmar, A. K. Seth, D. A. Nitz, J. G. Fleisher, and G. M. Edelman. Spatial navigation and causal analysis in a brain-based device modelling cortical-hippocampal interactions. *Neuroinformatics*, 3:197–221, 2005.

[147] A.K. Seth, J.L. McKinstry, G.M. Edelman, and J. L. Krichmar. Active sensing of visual and tactile stimuli by brain-based devices. *International Journal of Robotics and Automation*, 19(4):222–238, 2004.

[148] E. L. Bienenstock, L. N. Cooper, and P. W. Munro. Theory for the development of neuron selectivity: orientation specificity and binocular interaction in visual cortex. *Journal of Neurscience*, 2(1):32–48, 1982.

[149] K. Kawamura, S. M. Gordon, P. Ratanaswasd, E. Erdemir, and J. F. Hall. Implementation of cognitive control for a humanoid robot. *International Journal of Humanoid Robotics*, 5(4):547–586, 2008.

[150] M. A. Boden. Autonomy: What is it? *BioSystems*, 91:305–308, 2008.

[151] T. Froese, N. Virgo, and E. Izquierdo. Autonomy: a review and a reappraisal. In F. Almeida e Costa et al., editor, *Proceedings of the 9th European Conference on Artificial Life: Advances in Artificial Life*, volume 4648, pages 455–465. Springer, 2007.

[152] T. Ziemke. On the role of emotion in biological and robotic autonomy. *BioSystems*, 91:401–408, 2008.

[153] A. Seth. Measuring autonomy and emergence via Granger causality. *Artificial Life*, 16(2):179–196, 2010.

[154] N. Bertschinger, E. Olbrich, N. Ay, and J. Jost. Autonomy: An information theoretic perspective. *Biosystems*, 91(2):331–345, 2008.

[155] W. F. G. Haselager. Robotics, philosophy and the problems of autonomy. *Pragmatics & Cognition*, 13:515–532, 2005.

[156] T. B. Sheridan and W. L. Verplank. Human and computer control for undersea teleoperators. Technical report, MIT Man-Machine Systems Laboratory, 1978.

[157] M. A. Goodrich and A. C. Schultz. Human–robot interaction: A survey. *Foundations and Trends in Human–Computer Interaction*, 1(3):203–275, 2007.

[158] J. M. Bradshaw, P. J. Feltovich, H. Jung, S. Kulkarni, W. Taysom, and A. Uszok. Dimensions of adjustable autonomy and mixed-initiative interaction. In M. Nickles, M. Rovatos, and G. Weiss, editors, *Agents and Computational Autonomy: Potential, Risks, and Solutions*, volume 2969 of *LNAI*, pages 17–39. Springer, Berlin/Heidelberg, 2004.

[159] C. Castelfranchi. Guarantees for autonomy in cognitive agent architecture. In M. J. Woolridge and N. R. Jennings, editors, *Intelligent Agents*. Springer, Berlin/Heidelberg, 1995.

[160] C. Castelfranchi and R. Falcone. Founding autonomy: The dialectics between (social) environment and agent's architecture and powers. In M. Nickles, M. Rovatos, and

G. Weiss, editors, *Agents and Computational Autonomy: Potential, Risks, and Solutions*, volume 2969 of *LNAI*, pages 40–54. Springer, Berlin/Heidelberg, 2004.

[161] C. Carabelea, O. Boissier, and A. Florea. Autonomy in multi-agent systems: A classification attempt. In M. Nickles, M. Rovatos, and G. Weiss, editors, *Agents and Computational Autonomy: Potential, Risks, and Solutions*, volume 2969 of *LNAI*, pages 103–113. Springer, Berlin/Heidelberg, 2004.

[162] A. Meystel. From the white paper explaining the goals of the workshop: "Measuring performance and intelligence of systems with autonomy: Metrics for intelligence of constructed systems". In E. Messina and A. Meystel, editors, *Proceedings of the 2000 PerMIS Workshop*, volume Special Publication 970, Gaithersburg, MD, U.S.A., August 14-16 2000. NIST.

[163] B. Pitzer, M. Styer, C. Bersch, C. DuHadway, and J. Becker. Towards perceptual shared autonomy for robotic mobile manipulation. In *IEEE International Conference on Robotics and Automation (ICRA)*, pages 6245–6251, 2011.

[164] J. W. Crandall, M. A. Goodrich, D. R. Olsen, and C. W. Nielsen. Validating human-robot interaction schemes in multi-tasking environments. *IEEE Transactions on Systems, Man, and Cybernetics: Part A — Systems and Humans*, 35(4):438–449, 2005.

[165] W. D. Christensen and C. A. Hooker. Representation and the meaning of life. In *Representation in Mind: New Approaches to Mental Representation*. The University of Sydney, June 2000.

[166] W. B. Cannon. Organization of physiological homeostasis. *Physiological Reviews*, 9:399–431, 1929.

[167] C. Bernard. Les phénomènes de la vie. Paris, 1878.

[168] A. R. Damasio. *Looking for Spinoza: Joy, sorrow and the feeling brain*. Harcourt, Orlando, Florida, 2003.

[169] P. Sterling. Principles of allostasis. In J. Schulkin, editor, *Allostasis, Homeostasis, and the Costs of Adaptation*. Cambridge University Press., Cambridge, England, 2004.

[170] P. Sterling. Allostasis: A model of predictive behaviour. *Physiology and Behaviour*, 106(1):5–15, 2012.

[171] I. Muntean and C. D. Wright. Autonomous agency, AI, and allostasis — a biomimetic perspective. *Pragmatics & Cognition*, 15(3):485–513, 2007.

[172] M. H. Bickhard and D. T. Campbell. Emergence. In P. B. Andersen, C. Emmeche, N. O. Finnemann, and P. V. Christiansen, editors, *Downward Causation*, pages 322–348. University of Aarhus Press, Aarhus, Denmark, 2000.

[173] J. O. Kephart and D. M. Chess. The vision of autonomic computing. *IEEE Computer*, 36(1):41–50, 2003.

[174] P. Horn. Autonomic computing: IBM's perspective on the state of information technology, October 2001.

[175] IBM. An architectureal blueprint for autonomic computing. White paper, 2005.

[176] J. L. Crowley, D. Hall, and R. Emonet. Autonomic computer vision systems. In *The 5th International Conference on Computer Vision Systems*, 2007.

[177] D. Vernon. Reconciling autonomy with utility: A roadmap and architecture for cognitive development. In A. V. Samsonovich and K. R. Jóhannsdóttir, editors, *Proc. Int. Conf. on Biologically-Inspired Cognitive Architectures*, pages 412–418. IOS Press, 2011.

[178] E. Di Paolo and H. Iizuka. How (not) to model autonomous behaviour. *BioSystems*, 91:409–423, 2008.

[179] C. E. Shannon. A mathematical theory of communication. *Bell System Technical Journal*, 27:379–423, 623–656, 1948.

[180] C. Granger. Investigating causal relations by econometric models and cross-spectral methods. *Econometrica*, 37:424–438, 1969.

[181] A. Seth. Granger causality. *Scholarpedia*, 2:1667, 2007.

[182] M. Schillo and K. Fischer. A taxonomy of autonomy in multiagent organisation. In M. Nickles, M. Rovatos, and G. Weiss, editors, *Agents and Computational Autonomy: Potential, Risks, and Solutions*, volume 2969 of *LNAI*, pages 68–82. Springer, Berlin/Heidelberg, 2004.

[183] X. Barandiaran. Behavioral adaptive autonomy. A milestone in the Alife route to AI? In *Proceedings of the 9th International Conference on Artificial Life*, pages 514–521, Cambridge: MA, 2004. MIT Press.

[184] M. Schillo. Self-organization and adjustable autonomy: Two sides of the same medal? *Connection Science*, 14:345—359, 2003.

[185] H. Hexmoor, C. Castelfranchi, and R. Falcone, editors. *Agent Autonomy*. Kluwer, Dordrecht, The Netherlands, 2003.

[186] K. Ruiz-Mirazo and A. Moreno. Basic autonomy as a fundamental step in the synthesis of life. *Artificial Life*, 10(3):235–259, 2004.

[187] K. S. Barber and J. Park. Agent belief autonomy in open multi-agent systems. In M. Nickles, M. Rovatos, and G. Weiss, editors, *Agents and Computational Autonomy: Potential, Risks, and Solutions*, volume 2969 of *LNAI*, pages 7–16. Springer, Berlin/Heidelberg, 2004.

[188] E. A. Di Paolo. Unbinding biological autonomy: Francisco Varela's contributions to artificial life. *Artificial Life*, 10(3):231–233, 2004.

[189] C. Melhuish, I. Ieropoulos, J. Greenman, and I. Horsfield. Energetically autonomous robots: Food for thought. *Autonomous Robotics*, 21:187–198, 2006.

[190] I. Ieropoulos, J. Greenman, C. Melhuish, and I. Horsfield. Microbial fuel cells for robotics: Energy autonomy through artificial symbiosis. *ChemSusChem*, 5(6):1020–1026, 2012.

[191] A. Moreno, A. Etxeberria, and J. Umerez. The autonomy of biological individuals and artificial models. *BioSystems*, 91:309—319, 2008.

[192] B. Sellner, F. W. Heger, L. M. Hiatt, R. Simmons, and S. Singh. Coordinated multi-agent teams and sliding autonomy for large-scale assembly. *Proceedings of the IEEE*, 94(7), 2006.

[193] R. Chrisley and T. Ziemke. Embodiment. In *Encyclopedia of Cognitive Science*, pages 1102–1108. Macmillan, 2002.

[194] M. L. Anderson. Embodied cognition: A field guide. *Artificial Intelligence*, 149(1):91–130, 2003.

[195] G. Piccinini. The mind as neural software? Understanding functionalism, computationalism, and computational functionalism. *Philosophy and Phenomenological Research*, 81(2):269ñ–311, September 2010.

[196] A. Clark. The dynamical challenge. *Cognitive Science*, 21:461–481, 1997.

[197] E. Thelen. Time-scale dynamics and the development of embodied cognition. In R. F. Port and T. van Gelder, editors, *Mind as Motion – Explorations in the Dynamics of Cognition*, pages 69–100, Cambridge, Massachusetts, 1995. Bradford Books, MIT Press.

[198] A. Riegler. When is a cognitive system embodied? *Cognitive Systems Research*, 3(3):339–348, 2002.

[199] E. Thelen and L. B. Smith. *A Dynamic Systems Approach to the Development of Cognition and Action*. MIT Press, Cambridge, Massachusetts, 3rd edition, 1998.

[200] E. Thelen and L. B. Smith. Development as a dynamic system. *Trends in Cognitive Sciences*, 7:343–348, 2003.

[201] R. A. Wilson and L. Foglia. Embodied cognition. In E. N. Zalta, editor, *The Stanford Encyclopedia of Philosophy*. 2011.

[202] R. Brooks. Elephants don't play chess. *Robotics and Autonomous Systems*, 6:3–15, 1990.

[203] A. D. Wilson and S. Golonka. Embodied cognition is not what you think it is. *Frontiers in Psychology*, 4, 2013.

[204] T. McGreer. Passive dynamic walking. *International Journal of Robotics Research*, 9:62–82, 1990.

[205] M. Wilson. Six views of embodied cognition. *Psychonomic Bulletin & Review*, 9(4):625–636, 2002.

[206] A. Clark and J. Toribio. Doing without representing? *Synthese*, 101:401–431, 1994.

[207] L. W. Barsalou, P. M. Niedenthal, A. Barbey, and J. Ruppert. Social embodiment. In B. Ross, editor, *The Psychology of Learning and Motivation*, volume 43, pages 43–92. Academic Press, San Diego, 2003.

[208] L. Craighero, M. Nascimben, and L. Fadiga. Eye position affects orienting of visuospatial attention. *Current Biology*, 14:331–333, 2004.

[209] L. Craighero, L. Fadiga, G. Rizzolatti, and C. A. Umiltà. Movement for perception: a motor-visual attentional effect. *Journal of Experimental Psychology: Human Perception and Performance*, 1999.

[210] J. R. Lackner. Some proprioceptive influences on the perceptual representation of body shape and orientation. *Brain*, 111:281–297, 1988.

[211] G. Rizzolatti and L. Fadiga. Grasping objects and grasping action meanings: the dual role of monkey rostroventral premotor cortex (area F5). In G. R. Bock and J. A. Goode, editors, *Sensory Guidance of Movement, Novartis Foundation Symposium 218*, pages 81–103. John Wiley and Sons, Chichester, 1998.

[212] V. Gallese, L. Fadiga, L. Fogassi, and G. Rizzolatti. Action recognition in the premotor cortex. *Brain*, 119:593–609, 1996.

[213] G. Rizzolatti, L. Fadiga, V. Gallese, and L. Fogassi. Premotor cortex and the recognition of motor actions. *Cognitive Brain Research*, 3:131–141, 1996.

[214] G. Rizzolatti and L. Craighero. The mirror neuron system. *Annual Review of Physiology*, 27:169–192, 2004.

[215] C. von Hofsten. An action perspective on motor development. *Trends in Cognitive Sciences*, 8:266–272, 2004.

[216] S. Thill, D. Caligiore, A. M. Borghi, T. Ziemke, and G. Baldassarre. Theories and computational models of affordance and mirror systems: An integrative review. *Neuroscience and Biobehavioral Reviews*, 37:491–521, 2013.

[217] A. D. Barsingerhorn, F. T. J. M. Zaal, J. Smith, and G. J. Pepping. On the possibilities for action: The past, present and future of affordance research. *AVANT, III*, 2012.

[218] H. Svensson, J. Lindblom, and T. Ziemke. Making sense of embodied cognition: Simulation theories of shared neural mechanisms for sensorimotor and cognitive processes. In T. Ziemke, J. Zlatev, and R. M. Frank, editors, *Body, Language and Mind*, volume 1: Embodiment, pages 241–269. Mouton de Gruyter, Berlin, 2007.

[219] M. Bickhard. Is embodiment necessary? In P. Calvo and T. Gomila, editors, *Handbook of Cognitive Science: An Embodied Approach*, pages 29–40. Elsevier, 2008.

[220] T. Ziemke. Disentangling notions of embodiment. In R. Pfeifer, M. Lungarella, and G. Westermann, editors, *Workshop on Developmental and Embodied Cognition*, Edinburgh, UK., July 2001.

[221] T. Ziemke. Are robots embodied? In C. Balkenius, J. Zlatev, K. Dautenhahn, H. Kozima, and C. Breazeal, editors, *Proceedings of the First International Workshop on Epigenetic Robotics — Modeling Cognitive Development in Robotic Systems*, volume 85 of *Lund University Cognitive Studies*, pages 75–83, Lund, Sweden, 2001.

[222] T. Ziemke. What's that thing called embodiment? In R. Alterman and D. Kirsh, editors, *Proceedings of the 25th Annual Conference of the Cognitive Science Society*, Lund University Cognitive Studies, pages 1134–1139, Mahwah, NJ, 2003. Lawrence Erlbaum.

[223] K. Dautenhahn, B. Ogden, and T. Quick. From embodied to socially embedded agents – implications for interaction-aware robots. *Cognitive Systems Research*, 3(3):397–428, 2002.

[224] N. Sharkey and T. Ziemke. Life, mind and robots — the ins and outs of embodied cognition. In S. Wermter and R. Sun, editors, *Hybrid Neural Systems*, pages 314–333. Springer Verlag, 2000.

[225] N. Sharkey and T. Ziemke. Mechanistic vs. phenomenal embodiment: Can robot embodiment lead to strong AI? *Cognitive Systems Research*, 3(3):251–262, 2002.

[226] J. von Uexküll. *Umwelt und Innenwelt der Tiere*. Springer, Berlin, 1921.

[227] J. von Uexküll. A stroll through the worlds of animals and men — a picture book of invisible worlds. In C. H. Schiller, editor, *Instinctive behavior — The development of a modern concept*, pages 5–80. International Universities Press, New York, 1957.

[228] B. Ogden, K. Dautenhahn, and P. Stribling. Interactional structure applied to the identification and generation of visual interactive behaviour: Robots that (usually) follow the rules. In I. Wachsmuth and T. Sowa, editors, *Gesture and Sign Languages in Human-Computer Interaction*, volume LNAI 2298 of *Lecture Notes LNAI*, pages 254–268. Springer, 2002.

[229] T. Ziemke. Embodied AI as science: Models of embodied cognition, embodied models of cognition, or both? In F. Iida, R. Pfeifer, L. Steels, and Y. Kuniyoshi, editors, *Embodied Artificial Intelligence*, volume LNAI 3139, pages 27–36. Springer-Verlag, 2004.

[230] R. Núñez. Could the future taste purple? Reclaiming mind, body and cognition. *Journal of Consciousness Studies*, 6(11–12):41–60, 1999.

[231] A. Clark. An embodied cognitive science? *Trends in Cognitive Sciences*, 9:345–351, 1999.

[232] Y. Demiris and B. Khadhouri. Hierarchical attentive multiple models for execution and recognition (HAMMER). *Robotics and Autonomous Systems*, 54:361–369, 2006.

[233] Y. Demiris, L. Aziz-Zahdeh, and J. Bonaiuto. Information processing in the mirror neuron system in primates and machines. *Neuroinformatics*, 12(1):63–91, 2014.

[234] M. Anderson. How to study the mind: An introduction to embodied cognition. In F. Santoianni and C. Sabatano, editors, *Brain Development in Learning Environments: Embodied and Perceptual Advancements*, pages 65–82. Cambridge Scholars Press, 2007.

[235] X. Huang and J. Weng. Novelty and reinforcement learning in the value system of developmental robots. In *Proc. Second International Workshop on Epigenetic Robotics: Modeling Cognitive Development in Robotic Systems (EPIROB '02)*, pages 47–55, Edinburgh, Scotland, 2002.

[236] X. Huang and J. Weng. Inherent value systems for autonomous mental development. *International Journal of Humanoid Robotics*, 4:407—433, 2007.

[237] D. Parisi. Internal robotics. *Connection Science*, 16(4):325–338, 2004.

[238] M. Stapleton. Steps to a "Properly Embodied" cognitive science. *Cognitive Systems Research*, 22–23:1–11, 2013.

[239] W. J. Clancey. *Situated Cognition: On Human Knowledge and Computer Representations*. Cambridge University Press, Cambridge MA, 1997.

[240] P. Robbins and M. Aydede, editors. *Cambridge Handbook of Situated Cognition*. Cambridge University Press, Cambridge, UK, 2008.

[241] A. Clark. *Microcognition: Philosophy, Cognitive Science and Parallel Distributed Processing*. MIT Press, 1989.

[242] J. Lindblom and T. Ziemke. Social situatedness of natural and artificial intelligence: Vygotsky and beyond. *Adaptive Behavior*, 11(2):79–96, 2003.

[243] L. W. Barsalou. Grounded cognition. *Annu. Rev. Psychol.*, 59(11):11.1–11.29, 2008.

[244] L. W. Barsalou. Grounded cognition: Past, present, and future. *Topics in Cognitive Science*, 2:716–724, 2010.

[245] A. Clark and D. Chalmers. The extended mind. *Analysis*, 58:10–23, 1998.

[246] A. Clark. *Supersizing the Mind: Embodiment, Action, and Cognitive Extension*. Oxford University Press, 2008.

[247] A. Clark. Précis of supersizing the mind: Embodiment, action, and cognitive extension (oxford university press, ny, 2008). *Philosophical Studies*, 152:413—416, 2011.

[248] J. Fodor. Where is my mind? *London Review of Books*, 31(3):13–15, 2009.

[249] E. Hutchins. *Cognition in the Wild*. MIT Press, Cambridge, MA, 1995.

[250] J. Hollan, E. Hutchins, and D. Kirsh. Distributed cognition: Toward a new foundation for human-computer interaction research. *ACM Transactions on Computer-Human Interaction*, 7(2):174–196, 2000.

[251] E. Hutchins. How a cockpit remembers its speed. *Cognitive Science*, 19:265–288, 1995.

[252] P. Calvo and T. Gomila, editors. *Handbook of Cognitive Science: An Embodied Approach*. Elsevier, 2008.

[253] L. Shapiro. The embodied cognition research programme. *Philosophy Compass*, 2(2):338—346, 2007.

[254] T. Ziemke. Introduction to the special issue on situated and embodied cognition. *Cognitive Systems Research*, 3(3):271–274, 2002.

[255] http://www.eucognition.org/index.php?page=tutorial-on-embodiment.

[256] T. Farroni, G. Csibra, F. Simion, and M. H. Johnson. Eye contact detection in humans from birth. *Proceeding of the National Academy of Sciences (PNAS)*, 99:9602–9605, 2002.

[257] T. Farroni, M. H. Johnson, E. Menon, L. Zulian, D. Faraguna, and G. Csibra. Newborns' preference for face-relevant stimuli: Effect of contrast polarity. *Proceeding of the National Academy of Sciences (PNAS)*, 102:17245—17250, 2005.

[258] F. Simion, L. Regolin, and H. Bulf. A predisposition for biological motion in the newborn baby. *Proceeding of the National Academy of Sciences (PNAS)*, 105(2):809–813, 2008.

[259] M. H. Johnson, S. Dziurawiec, H. D. Ellis, and J. Morton. Newborns' preferential tracking of face-like stimuli and its subsequent decline. *Cognition*, 40:1–19, 1991.

[260] E. Valenza, F. Simion, V. M. Cassia, and C. Umiltà. Face preference at birth. *J. Exp. Psychol. Hum. Percept. Perform.*, 22:892–903, 1996.

[261] J. Alegria and E. Noirot. Neonate orientation behaviour towards human voice. *Int. J. Behav. Dev.*, 1:291–312, 1978.

[262] J. M. Haviland and M. Lelwica. The induced affect response: 10-week-old infants' responses to three emotion expressions. *Developmental Psychology*, 23:97–104, 1987.

[263] F. Kapland and V. Hafner. The challenges of joint attention. *Interaction Studies*, 7(2):135–169, 2006.

[264] G. Young-Browne, H. M. Rosenfeld, and F. D. Horowitz. Infant discrimination of facial expressions. *Child Development*, 48(2):555–562, 1977.

[265] D. P. F. Montague and A. S. Walker-Andrews. Peekaboo: A new look at infants' perception of emotion expression. *Developmental Psychology*, 37:826—838, 2001.

[266] R. Flom and L. E. Bahrick. The development of infant discrimination of affect in multimodal and unimodal stimulation: The role of intersensory redundancy. *Developmental Psychology*, 43:238–252, 2007.

[267] G. Butterworth. The ontogeny and phylogeny of joint visual attention. In A. Whiten, editor, *Natural theories of mind: Evolution, development, and simulation of everyday mind*. Blackwell, 1991.

[268] G. Butterworth and N. Jarrett. What minds have in common is space: Spatial mechanisms serving joint visual attention in infancy. *British Journal of Developmental Psychology*, 9:55–72, 1991.

[269] R. Brooks and A. N. Meltzoff. The importance of eyes: How infants interpret adult looking behavior. *Developmental Psychology*, 38(6):958–966, 2002.

[270] A. L. Woodward and J. J. Guajardo. Infants' understanding of the point gesture as an object-directed action. *Cognitive Development*, 17:1061–1084, 2002.

[271] Gredebäck and A. Melinder. Infants' understanding of everyday social interactions: a dual process account. *Cognition*, 114(2):197–206, 2010.

[272] B. M. Repacholi and A. Gopnik. Early reasoning about desires: Evidence from 14- and 18-month-olds. *Developmental Psychology*, 33:12–21, 1997.

[273] A. N. Meltzoff. Understanding the intentions of others: Re-enactment of intended acts by 18-month-old children. *Developmental Psychology*, 31:838—850, 1995.

[274] F. Bellagamba and M. Tomasello. Re-enacting intended acts: Comparing 12- and 18-month-olds. *Infant Behavior and Development*, 22:277–282, 1999.

[275] F. Warneken and M. Tomasello. The roots of human altruism. *British Journal of Psychology*, 100(3):455–471, 2009.

[276] M. Lungarella, G. Metta, R. Pfeifer, and G. Sandini. Developmental robotics: A survey. *Connection Science*, 15:151–190, 2003.

[277] M. Asada, K. Hosoda, Y. Kuniyoshi, H. Ishiguro, T. Inui, Y. Yoshikawa, M. Ogino, and C. Yoshido. Cognitive developmental robotics: A survey. *IEEE Transactions on Autonomous Mental Development*, 1(1):12–34, May 2009.

[278] G. Sandini, G. Metta, and J. Konczak. Human sensori-Motor development and artificial systems. In *Proceedings of AIR & IHAS*, Japan, 1997.

[279] E. S. Reed. *Encountering the world: towards an ecological psychology*. Oxford University Press, New York, 1996.

[280] G. Lintern. Encountering the world: Toward an ecological psychology by Edward S. Reed. *Complexity*, 3(6):61–63, 1998.

[281] C. von Hofsten. Action, the foundation for cognitive development. *Scandinavian Journal of Psychology*, 50:617–623, 2009.

[282] C. von Hofsten. *Action Science: The emergence of a new discipline*, chapter Action in infancy: a foundation for cognitive development, pages 255–279. MIT Press, 2013.

[283] J. P. Forgas, K. D. Kipling, and S. M. Laham, editors. *Social Motivation*. Cambridge University Press, 2005.

[284] C. von Hofsten. On the development of perception and action. In J. Valsiner and K. J. Connolly, editors, *Handbook of Developmental Psychology*, pages 114–140. Sage, London, 2003.

[285] K. Dautenhahn and A. Billard. Studying robot social cognition within a developmental psychology framework. In *Proceedings of Eurobot 99: Third European Workshop on Advanced Mobile Robots*, pages 187–194, Switzerland, 1999.

[286] A. Billard. Imitation. In M. A. Arbib, editor, *The Handbook of Brain Theory and Neural Networks*, pages 566–569. MIT Press, Cambridge, MA, 2002.

[287] A. N. Meltzoff. The elements of a developmental theory of imitation. In A. N. Meltzoff and W. Prinz, editors, *The Imitative Mind: Development, Evolution, and Brain Bases*, pages 19–41. Cambridge University Press, Cambridge, 2002.

[288] A. N. Meltzoff and M. K. Moore. Imitation of facial and manual gestures by human neonates. *Science*, 198:75–78, 1977.

[289] A. N. Meltzoff and M. K. Moore. Explaining facial imitation: A theoretical model. *Early Development and Parenting*, 6:179–192, 1997.

[290] R. Rao, A. Shon, and A. Meltzoff. A Bayesian model of imitation in infants and robots. In K. Dautenhahn and C. Nehaniv, editors, *Imitation and Social Learning in Robots, Humans, and Animals: Behaviour, Social and Communicative Dimensions*. Cambridge University Press, 2004.

[291] A. N. Meltzoff and J. Decety. What imitation tells us about social cognition: a rapprochement between developmental psychology and cognitive neuroscience. *Philosophical Transactions of the Royal Society of London: Series B*, 358:491–500, 2003.

[292] http://en.wikipedia.org/wiki/George_E._P._Box.

[293] http://ai.eecs.umich.edu/cogarch2/prop/monotonicity.html.

[294] T. Mitchell. *Machine Learning*. McGraw Hill, 1997.

[295] K. Doya. What are the computations of the cerebellum, the basal ganglia and the cerebral cortex? *Neural Networks*, 12:961–974, 1999.

[296] K. Doya. Complementary roles of basal ganglia and cerebellum in learning and motor control. *Current Opinion in Neurobiology*, 10:732–739, 2000.

[297] M. Harmon and S. Harmon. http://www.dtic.mil/cgi-bin/GetTRDoc?AD=ADA323194, 1997.

[298] Z. Ghahramani. Unsupervised learning. volume LNAI 3176 of *Advanced Lectures on Machine Learning*. Springer-Verlag, 2004.

[299] J. L. McClelland, B. L. NcNaughton, and R. C. O'Reilly. Why there are complementary learning systems in the hippocampus and neocortex: insights from the successes and failures of connectionist models of learning and memory. *Psychological Review*, 102(3):419–457, 1995.

[300] B. D. Argall, S. Chernova, M. Veloso, and B. Browning. A survey of robot learning from demonstration. *Robotics and Autonomous Systems*, 57:469–483, 2009.

[301] A. Sloman and J. Chappell. The altricial-precocial spectrum for robots. In *IJCAI '05 – 19th International Joint Conference on Artificial Intelligence*, Edinburgh, 30 July – 5 August 2005.

[302] R. S. Johansson, G. Westling, A. Bäckström, and J. R. Flanagan. Eye-hand coordination in object manipulation. *Journal of Neuroscience*, 21(17):6917–6932, 2001.

[303] J. R. Flanagan and R. S. Johansson. Action plans used in action observation. *Nature*, 424(769–771), 2003.

[304] E. S. Spelke. Core knowledge. *American Psychologist*, pages 1233–1243, November 2000.

[305] L. Feigenson, S. Dehaene, and E. S. Spelke. Core systems of number. *Trends in Cognitive Sciences*, 8:307–314, 2004.

[306] R. Fox and C. McDaniel. The perception of biological motion by human infants. *Science*, 218:486–487, 1982.

[307] L. Hermer and E. S. Spelke. Modularity and development: the case of spatial reorientation. *Cognition*, 61(195–232), 1996.

[308] R. F. Wang and E. S. Spelke. Human spatial representation: insights from animals. *Trends in Cognitive Sciences*, 6:376–382, 2002.

[309] R. Wood, P. Baxter, and T. Belpaeme. A review of long-term memory in natural and synthetic systems. *Adaptive Behavior*, 20(2):81–103, 2012.

[310] L. Squire. Memory systems of the brain: a brief history and current perspective. *Neurobiology of Learning and Memory*, 82:171–177, 2004.

[311] J. Fuster. Network memory. *Trends in Neurosciences*, 20(10):451–459, 1997.

[312] P. Baxter and W. Browne. Memory as the substrate of cognition: a developmental cognitive robotics perspective. In *Proc. Epigenetic Robotics 10*, Örenäs Slott, Sweden, November 2010.

[313] N. Cowan. Evolving conceptions of memory storage, selective attention, and their mutual constraints within the human information-processing system. *Psychological Bulletin*, 104:163–191, 1988.

[314] D. Durstewitz, J. K. Seamans, and T. J. Sejnowski. Neurocomputational models of working memory. *Nature Neuroscience Supplement*, 3:1184–1191, 2000.

[315] G. Ryle. *The concept of mind*. Hutchinson's University Library, London, 1949.

[316] E. Tulving. Episodic and semantic memory. In E. Tulving and W. Donaldson, editors, *Organization of memory*, pages 381–403. Academic Press, New York, 1972.

[317] E. Tulving. Précis of *elements of episodic memory*. *Behavioral and Brain Sciences*, 7:223–268, 1984.

[318] M. E. P. Seligman, P. Railton, R. F. Baumeister, and C. Sripada. Navigating into the future or driven by the past. *Perspectives on Psychological Science*, 8(2):119–141, 2013.

[319] E. Tulving. *Elements of Episodic Memory*. Oxford University Press, 1983.

[320] A. Berthoz. *The Brain's Sense of Movement*. Harvard University Press, Cambridge, MA, 2000.

[321] D. L. Schacter and D. R. Addis. Constructive memory — the ghosts of past and future: a memory that works by piecing together bits of the past may be better suited to simulating future events than one that is a store of perfect records. *Nature*, 445:27, 2007.

[322] L. Carroll. *Through the Looking-Glass*. 1872.

[323] K. Downing. Predictive models in the brain. *Connection Science*, 21:39–74, 2009.

[324] D. L. Schacter, D. R. Addis, and R. L. Buckner. Episodic simulation of future events: Concepts, data, and applications. *Annals of the New York Academy of Sciences*, 1124:39–60, 2008.

[325] R. L. Buckner and D. C. Carroll. Self-projection and the brain. *Trends in Cognitive Sciences*, 11:49–57, 2007.

[326] Y. Østby, K. B. Walhovd, C. K. Tamnes, H. Grydeland, L. G. Westlye, and A. M. Fjell. Mental time traval and default-mode network functional connectivity in the developing brain. *PNAS*, 109(42):16800–16804, 2012.

[327] C. M. Atance and D. K. O'Neill. Episodic future thinking. *Trends in Cognitive Sciences*, 5(12):533–539, 2001.

[328] K. K. Szpunar. Episodic future throught: An emerging concept. *Perspectives on Psychological Science*, 5(2):142–162, 2010.

[329] D. L. Schacter and D. R. Addis. The cognitive neuroscience of constructive memory: Remembering the past and imagining the future. *Philosophical Transactions of the Royal Society B*, 362:773–786, 2007.

[330] C. M. Atance and D. K. O'Neill. The emergence of episodic future thinking in humans. *Learning and Motivation*, 36:126–144, 2005.

[331] D. T. Gilbert and T. D. Wilson. Prospection: Experiencing the future. *Science*, 317:1351–1354, 2007.

[332] R. Lowe and T. Ziemke. The feeling of action tendencies: on the emotional regulation of goal-directed behaviours. *Frontiers in Psychology*, 2:1–24, 2011.

[333] R. Picard. Affective computing. Technical Report 321, MIT Media Lab, Cambridge, MA, 1995.

[334] R. Picard. *Affective Computing*. MIT Press, Cambridge, MA, 1997.

[335] K. R. Scherer, T. Bänziger, and E. Roesch. *A Blueprint for Affective Computing*. Oxford University Press, Oxford, UK, 2010.

[336] G. Hesslow. The current status of the simulation theory of cognition. *Brain Research*, 1428:71–79, 2012.

[337] H. Svensson, S. Thill, and T. Ziemke. Dreaming of electric sheep? Exploring the functions of dream-like mechanisms in the development of mental imagery simulations. *Adaptive Behavior*, 21:222–238, 2013.

[338] H. Svensson, A. F. Morse, and T. Ziemke. Representation as internal simulation: A minimalistic robotic model. In N. Taatgen and H. van Rijn, editors, *Proceedings of the Thirty-first Annual Conference of the Cognitive Science Society*, pages 2890–2895, Austin, TX, 2009. Cognitive Science Society.

[339] S. T. Moulton and S. M. Kosslyn. Imagining predictions: Mental imagery as mental emulation. *Philosophical Transactions of the Royal Society B*, 364:1273–1280, 2009.

[340] S. Wintermute. Imagery in cognitive architecture: Representation and control at multiple levels of abstraction. *Cognitive Systems Research*, 19–20:1–29, 2012.

[341] M. Iacoboni. Imitation, empathy, and mirror neurons. *Annual Review of Psychology*, 60:653–670, 2009.

[342] B. Hommel, J. Müsseler, G. Aschersleben, and W. Prinz. The theory of event coding (TEC): A framework for perception and action planning. *Behavioral and Brain Sciences*, 24:849–937, 2001.

[343] H. Gravato Marques and O. Holland. Architectures for functional imagination. *Neurocomputing*, 72(4-6):743–759, 2009.

[344] S. Thill and H. Svensson. The inception of simulation: a hypothesis for the role of dreams in young children. In L. Carlson, C. Hoelscher, and T. F. Shipley, editors, *Proceedings of the Thirty-Third Annual Conference of the Cognitive Science Society*, pages 231–236, Austin, TX, 2011. Cognitive Science Society.

[345] D. Wolpert, R. C. Miall, and M. Kawato. Internal models in the cerebellum. *Trends in Cognitive Sciences*, 2(9):338–347, 1998.

[346] D. Wolpert, J. Diedrichsen, and J. R. Flanagan. Principles of sensorimotor learning. *Nature Reviews Neuroscience*, 12:39–751, December 2011.

[347] M. Kawato. Internal models for motor control and trajectory planning. *Current Opinion in Neurobiology*, 9(6):718–727, 1999.

[348] A. Nuxoll, D. Tecuci, W. C. Ho, and N. Wang. Comparing forgetting algorithms for artificial episodic memory systems. In M. Lim and W. C. Ho, editors, *Proceedings of the*

remembering who we are — human memory for artificial agents symposium AISB, pages 14–20, 2010.

[349] J. T. Wixted. The psychology and neuroscience of forgetting. *Annu. Ref. Psychol.*, 55:235–269, 2004.

[350] P. beim Graben, T. Liebscher, and J. Kurths. Neural and cognitive modeling with networks of leaky integrator units. In P. beim Graben, C. Zhou, M. Thiel, and J. Kurths, editors, *Lectures in Supercomputational Neurosciences*, pages 195–223. Springer, Berlin, 2008.

[351] J. Staddon. The dynamics of memory in animal learning. In M. Sabourin, F. Craik, and M. Robert, editors, *Advances in psychological science*, volume 2: Biological and cognitive aspects, pages 259–274. Taylor and Francis, Hove, England, 1988.

[352] H. Svensson and T. Ziemke. Embodied representation: What are the issues? In B. G. Bara, L. Barsalou, and M. Bucciarelli, editors, *Proceedings of the Twenty-Seventh Annual Conference of the Cognitive Science Society*, pages 2116–2121, Mahwah, NJ, 2005. Erlbaum.

[353] P. Haselager, A. de Groot, and H. van Rappard. Representationalism vs. anti-representationalism: a debate for the sake of appearance. *Philosophical Psychology*, 16:5–23, 2005.

[354] A. Riegler. The constructivist challenge. *Constructivist Foundations*, 1(1):1–8, 2005.

[355] E. von Glaserfeld. Aspectos del constructivismo radical (Aspects of radical constructivism). In M. Pakman, editor, *Construcciones de la experiencia humana*, pages 23–49. Barcelona, Spain, 1996.

[356] G. Lakoff and R. Núñez. *Where Mathematics Comes from: How the Embodied Mind Brings Mathematics into Being*. Basic Books, 2000.

[357] Silvia Coradeschi and Alessandro Saffiotti. An introduction to the anchoring problem. *Robotics and Autonomous Systems*, 43:85–96, 2003.

[358] A. Sloman.
http://www.cs.bham.ac.uk/research/projects/cogaff/
misc/talks/models.pdf.

[359] A. Stock and C. Stock. A short history of ideo-motor
action. *Psychological research*, 68(2–3):176–188, 2004.

[360] M. E. Bratman. Intention and personal policies. In J. E.
Tomberlin, editor, *Philosophical Perspectives*, volume 3.
Blackwell.

[361] M. Tomasello, M. Carpenter, J. Call, T. Behne, and H. Moll.
Understanding and sharing intentions: the origins of cul-
tural cognition. *Behavioral and Brain Sciences*, 28(5):675–735,
2005.

[362] S. Ondobaka and H. Bekkering. Hierarchy of idea-guided
action and perception-guided movement. *Frontiers in
Cognition*, 3:1–5, 2012.

[363] N. Krüger, C. Geib, J. Piater, R. Petrickb, M. Steedman,
F. Wörgötter, A. Ude, T. Asfour, D. Kraft, D. Omrčen,
A. Agostini, and Rüdiger Dillmann. Object–action com-
plexes: Grounded abstractions of sensory–motor processes.
Robotics and Autonomous Systems, 59:740–757, 2011.

[364] M. Tenorth, A. Clifford Perzylo, R. Lafrenz, and M. Beetz.
Representation and exchange of knowledge about actions,
objects, and environments in the roboearth framework.
*IEEE Transactions on Automation Science and Engineering
(T-ASE)*, 10(3):643–651, July 2013.

[365] M. Tenorth, U. Klank, D. Pangercic, and M. Beetz. Web-
enabled robots. *IEEE Robotics and Automation Magazine*,
pages 58–68, June 2011.

[366] M. Tenorth and M. Beetz. KnowRob — Knowledge pro-
cessing for autonomous personal robots. In *Proc. IEEE/RSJ
International Conference on Intelligent Robots and Systems*,
pages 4261–4266, 2009.

[367] J. Kuffner. Cloud enabled robots. http://www.scribd.com/doc/47486324/Cloud-Enabled-Robots.

[368] K. Goldberg and B. Kehoe. Cloud robotics and automation: A survey of related work. Technical Report Technical Report No. UCB/EECS-2013-5, University of California at Berkeley, 2013.

[369] A. Billard, S. Calinon, R. Dillmann, and S. Schaal. Robot programming by demonstration. In *Springer Handbook of Robotics*, pages 1371–1394. 2008.

[370] R. Dillmann, T. Asfour, M. Do, R. Jäkel, A. Kasper, P. Azad, A. Ude, S. Schmidt-Rohr, and M. Lösch. Advances in robot programming by demonstration. *Künstliche Intelligenz*, 24(4):295–303, 2010.

[371] M. Riley, A. Ude, C. Atkeson, and G. Cheng. Coaching: An approach to efficiently and intuitively create humanoid robot behaviors. In *IEEE-RAS Conference on Humanoid Robotics*, pages 567–574, 2006.

[372] T. Susi and T. Ziemke. Social cognition, artefacts, and stigmergy: A comparative analysis of theoretical frameworks for the understanding of artefact-mediated collaborative activity. *Journal of Cognitive Systems Research*, 2:273–290, 2001.

[373] J. K. Tsotsos. *A Computational Perspective on Visual Attention*. MIT Press, 2011.

[374] U. Frith and S-J. Blakemore. Social cognition. In M. Kenward, editor, *Foresight Cognitive Systems Project*. Foresight Directorate, Office of Science and Technology, 1 Victoria Street, London, SW1H 0ET, United Kingdom, 2006.

[375] M. A. Pavlova. Biological motion processing as a hallmark of social cognition. *Cerebral Cortex*, 22(981–995), 2012.

[376] E. Pacherie. The phenomenology of action: A conceptual framework. *Cognition*, 107:179–217, 2008.

[377] M. Tomasello and M. Carpenter. Shared intentionality. *Developmental Science*, 10(1):121–125, 2007.

[378] F. Warneken, F. Chen, and M. Tomasello. Cooperative activities in young children and chimpanzees. *Child Development*, 77:640–663, 2006.

[379] C. A. Brownell, G. B. Ramani, and S. Zerwas. Becoming a social partner with peers: cooperation and social understanding in one- and two-year-olds. *Child Development*, 77(4):803–821, 2006.

[380] M. Meyer, H. Bekkering, M. Paulus, and S. Hunnius. Joint action coordination in 2½- and 3-year-old children. *Frontiers in Human Neuroscience*, 4(220):1–7, 2010.

[381] J. Ashley and M. Tomasello. Cooperative problem solving and teaching in preschoolers. *Social Development*, 7:143–163, 1998.

[382] T. Falck-Ytter, G. Gredebäck, and C. von Hofsten. Infants predict other people's action goals. *Nat. Neurosci.*, 9(7):878–879, 2006.

[383] F. Heider and M. Simmel. An experimental study of apparent behaviour. *American Journal of Psychology*, 57:243–249, 1944.

[384] S-J. Blakemore and J. Decety. From the perception of action to the understanding of intention. *Nature Reviews Neuroscience*, 2(1):561–567, 2001.

[385] E. Bonchek-Dokow and G. A. Kaminka. Towards computational models of intention detection and intention prediction. *Cognitive Systems Research*, 28:44–79, 2014.

[386] Y. Demiris. Prediction of intent in robotics and multi-agent systems. *Cognitive Processing*, 8:152–158, 2007.

[387] Y. Demiris. Knowing when to assist: developmental issues in lifelong assistive robotics. In *Proceedings of the 31st Annual International Conference of the IEEE Engineering in*

Medicine and Biology Society (EMBC 2009), pages 3357–3360, Minneapolis, Minnesota, USA, 2009.

[388] L. G. Wispé. Positive forms of social behavior: An overview. *Journal of Social Issues*, 28(3):1–19, 1972.

[389] E. Pacherie. The phenomenology of joint action: Self-agency vs. joint-agency. In Axel Seemann, editor, *Joint Attention: New Developments*, pages 343–389. MIT Press, Cambridge MA, 2012.

[390] M. E. Bratman. Shared cooperative activity. *The Philosophical Review*, 101(2):327–341, 1992.

[391] P. R. Cohen and H. J. Levesque. Teamwork. *Nous*, 25(4):487–512, 1991.

[392] S. Butterfill. Joint action and development. *The Philosophical Quarterly*, 62(246):23–47, 2012.

[393] E. Pacherie. Intentional joint agency: shared intention lite. *Synthese*, 190(10):1817–1839, 2013.

[394] P. F. Dominey and F. Warneken. The basis of shared intentions in human and robot cognition. *New Ideas In Psychology*, 29:260–274, 2011.

[395] J. Lindblom. *Embodied Social Cognition*. Cognitive Systems Monographs (COSMOS). Springer, Berlin, (In Press).

[396] J. Piaget. *The construction of reality in the child*. Basic Books, New York, 1954.

[397] L. Vygotsky. *Mind in society: The development of higher psychological processes*. Harvard University Press, Cambridge, MA, 1978.

索引 [*]

---

* 索引中的页码为原书页码，即本书的边码。